工业和信息化人才培养规划教材
高职高专计算机系列

Photoshop CS6
建筑效果图表现后期处理案例教程

微课版

周晓成 康英 主编 / 徐世超 文兵 副主编

人民邮电出版社
北京

图书在版编目（CIP）数据

Photoshop CS6建筑效果图表现后期处理案例教程：微课版 / 周晓成，康英主编. -- 北京：人民邮电出版社，2017.6
工业和信息化人才培养规划教材. 高职高专计算机系列
ISBN 978-7-115-45002-9

Ⅰ. ①P… Ⅱ. ①周… ②康… Ⅲ. ①建筑设计－计算机辅助设计－应用软件－高等职业教育－教材 Ⅳ. ①TU201.4

中国版本图书馆CIP数据核字(2017)第036095号

内容提要

本书主要介绍 Photoshop CS6 在建筑效果图后期处理时的运用方法，通过由浅入深、由理论到实践的教学方式，带领读者全面、深入地掌握建筑与室内效果图的后期处理技法。

本书从 Photoshop CS6 在效果图后期的基本操作入手，结合案例和章节练习，全面深入地阐述了 Photoshop CS6 的基本操作方法、图像的修饰和调整、蒙版和通道应用、滤镜应用等方面内容。

本书的最大特点就是讲解与练习相结合，使读者学以致用。全书共有 12 章，其中第 1 章主要介绍建筑效果图表现的概念、方法，以及 Photoshop 后期处理的重要性；第 2~8 章是本书的基础，汇集了 Photoshop CS6 在效果图后期的基本操作；第 9~10 章是 Photoshop CS6 在效果图后期处理的一些技法；第 11~12 章是综合实例应用，以实际案例操作为主，每个案例都是笔者从工作中精心挑选出来的，具有较强的代表性，通过对每个案例的详细讲解使读者对同类型的项目有一个透彻的理解。

本书适合作为各类院校建筑设计、园林设计等专业相关课程的教材，也适合上述行业的从业人员和爱好者阅读参考。

◆ 主　　编　周晓成　康　英
副 主 编　徐世超　文　兵
责任编辑　刘　佳
责任印制　焦志炜
◆ 人民邮电出版社出版发行　　北京市丰台区成寿寺路 11 号
邮编　100164　　电子邮件　315@ptpress.com.cn
网址　http://www.ptpress.com.cn
北京天宇星印刷厂印刷
◆ 开本：787×1092　1/16
印张：14.75　　2017 年 6 月第 1 版
字数：425 千字　　2024 年 8 月北京第 11 次印刷

定价：39.80 元

读者服务热线：(010)81055256　印装质量热线：(010)81055316
反盗版热线：(010)81055315
广告经营许可证：京东市监广登字 20170147 号

前言

后期处理作为建筑效果图表现的最后一道工序，是整个制作流程的终结，决定着产品质量。因此，后期处理在整个图像处理的流程中占有比较重要的地位。一个优秀的后期制作人员能够协调解决项目中的很多问题，从而加快项目进度，最大程度满足客户需求。

本书主要针对 Photoshop 软件零基础的设计者和院校学生，采用“教、学、练”的指导思想，将操作方法全面地传授给学生。通过本书的学习，读者不仅能快速掌握软件的常用功能，而且能制作出最终的效果图。

本书主要特点如下。

1. 知识全面：本书覆盖了用 Photoshop 制作效果图的常用制作技法，在实际工作中都能够运用到书中知识。

2. 符合行业需求：本书精选案例，不仅涉及的范围广泛，而且符合行业要求，是初学者跨入行业的宝典。

3. 案例精炼：课堂案例是针对重要工具设置的难度适中的练习性案例，用于加强读者实际操作能力；课后练习是针对章节中的常用技能设置的难度适中的复习性案例，用于训练读者制作思维。

本书主要分为 3 大内容，分别是 Photoshop CS6 的工具和命令、后期处理技法和实训。全书将全部案例按照由浅入深的原则，落实到书中各个环节。

本书的参考学时为 48 学时，建议采用理实一体化教学模式，各项目的参考学时见下面的学时分配表。

章节	课程内容	学时分配
第 1 章	Photoshop 在建筑设计中的应用及工具	2
第 2 章	效果图的基本操作方法	2
第 3 章	效果图的对象选取和编辑	2
第 4 章	效果图的图像修饰工具	2
第 5 章	效果图的色彩调整	4
第 6 章	效果图的图层应用	4
第 7 章	效果图的通道和蒙版应用	4
第 8 章	效果图的滤镜应用	4
第 9 章	效果图后期基础技法	6
第 10 章	效果图后期高级技法	6
第 11 章	室内效果图后期制作	6
第 12 章	室外效果图后期制作	6
课程计时		48

本书由周晓成、康英担任主编，徐世超、文冰担任副主编。

由于编者水平有限，书中难免存在错误和不妥之处，恳请广大读者批评指正。

编　者

2016 年 12 月

目录

第 5 章 效果图的色彩调整

第 6 章 效果图的图层应用

第 9 章 效果图后期基础技法

第 10 章 效果图后期高级技法

第 1 章

Photoshop 在建筑设计中的应用及工具

本章将主要讲解Photoshop在建筑设计中的应用及工具。通过本章的讲解，读者将对软件以及基本应用有所了解，从而确立学习的目标以及将来参加工作后的行业定位。

本章学习要点：

- 了解效果图后期表现的概念
- 了解效果图后期表现的形式
- 了解Photoshop的使用情况

1.1 Photoshop在建筑设计中的应用概念

一张成品建筑效果图，需要在三维软件中进行建模，然后赋予模型材质和贴图，接着给场景建立灯光和摄影机，再渲染出图，最后导入Photoshop中进行后期处理。

在Photoshop中，需要调整渲染效果图的曝光、颜色等效果，还可以从外部导入丰富的素材。尤其是在室外建筑效果图中，后期会占很大的比例，图1-1和图1-2所示为两幅优秀的室外建筑效果图。熟练的后期技术，会极大地减少模型在三维软件中的修改量，也会更加直观的和客户交流修改意见，提高制作效率。

图1-1

图1-2

1.2 建筑效果图的表现方式

效果图是一个广义词，包罗万象，不过其应用最多的领域大致可以分为建筑效果图、城市规划效果图、景观环境效果图和室内效果图等。本小节我们将从多层面去解读建筑表现的分类，进一步对建筑表现有一个透彻的理解。

1.2.1 从类型分析效果图表现

从类型分析建筑表现图大致可以分为总平图、室内效果图及建筑效果图等。

1. 总平图

总平图亦称“总平面图”“总体布置图”等，一般按规定比例绘制。建筑总平面图主要表明房屋所在基础有关范围内的总体布置，它反映新建、拟建、原有和拆除的房屋、构筑物等的位置和朝向，室外场地、道路、绿化等的布置，地形、地貌、标高等以及原有环境的关系和邻接情况等；室内总平图主要表明房间结构，家具摆放位置等，如图1-3和图1-4所示。

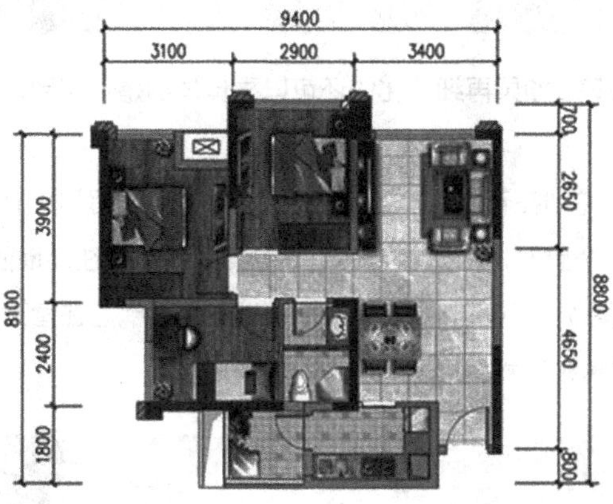

图 1–3

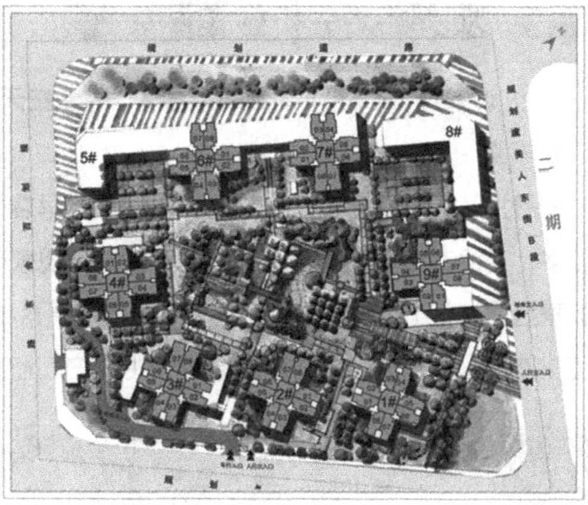

图 1–4

2. 室内效果图

室内效果图是室内设计师表达创意构思，并通过 3D 效果图制作软件，将创意构思进行形象化再现的形式。它通过对空间的造型、结构、色彩、质感等诸多因素的忠实表现，真实地再现设计师的创意，从而构成设计师与观者之间视觉语言的联系，使人们更清楚地了解设计的各项性能、构造、材料、结合方法等之间的关系，如图 1–5 和图 1–6 所示，是两幅优秀的室内效果图。

图 1–5

图 1–6

3. 建筑效果图

建筑效果图是由计算机建模渲染而成的建筑设计表现图。类似于照片，可以逼真地模拟建筑及其设计建成后的效果。如图 1–7 和图 1–8 所示为两幅优秀的建筑效果图。

图 1–7

图 1–8

1.2.2 从时间段分析效果图表现

从时间段分析效果图，大致可以分为早晨、白天、黄昏、夜晚。如果再细分化的还可以更具体到是几点到几点。

1. 早晨

一般指从天刚亮到八九点钟的一段时间。早晨往往有雾，特别在春、秋、冬三季更为多。早晨地面上的水分子较多，还没有被蒸发掉，便形成了雾。雾的现象是早晨的一个重要特征。水雾在太阳的照射下，往往使地面景物的垂直面被染上一层淡淡的金黄色，显得色调柔和温暖。如图 1–9 和图 1–10 所示像淡淡的金沙铺洒在画面里，一般在清晨和黄昏时最能凸显建筑的个性，在画面表达方面早晨和黄昏是很容易出效果的时段。

图 1–9

图 1–10

2. 白天

白天基本可以分晴天和阴天。晴天的特征是晴空万里、阳光充足、建筑光感很强以及建筑明暗面对比强烈等，如图 1–11 所示。而阴天本身也是十分丰富多样的，既有黑云压城的阴天，也有薄云遮日的“假阴天”等。但它们的共同特点是散射光照明形态。光效比较柔和，照明效果比较均匀，不会形成明显的明暗反差并具有较丰富的影调、色调层次，如图 1–12 所示。

图 1–11

图 1–12

3. 黄昏

黄昏是太阳接近地平线呈日落状态。这时太阳呈橙红色或红色，太阳附近的天空中出现晚霞，这是黄昏最重要的特征。太阳光的照度小、光线较柔，景物受光面和背光面的明暗反差较弱。在远离太阳方向的天空（如顺着光）呈淡淡的浅蓝色，景物被天光照明，呈现发暗的浅蓝色，色调偏暖。如图 1–13 和图 1–14 在暗部建筑的颜色会偏向天空的颜色。

图 1–13

图 1–14

4. 夜景

夜景的天空呈暗色，这是夜景最主要的特征之一。但夜晚天空又不是漆黑一片，夹杂着人工光源，即以照明为目的生活光源，例如路灯、室内白炽灯、日光灯、商店橱窗的灯等。出现光源是夜景的又一重要特征。这种光源往往构成画面上的最高亮度。这是人对夜景的基本认识。夜景比较适合表达商业街的热闹气氛、大广场的灯光亮化、万家灯火华灯初上的氛围，如图 1–15 和图 1–16 所示。

图 1–15

图 1–16

1.2.3　从画面风格分析效果图表现

从风格分析效果图表现可以分为写实风格和写意风格。

1. 写实风格

写实风格是指接近照片级别的真实自然感，其画面细腻、处处着墨、惟妙惟肖。其偏重于对事物的客观描写，制作人员的审美理想融化于艺术描写之中，如图 1–17 和图 1–18 所示。

图 1–17

图 1–18

2. 写意风格

写意风格是指有悖于常规手法，利用明暗、色彩、构图上的夸张来凸显表达对象，给人舒畅震撼的感觉。其反对刻板的雕刻般造型和过分强调素描为主要的表现手段，通过强调光和色彩的强烈对比、利用饱和色调，以独特的构图等手法来塑造艺术形象，如图 1-19 和图 1-20 所示。

图 1-19

图 1-20

1.2.4　从视角分析效果图表现

从视角分析建筑表现图大致可以分为人视图、半鸟瞰图及鸟瞰图等。人视图、半鸟瞰图和鸟瞰图是以相机高度来定的。

1. 人视图

人视图是指相机高度和人眼高度差不多，在 1.2 米 ~2.0 米之间，比较常用的是 1.7 米的相机高度。这样的相机角度渲染出来的图片视角就和我们平时拍的照片差不多，如图 1-21 和图 1-22 所示。

图 1-21

图 1-22

2. 半鸟瞰

半鸟瞰是指相机高度高于人眼，通常是 3 米以上的相机高度，也要根据视角中表现物体的范围而定。半鸟瞰图的后期处理难度较高，要有鸟瞰的氛围还要有透视图的细节，其配景的透视关系也较难把握。如果能熟练地掌握半鸟瞰图的制作，那么理解透视图和鸟瞰图就相对容易了，如图 1-23 和图 1-24 所示。

图 1–23

图 1–24

3. 鸟瞰

鸟瞰图顾名思义是像鸟一样看，就是从高处往下看，一般是指相机高度相当高，能俯瞰整个建筑或室内。鸟瞰图适合表达建筑或室内整体关系，能让人一目了然效果图的整体风格，如图 1–25 和图 1–26 所示。

图 1–25

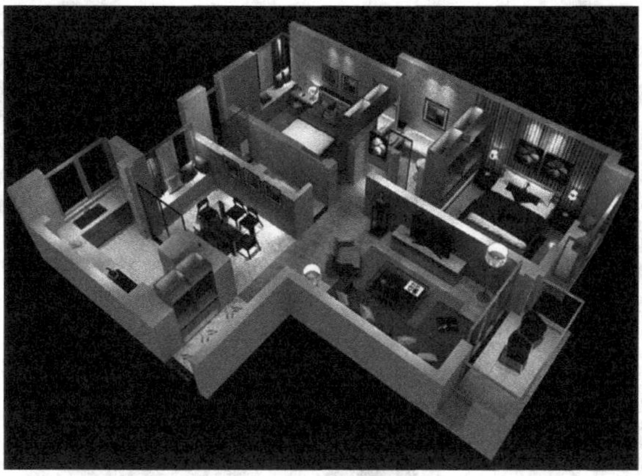

图 1–26

1.3　Photoshop 在建筑设计中的应用

Photoshop 是建筑表现最常用的工具。它是一个功能极其强大的平面应用软件，广泛应用于广告设计、包装设计、服装设计、建筑、室内设计等多个领域，如图 1–27 所示。Photoshop 不是针对哪个专业或者方向开发出来的软件，而是各个行业通用的一个软件。正是因为 Photoshop 功能极其强大，而各个领域对其有各自要求，所以在学习上必须要有针对性。

本书将专门针对建筑及室内设计专业的应用进行 Photoshop 的讲解，集中介绍效果图修改的制作技法。对于在建筑及室内应用常用工具将详细讲解，不常用或完全用不上的简要说明，这样可以避免浪费大量时间去学习不必要的技法。

图 1–27

第 2 章

效果图的基本操作方法

本章主要讲解 Photoshop 软件的基本操作方法。通过本章的学习，读者还可以掌握 Photoshop 分辨率和颜色模式等概念及其应用。

本章学习要点：

- 了解 Photoshop 文件基本操作
- 掌握图像的基本操作
- 了解 Photoshop 中分辨率的基本概念
- 了解 Photoshop 中的颜色模式

2.1 效果图的文件操作

文件操作命令主要集中在 Photoshop 软件的文件菜单中，如图 2–1 所示。本章主要学习文件的新建、打开、储存等最基本的文件操作。此外本书中将详细介绍 Photoshop 中常用的图像格式，尤其是在建筑及室内效果图制作中常用的图像格式。

图 2–1

2.1.1 新建效果图文件

在文件菜单中单击“新建”命令，即可弹出“新建”对话框，如图 2–2 所示。

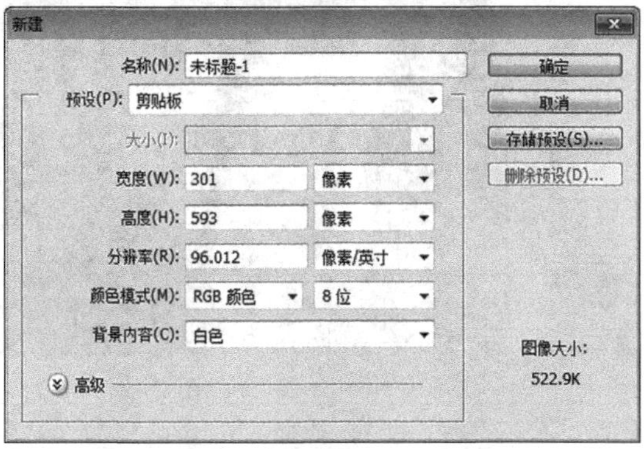

图 2–2

● 名称：输入新建文件的名称，“未标题 –1”是 Photoshop 默认的名称，可将其改为其他名称。

● 预设：Photoshop CS6 提供了预设文件类型，其中剪贴板表示，新建文件的大小将参照剪贴板中的文件大小。

● 大小：选择国际标准纸张后，则可以在“大小”中选择文件规格。图 2–3 所示为国际标准纸张的规格选项。

● 宽度：新建文件的宽度，在旁边的选项栏里可以选择单位，如图 2–4 所示，其中较为常用的有厘米、毫米和像素。

● 高度：新建文件的高度，单位同上。

● 分辨率：新建文件分辨率，有“像素 / 英寸”和“像素 / 厘米”两种。

● 颜色模式：新建文件的颜色模式，如图 2–5 所示。具体内容会在本章后续章节中详细讲解。

● 背景内容：将以所选择的背景色填充新文件，如选择白色则建立白色背景，这也是最常用的一种选择；选择背景色则将以工具箱中的背景色填充新文件，将工具箱中的背景色改为蓝色，则新文件将以蓝色填

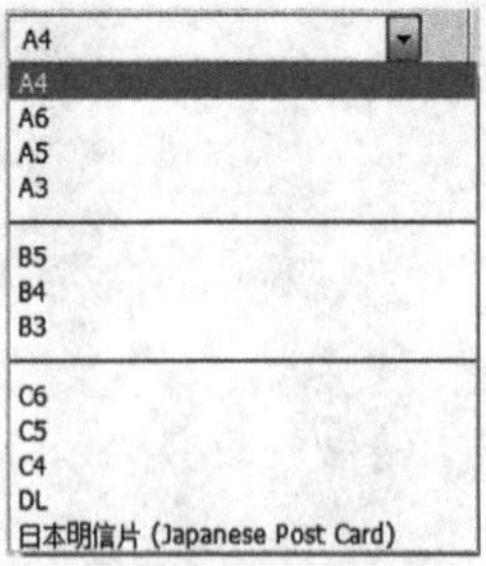

图 2-3

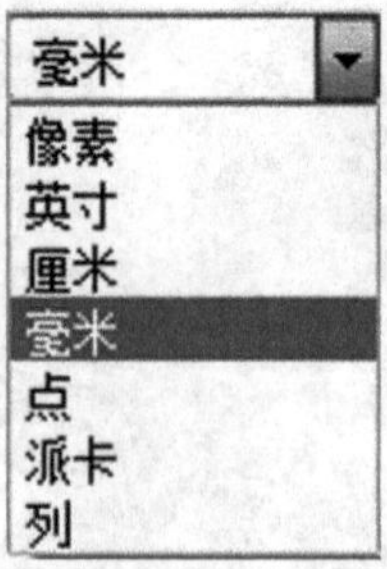

图 2-4

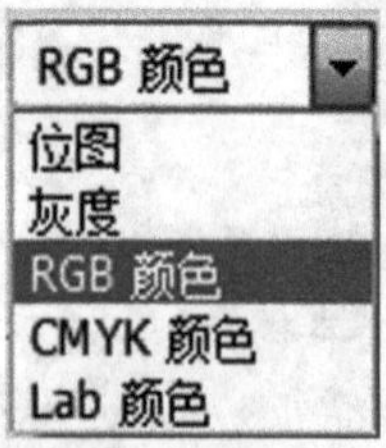

图 2-5

充；选择透明背景，即无色背景，为全透明背景。

● 高级：在颜色配置文件中可以选择一种应用的颜色模型；在像素纵横比中可以选择像素的形状。通常保持默认即可。

2.1.2 打开效果图文件

“打开”命令可以打开 Photoshop 兼容的各种格式文件，其对话框如图 2-6 所示。双击红框中的区域，即可打开文件，如图 2-7 所示。

图 2-6

图 2-7

除了“打开”命令，还有“打开为”命令，若要限制打开文件的格式，则可采用“打开为”命令。如果文件格式与“打开为”格式不匹配，则不能打开文件。

Tips

“打开”命令组合键为 Ctrl + O。

“打开为”命令组合键为 Ctrl + Shift + Alt + O。

2.1.3 保存效果图文件

“储存”命令用来储存当前工作文件，如果选择“储存”命令将文件以现有格式保存文件，新文件将替换原文件。如果储存带有多个图层的 PSD 格式文件时，会自动弹出“储存为”对话框。

“储存为”命令则是将当前工作文件储存为其他格式，如图 2-8 所示。相对而言，“储存为”命令是工作中常用的命令。下面讲解一些重要参数。

● 作为副本：将所编辑的文件储存成文件副本，且不影响原文件。

● Alpha 通道：当文件中存在 Alpha 通道时，该选项会自动激活。可通过勾选决定是否存储该通道。

● 图层：当文件中存在多个图层时，勾选此项，文件中的图层会保留，不勾选则图层自动合并。

Tips

“储存”命令组合键为 Ctrl + S。

“储存为”命令组合键为 Ctrl + Shift + S。

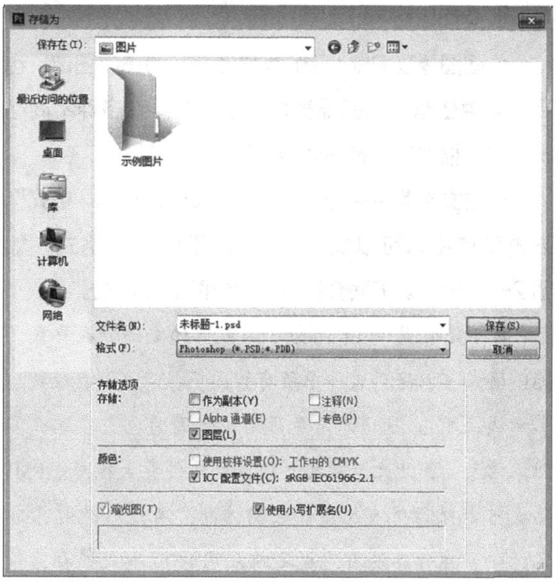

图 2-8

使用 Photoshop 的过程中，要养成随时存盘的习惯，这样可以避免死机或重启造成文件丢失。如果没有保存文件，系统意外关闭，Photoshop CS6 还会在再次打开时，自动加载上次退出时正在操作的文件。

2.1.4　分辨率与常见效果图格式介绍

在目前数字化的图像处理中，可以将图像分为两类：位图图像和矢量图像。矢量图像其轮廓和填充方法由相应的参数方程决定，是一种无关分辨率的图像，无论放大多少倍，图像品质都不会发生改变。而位图图像则是由像素构成。像素是构成位图的最小单位，将一幅位图图像放大数倍，就能发现图像是由许多小方块组成，每个小方块就是一个像素。

这两种类型图像，在 Photoshop 中都能进行创建和处理。其中，位图是最为常见的图像类型，现实中绝大多数途径得到的图片都是位图。

1. 分辨率

分辨率是位图图像专用的。位图也称为栅格图像，它是由网格上的点组成，这些点就是像素。这些像素的颜色和位置决定了该图像所呈现出来的画面。因此文件中的像素越多，包含的信息也越多，图像品质就越好。分辨率就是决定像素多少的决定性因素，如图 2-9 和图 2-10 所示。

图 2-9

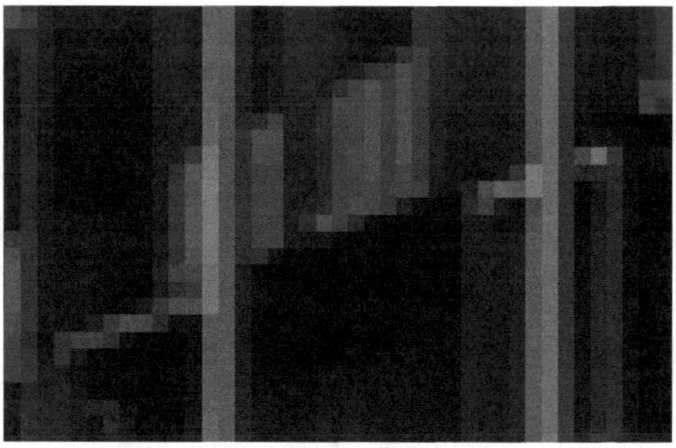

图 2-10

位图图像分辨率反映了图像每英寸包含的像素个数。分辨率越高，相同大小图像包含的像素越多，图像越清晰。通常，分辨率被表示成每一个方向上的像素数量，如 1920 × 1280 等。在 Photoshop 新建中即可设定该分辨率为多少，分辨率越大图像质量越高，文件也越大。

2. 矢量图像

矢量图像由对象构成。每个对象都是一个自称一体的实体，具有颜色、形状、轮廓、大小等属性。矢量图形与分辨率无关，可以将它们缩放至任意尺寸，且一样清晰。在 Photoshop 中绘制的路径即为矢量图形。

3. 位图图像

位图图像是 Photoshop 软件处理的主要图像，也是现实中最常见的图像类型。位图图像有多种不同格式，不同格式又具有不同特点和应用方向。

单击文件菜单中的“储存为”命令，在其“格式”下拉菜单中，可以看到有 23 种不同文件格式，如图 2-11 所示。下面介绍常用的位图图像格式。

● PSD：是 Photoshop CS6 默认的文件储存格式。PSD 格式可以保存文件中所有的图层、可用图像模式、参考线、Alpha 通道和专色通道。但因为包含了这么多图像信息，因此比其他文件格式的文件要大很多。PSD 格式可以保存所有原图的数据信息，所以修改起来非常方便。在作品没有完成之前采用 PSD 格式保存，最终完成后也保存一份 PSD 格式，以便日后修改。当储存 PSD 格式时，会弹出如图 2-12 所示的对话框，关闭“最大兼容”则可以大大压缩文件。

● JPEG：中文翻译为“有损失的压缩格式”。该格式最大的特点就是文件较小，但是压缩过度，便会损失文件的质量。JPEG 格式是目前使用最广泛的图像格式，该格式除了 RGB 模式外，还支持 CMYK 模式和灰度模式，但不支持 Alpha 通道。JPEG 在保存时会弹出图 2-13 所示的对话框。在对话框中拖动滑块可以控制保存图像的质量，也可以在品质栏中输入数值，数值越大，图像质量越高，文件也越大。

● TIFF：标记图像文件格式，是一种应用很广泛的图像格式。该格式可以很好的保留图片质量，并且对几乎所有的图像处理软件均能支持。TIFF 格式支持 RGB、CMYK、Lab、索引颜色和灰度等多种模式，并可以保存 Alpha 通道。在 Photoshop 中将图片保存成 TIFF 格式后，会弹出图 2-14 所示的对话框，保存默认状态，单击“确定”按钮即可。

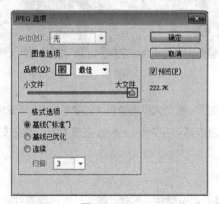

图 2-11

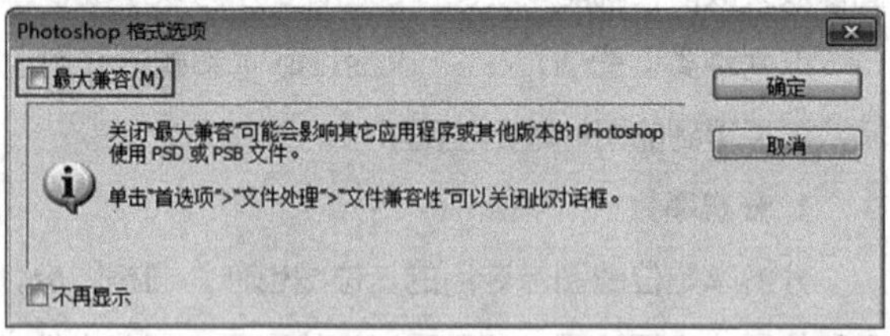

图 2-12

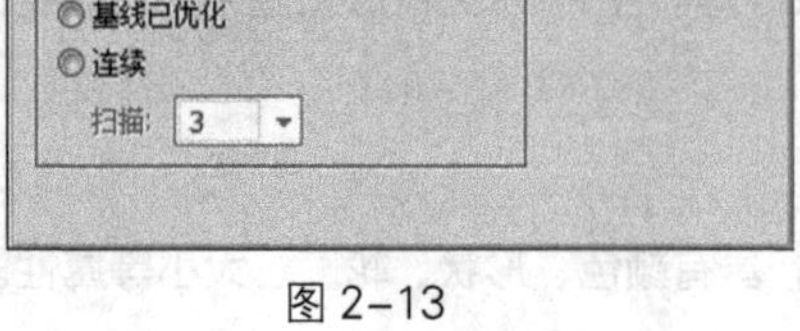

图 2-13

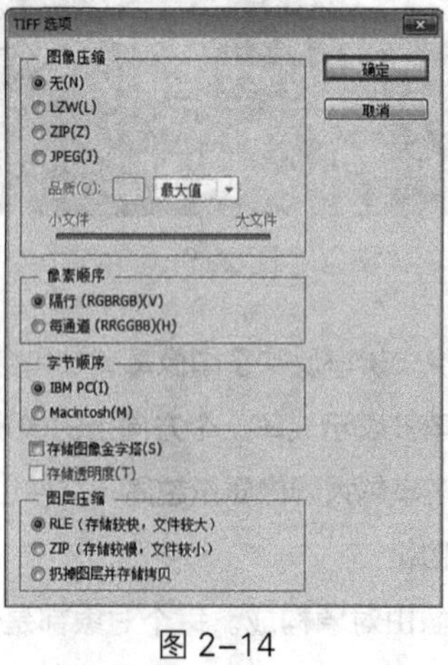

图 2-14

● BMP：是一种常见的图像格式，该格式支持 RGB、索引颜色、灰度和位图颜色模式，但不支持 Alpha 通道，也不支持 CMYK 模式。将图像储存为 BMP 格式后，会弹出图 2-15 所示的对话框。

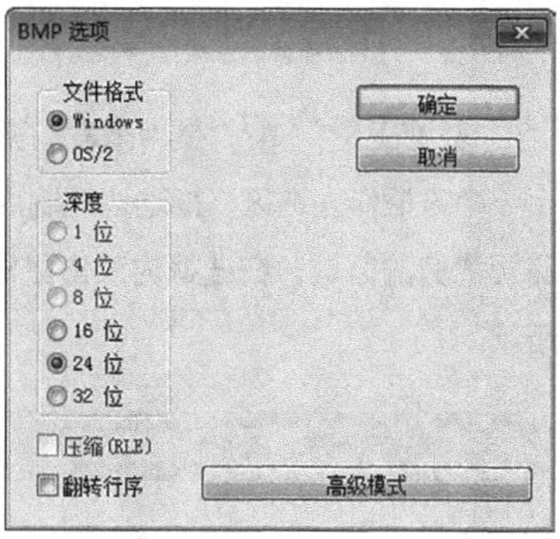

图 2-15

2.2　效果图的基本操作

本节主要介绍图像操作的基本内容，掌握好一般的图像操作方法可以为后面的学习打好基础。

2.2.1　效果图尺寸的调整

Photoshop 可以任意调整图片的大小和尺寸，将大尺寸图片改小可以，但小尺寸图片改大，就会使图片变得不清晰。

在 Photoshop 中打开一张图片，如图 2-16 所示，然后执行“图像 > 图像大小”菜单命令，打开如图 2-17 所示的对话框，接着将其“宽度”数值改为 1000，单击“确定”按钮，这时可以观察到，画面变大，但图像不清晰，如图 2-18 所示。

图 2-16

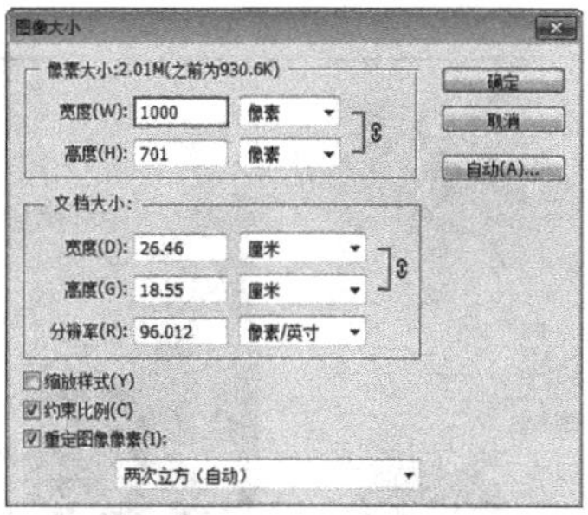

图 2-17

图 2-18

将“宽度”设置为 200，然后取消勾选“约束比例”选项，接着将“高度”设置为 500，如图 2-19 和图 2-20 所示。可以观察到，取消“约束比例”选项后，图像将不根据原来长宽比例来改变图像的高度和宽度。

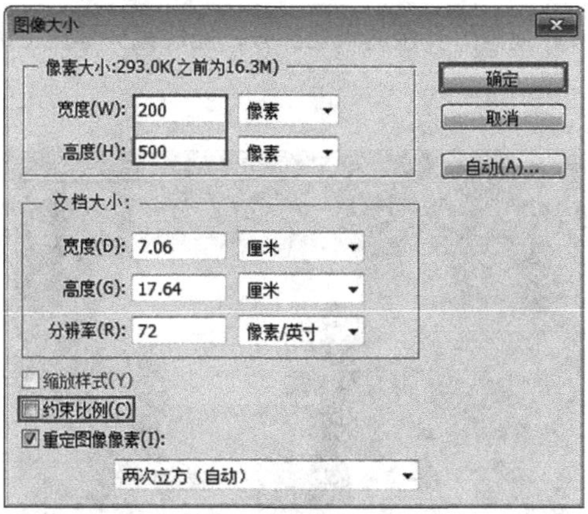

图 2-19

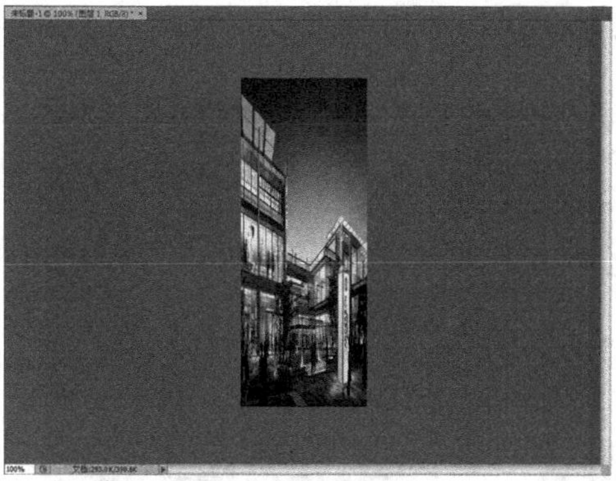

图 2-20

2.2.2 用裁剪工具裁剪效果图

“裁剪工具” ，是用来裁剪图像，并重新设置图像的大小。在要保留的图像上，拖曳出一个方框作为选区，拖动边控制点和控制角点调整大小。框内是需要保留的区域，框外是需要裁剪的区域，在选框内双击鼠标或按回车键确认裁剪。“裁剪工具”选项栏如图 2–21 所示。

图 2–21

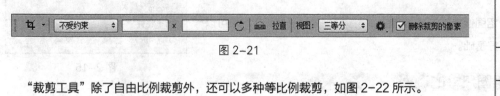

“裁剪工具”除了自由比例裁剪外，还可以多种等比例裁剪，如图 2–22 所示。

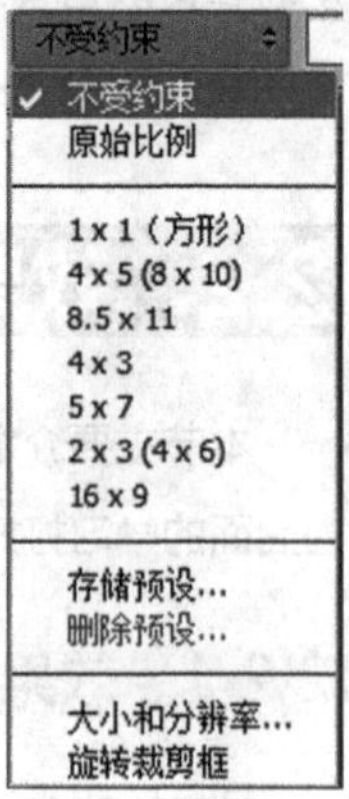

图 2–22

课堂案例：用裁剪工具裁剪图片

素材位置	素材文件 >CH02>01.jpg	扫码观看视频！
实例位置	实例文件 >CH02> 用裁剪工具裁剪图片 .psd	
学习目标	学习裁剪工具的使用方法	

（1）打开本书学习资源“素材文件 >CH02>01.jpg”文件，如图 2–23 所示。

（2）使用“裁剪工具” ，在图中用鼠标拖拉出裁剪区域，裁剪掉多余的天空部分，拖动裁剪框边上的节点对裁剪框进行调节，如图 2–24 所示。

图 2–23

图 2–24

（3）在裁剪区域内双击鼠标，或是按回车键进行裁剪，最终效果如图 2-25 所示。

图 2-25

Tips

如果要取消裁剪，只需要按 Esc 键即可取消。

2.2.3　设置前景色和背景色

使用工具箱中的前景色和背景色按钮，可以设置前景色和背景色，置于上方的小色块决定前景色，置于下方的小色块决定背景色。

单击“设置前景色”图标，即可打开“拾色器”对话框，在色区任意位置单击，即可选择不同颜色作为前景色，如图 2-26 所示。

单击“确定”按钮后，可以观察到前景色色块已经变成蓝色。按快捷键 X，可以切换前景色与背景色的颜色。单击工具箱上的图标或是按快捷键 D，可以将前景色和背景色变为默认的黑白色

除了单击选择颜色，还可以输入准确的数值确定颜色，设置颜色为橙色（R:200，G:100，B:50），设置后颜色如图 2-27 所示。

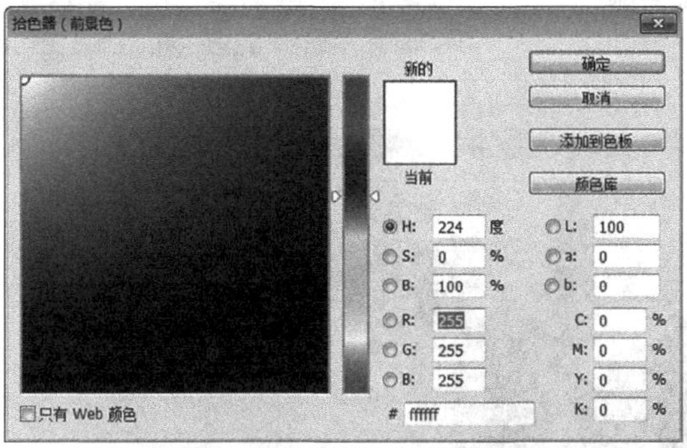

图 2-26

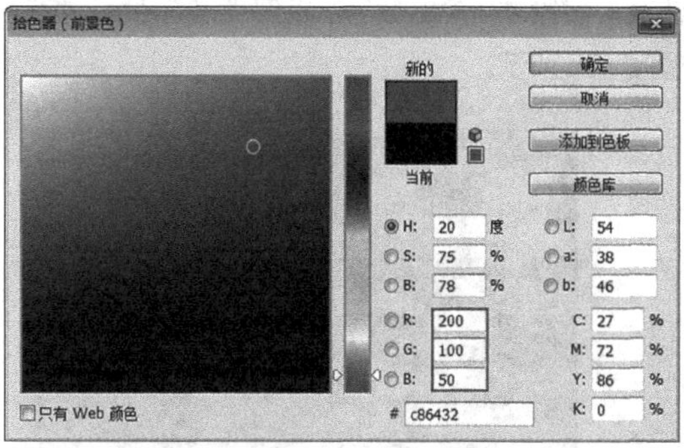

图 2-27

在 Photoshop 中颜色是可以任意设置的，但有很多颜色却在现实中不能被印刷出来。在“拾色器”中设置颜色为紫色（R:82，G:69，B:175），此时可以发现，在“拾色器”右侧出现警告三角，如图 2-28 所示。此时警告三角下方，会出现一个能够打印，又与所选颜色最接近的色块，如图 2-29 所示。只要单击该色块，就能得到一个既能打印，又能与所选紫色最接近的颜色。

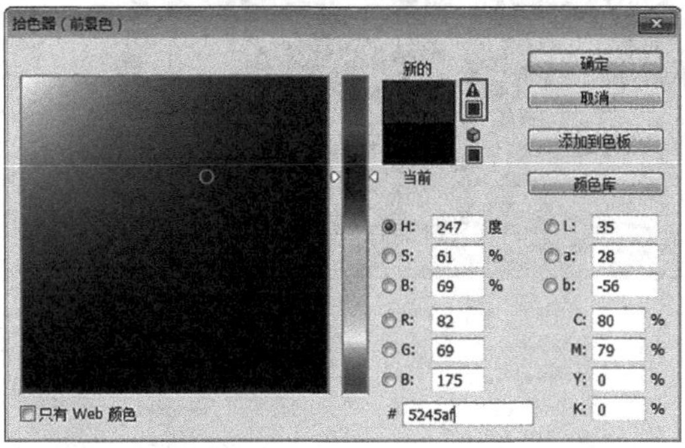

图 2-28

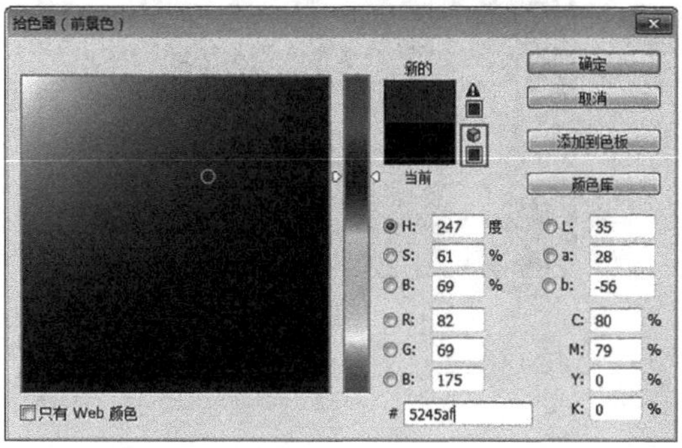

图 2-29

除了通过工具栏上的颜色色块设置颜色，还可以通过“颜色”面板进行设置，如图 2-30 所示。

Tips

执行“窗口 > 颜色”菜单命令，即可打开“颜色”面板，或按快捷键 F6。

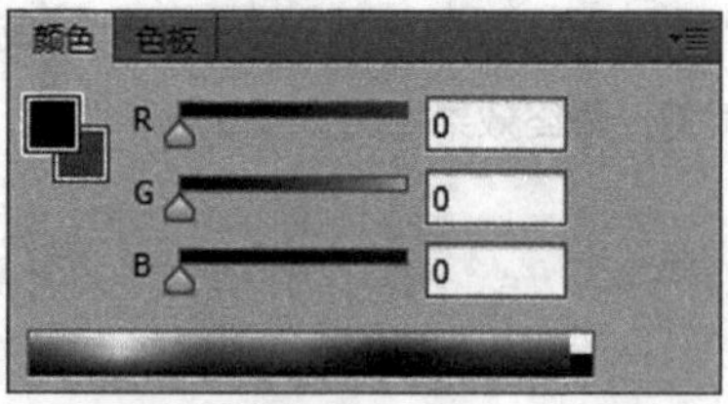

图 2-30

单击“颜色”面板上的倒三角按钮，在弹出的菜单中可以设置不同的色谱，如图 2-31 所示。

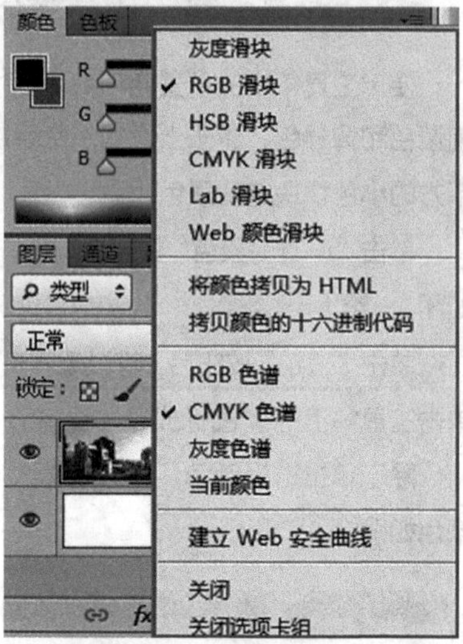

图 2-31

单击“颜色”面板旁的“色板”面板，即可通过“色板”面板选择颜色，还可以在“色板”面板中储存一些经常使用的颜色，如图 2-32 所示。

Tips

执行“窗口 > 色板”菜单命令，即可打开“色板”面板。

设置“前景色”为蓝色（R:100，G:200，B:220），如图 2-33 所示，然后单击“色板”面板底部的“创建前景色的新色板”按钮，便将刚才新设置的前景色添加到“色板”面板中，如图 2-34 所示。按住鼠标左键，将刚才新建的颜色拖曳到“删除色板”按钮上，即可删除，如图 2-35 所示。

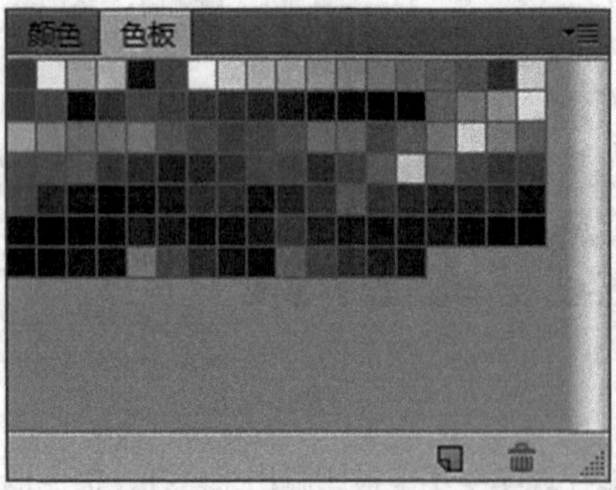

图 2-32

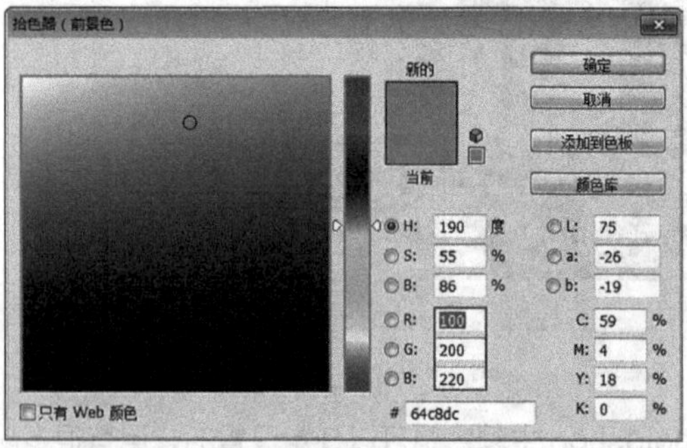

图 2-33

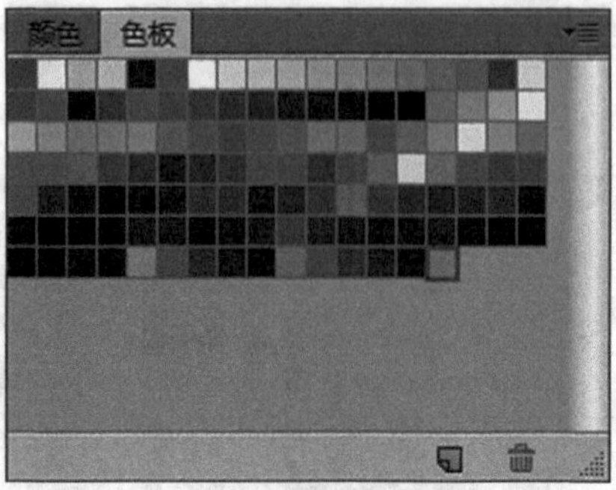

图 2-34

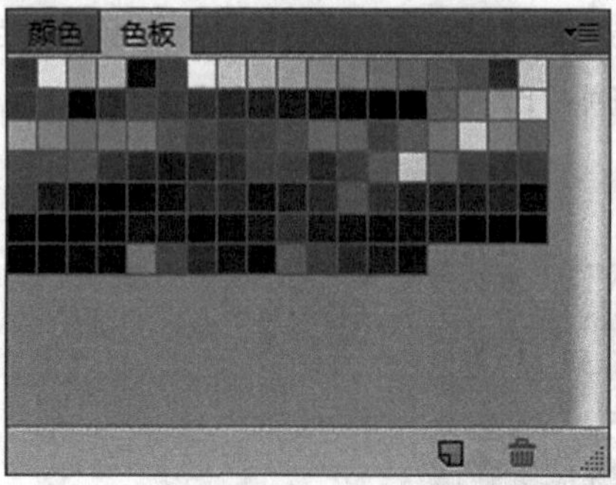

图 2-35

2.2.4　用自由变换工具调整效果图

“自由变换”命令，组合键为 Ctrl + T。该命令对图层、选区内图层、路径、矢量图形或选取边框进行缩放或旋转变换，变换完后按回车键确定，按 Esc 键可以取消变换。“自由变换”命令选项栏如图 2-36 所示。

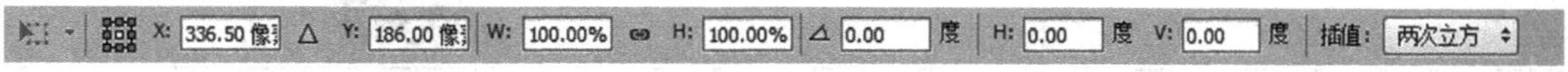

图 2-36

启动“自由变换”命令后，单击鼠标右键，可以在菜单中选择各项操作，如图 2-37 所示。

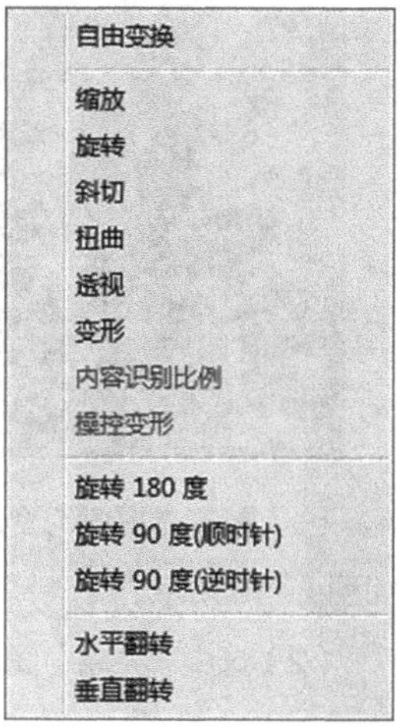

图 2-37

● 旋转：将光标置于 8 个控制点之外，当光标变为双箭头，拖曳鼠标即可旋转。按住 Shift 键，可每次旋转 15°　。改变原点位置可以旋转中心，如图 2-38 所示。

● 缩放：将光标置于对象边缘控制点，可以横向或竖向缩放；将光标置于 4 个角点，可以水平和竖向同时缩放。按住 Alt 键可以对对象进行等比例缩放，如图 2-39 所示。

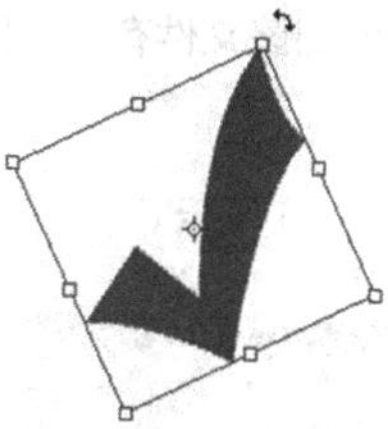

图 2-38

图 2-39

● 斜切：按住 Ctrl 键，光标移动至对象边缘控制点，图形以平行四边形进行变形，光标移动至角点，以梯形进行变形；按住 Alt 键，可同时改变对边和对角，如图 2-40 所示。

● 扭曲：是对对象更加自由的斜切，没有角度和方向的限制，如图 2-41 所示。

● 透视：就是近大远小。每次拖动只能在 x 轴或 y 轴上移动，按住 Ctrl 键，可以对对象进行两个方向同时移动，如图 2-42 所示。

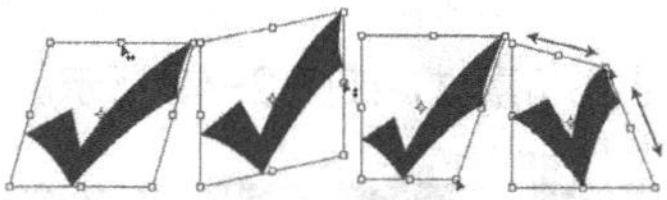

图 2-40

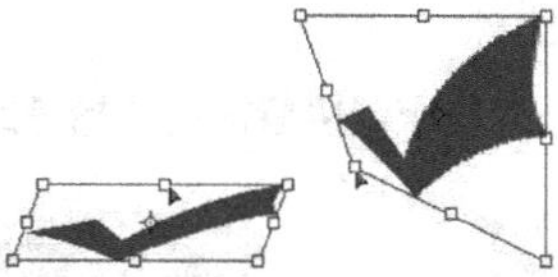

图 2-41

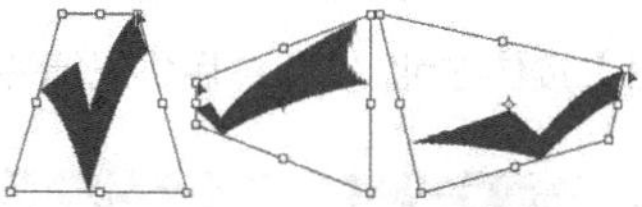

图 2-42

● 变形：可以使图像产生类似哈哈镜的效果。使用后，图像会产生一个可弯曲网格，将画面氛围 9 个部分，拖曳任意部位可以产生弯曲效果，如图 2-43 所示。

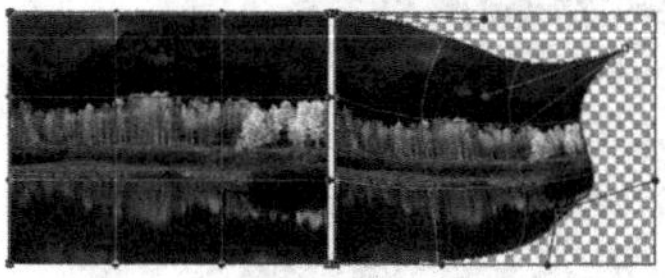

图 2-43

课堂案例：用自由变换命令复制飞鸟

素材位置	素材文件 >CH02>02.tif	扫码观看视频！
实例位置	实例文件 >CH02> 课堂案例：用自由变换命令复制飞鸟	
学习目标	学习图像的变换的方法	

（1）打开本书学习资源“素材文件 >CH02>02.tif”文件，如图 2-44 所示。可以观察到该文件有两个图层，如图 2-45 所示。

（2）选中“飞鸟”图层，然后按组合键 Ctrl + J，将“飞鸟”图层复制一层，如图 2-46 所示。

图 2-44

图 2-45

图 2-46

（3）选中复制出的“飞鸟副本”图层，然后按组合键 Ctrl + T，打开“自由变换”命令，接着使用“移动工具”，将“飞鸟副本”图层移动至如图 2-47 所示位置。

（4）按住 Shift 键，然后将光标移动至边框的角点，接着拖动鼠标等比例缩小飞鸟素材，如图 2-48 所示。

图 2-47

图 2-48

（5）将缩小后的“飞鸟副本”图层移动到如图 2–49 所示位置，然后按回车键退出“自由变换”命令，最终效果如图 2–50 所示。

图 2–49

图 2–50

2.2.5　其他工具介绍

下面介绍其他几种较为常用的工具，分别是“抓手”工具、“缩放”工具、单位和标尺。

1. 抓手工具

“抓手工具”，可以在图像窗口中移动整个画布，在图像被放大时，可以使用“抓手工具”移动图像。同时只要在任何工具被选择的情况下，只要按住空格键，就会自动变成“抓手工具”。

“抓手工具”选项栏如图 2–51 所示。

图 2–51

2. 缩放工具

“缩放工具”，可以对图像进行放大和缩小。单击“缩放工具”按钮，并单击图像时，对图像进行放大处理，按住 Alt 键单击图像时，对图像进行缩小处理。

“缩放工具”选项栏如图 2–52 所示。

图 2–52

3. 单位和标尺

Photoshop 不是一个可以精确绘制的图形软件，但其仍能大致控制图像的尺寸。

执行“视图 > 标尺”菜单命令，就会打开标尺，默认情况下，标尺会出现在当前图像的顶部和左部，如图 2–53 所示。

在标尺栏上双击或者执行“编辑 > 首选项 > 单位与标尺”菜单命令，即可打开“首选项”对话框，如

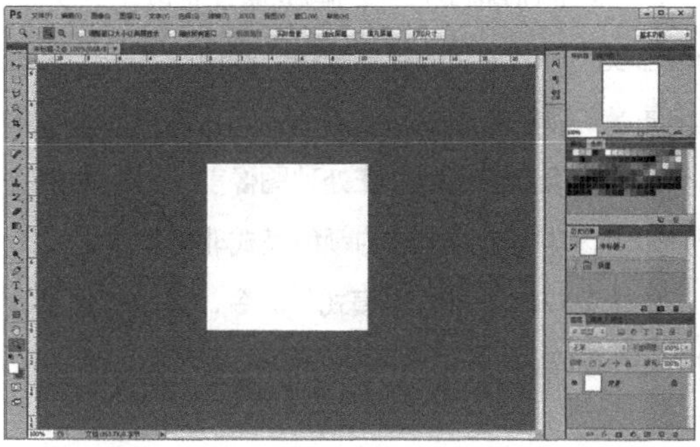

图 2–53

图 2-54 所示。这里可以设置标尺的“单位”“列尺寸”等参数。

除了标尺，还可以通过参考线来精确定位。在标尺上拖动鼠标创建参考线，可以通过执行“视图 > 新建参考线”菜单命令，打开“新建参考线”对话框，如图 2-55 所示。

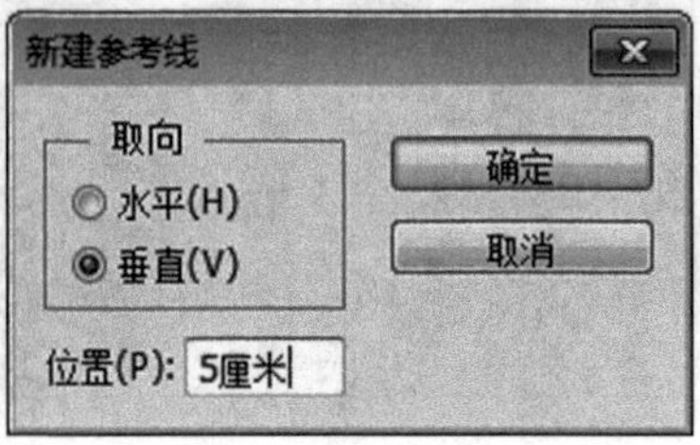

图 2-55

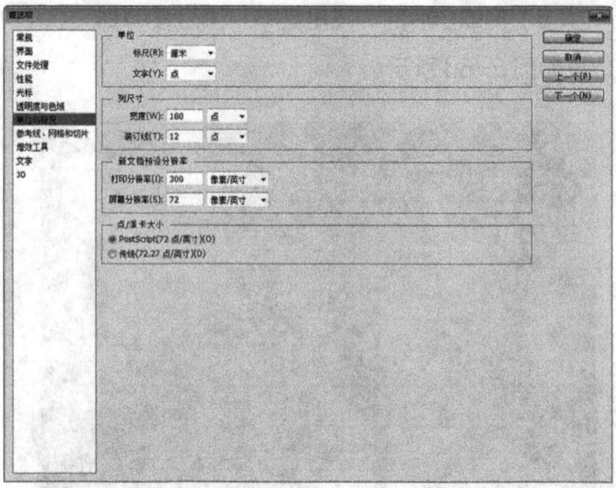

图 2-54

执行“视图 > 显示 > 网格”菜单命令，图像上将显示网格，如图 2-56 所示。

执行“编辑 > 首选项 > 参考线、网格与切片”菜单命令，在该首选项中可以设置参考线和网格的颜色等参数，如图 2-57 所示。

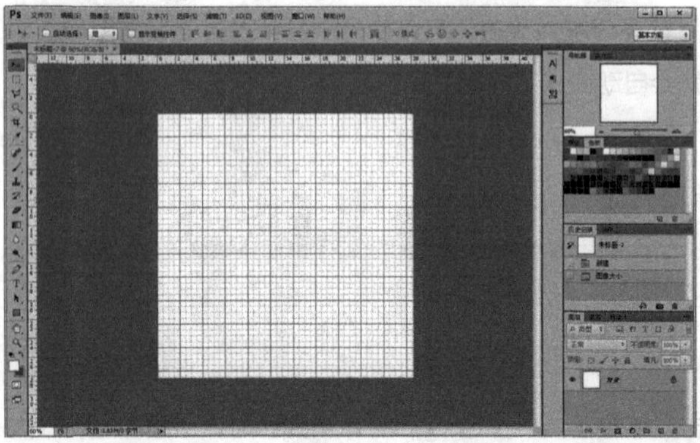

图 2-56

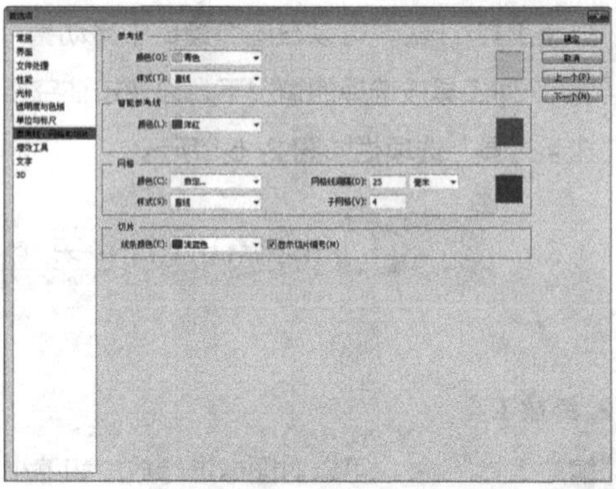

图 2-57

2.3 效果图的颜色模式

Photoshop 根据颜色的构成原理将颜色定义了很多种模式，通过这些颜色模式可以定义和管理颜色。颜色模式是一种组织图像颜色的方法，决定图像的颜色容量和颜色混合方式。简单地说，颜色模式是一种决定不同用途的图像颜色模型，在处理图像前，明确图像目的（用于显示还是用于打印），从而选择相应的颜色模式非常重要。

单击菜单栏“图像 > 模式”命令，其中包含了很多颜色模式命令，如图 2-58 所示。

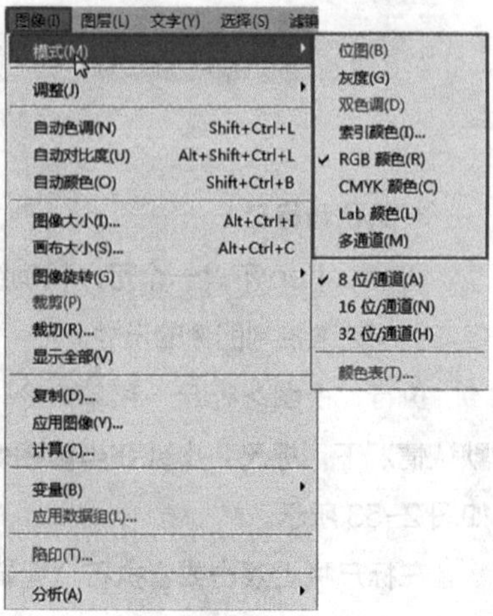

图 2-58

2.3.1　RGB 颜色模式的效果图

RGB 模式起源于三原色理论，即任何一种颜色都可以由红、绿、蓝 3 种基本颜色按照不同比例调和而成。计算机的显示器就是按照 RGB 颜色模式显示颜色。

RGB 颜色模式是一种使用最广泛的颜色模式，它由 R（red）红、G（green）绿、B（blue）蓝 3 个颜色通道组成。每个通道的颜色有 8 位，包含 256 种亮度级别（从 0 到 255），3 个通道混合在一起，相应就能产生 1670 多万种颜色。

Photoshop CS6 的 RGB 模式将彩色图像中每个像素的 RGB 分量指定一个介于 0（黑色）到 255（白色）之间的强度值，通过 3 种颜色叠加，产生不同颜色。

图 2-59 所示为 RGB 模式的图片，图 2-60~ 图 2-62 所示为 3 种颜色模式的图片。

图 2-59

图 2-60

图 2-61

图 2-62

2.3.2　CMYK 颜色模式的效果图

CMYK 颜色模式，是一种基于油墨印刷的颜色模式，是将青色、洋红、黄色和黑色的油墨组合起来调配出各种颜色用于打印。

和现实中的印刷一样，CMYK 颜色模式具有 Cyan（青）、Magenta（洋红）、Yellow（黄）、Black（黑）4 个颜色通道。因为在 RGB 颜色模式中，用 B 代表蓝色，所以为了不混淆，用 K 代表黑色。CMYK 颜色模式也是每个通道的颜色 8 位，有 256 种亮度级别（0~100%），四个通道组合使得每个像素具有 32 位颜色的容量，在理论上能产生 2 的 32 次方种颜色。虽然 CMYK 颜色模式也能产生许多种颜色，但其表现力不如 RGB 模式。若需打印图像，应使用 CMYK 模式查看效果，如果使用 RGB 模式查看，则不能查看最终印刷作品的效果。

图 2-63 所示为 RGB 模式与 CMYK 模式对比效果的图片。

图 2-63

图 2-64~ 图 2-67 所示为 CMYK 的 4 种模式的图片。

图 2-64

图 2-65

图 2-66

图 2-67

2.3.3　灰度模式的效果图

“灰度”模式是由黑白灰三色构成，类似于黑白照片的效果。在 8 位图像中，最多有 256 级灰度。灰度图像中每个像素都由 0~255 之间的灰度值，其中 0 代表黑色，255 代表白色。

将彩色图像转换为灰度模式，灰度图像反映了原彩色图像的亮度关系，即每个像素的灰阶对应原像素亮度，如图 2-68 所示。

图 2-68

2.3.4　Lab 颜色模式的效果图

Lab 颜色模式具有明度、a、b3 个通道，其中“明度”通道表现了图像的明暗度，范围是 0~100，如图 2-69 所示；a 通道和 b 通道是两个专色通道，a 通道范围从绿色到红色，如图 2-70 所示，b 通道范围从黄色到蓝色，如图 2-71 所示。

图 2-69

图 2-70

Lab 颜色模式具有最宽的色域，包括 RGB 和 CMYK 色域中的所有颜色，因此当由其他颜色模式转换为 Lab 颜色模式时，不必经过减色处理，图像也不会发生颜色失真。

在效果图后期处理时，可以通过对明度通道进行锐化来加强画面效果。

图 2-71

课后习题——添加树木

素材位置	素材文件 >CH02>03.jpg、04.png	扫码观看视频！
实例位置	实例文件 >CH02> 添加树木 .psd	
学习目标	练习变换工具拼合树木素材	

图 2-72

课后习题——添加挂画

素材位置	素材文件 >CH02>05.jpg、06.png	扫码观看视频！
实例位置	实例文件 >CH02> 添加挂画 .psd	
学习目标	练习变换工具拼合挂画素材	

图 2-73

第3章

效果图的对象选取和编辑

本章主要讲解 Photoshop 软件选区的创建及编辑的方法和技巧。通过本章学习，读者可以制作选区并编辑选区。

本章学习要点：

- 掌握选区的创建
- 掌握选区的编辑

3.1 在效果图中选取对象

选区可以分为规则选区和不规则选区，分别针对规则的对象和不规则的对象，如图 3-1 和图 3-2 所示。下面讲解常用的选区工具。

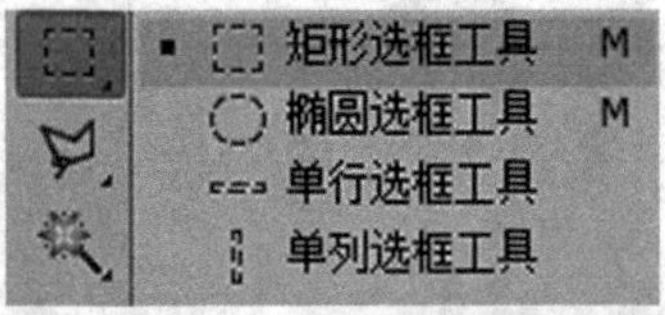

图 3-1

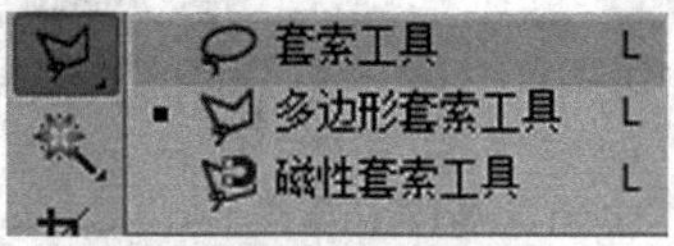

图 3-2

3.1.1 用矩形选框工具选取对象

使用“矩形选框工具”，可以用鼠标在图像上拉出矩形框。如果按住 Shift 键，则可以拉出一个正方形选框。选中“矩形选框工具”后，工具栏如图 3-3 所示。

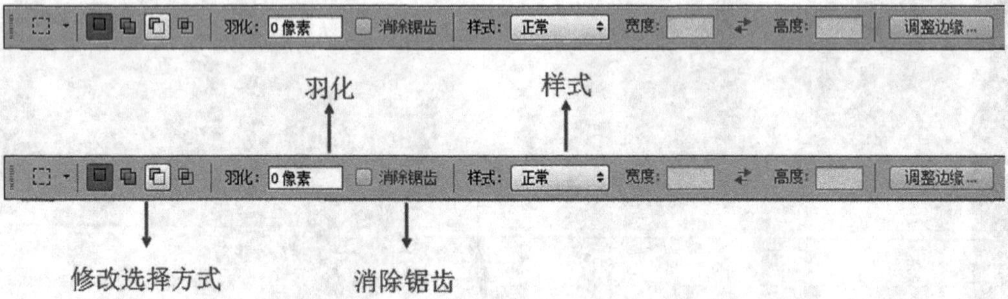

图 3-3

下面将主要讲解“矩形选框工具”选项栏的主要参数。

- 修改选择样式：由“新选区”、“增加到新选区”、“从选区减去”和“与选区交叉”4 种方式。

❖ “新选区”：是去掉旧的选区，选择新的区域。

❖ “增加到选区”：是在原有选区的基础上，增加新的选择区域。

❖ “从选区减去”：是在原有选区的基础上，减去新的选择区域与旧选择区域交叉的部分。

❖ “与选区交叉”：是将原有选区与新选区相交叉的部分保留下来，作为最终选择区域。

- 羽化：羽化可以柔化选择区域的边界，也就是使选择区域边界产生一个过渡区域，以便于和其他图像的相互融合。羽化值越大，效果越明显。

- 样式：是用来规定矩形选框的形状。样式下拉菜单中有 3 个选项，如图 3-4 所示。

❖ 正常：默认选择方式，也是最常用的方式。在这种方式下，可用鼠标拖曳出任意矩形。

图 3-4

❖ 固定长宽比：在这种方式下，可以任意设定矩形的宽高比。系统默认的宽高比为 1 ：1。

❖ 固定大小：在这种方式下，可以根据输入宽和高的数值，精确的确定矩形的大小，单位为像素。

课堂案例：用矩形选框工具填充色块

素材位置	素材文件 >CH03>01.jpg	扫码观看视频！
实例位置	实例文件 >CH03> 用矩形选框工具填充色块 .psd	
学习目标	学习矩形选框工具的使用方法	

（1）打开本书学习资源“素材文件 >CH03>01.jpg”文件，如图 3-5 所示。

（2）设置“前景色”为褐色，然后在工具箱中选择“矩形选框工具”，接着在视图中拖曳鼠标，最后绘制矩形选框，如图 3-6 所示。

图 3-5

图 3-6

Tips

通常情况下，按下鼠标的那一点是选区的左上角，松开鼠标的那一点是选区的右下角。如果按住 Alt 键在视图中拖曳鼠标，这时按下的那一点为选区中心点，松开鼠标那一点为选区右下角。

将鼠标放在选框上时，鼠标光标会变成箭头状带虚线时，拖曳鼠标，可以调整选区位置。也可以用键盘上的方向键移动，方向键按一次可将选区移动 1 像素。

（3）按组合键 Alt + Delete 填充前景色，然后按组合键 Ctrl + D 取消选框，效果如图 3-7 所示。

（4）按照上述步骤继续填充色块，最终效果如图 3-8 所示。

图 3-7

图 3-8

3.1.2 用椭圆选框工具选取对象

“椭圆选框工具”主要用于创建圆形选区，按 Shift 键可以绘制正圆形。“椭圆选框工具”和“矩形选框工具”的创建选区方法完全相同。“椭圆选框工具”的选项栏如图 3-9 所示。

图 3-9

从图中可见“椭圆选框工具”和“矩形选框工具”的工具栏命令完全一样，只是增加了“消除锯齿”选项。该选项勾选后，可以使圆形边框比较平滑（平时使用时默认勾选即可）。

3.1.3 用单行选框工具选取对象

“单行选框工具”，是使用鼠标在图层上拖曳出一条横向的一个像素的选框。其选项栏中只有选择方式可选，用法和矩形选框相同，羽化值只能为 0，样式不可选，如图 3-10 所示。

图 3-10

3.1.4 用单列选框工具选取对象

“单列选框工具”，是使用鼠标在图层上拖曳出一条竖向的一个像素的选框。其选项栏内容与用法和“单行选框”工具完全相同。

3.1.5 用套索工具选取对象

“套索工具”是用鼠标自由绘制选区的工具。选中“套索工具”，将鼠标移动到图像上后，即可拖曳鼠标选取所需要的范围。如果选取的起点与终点未重合，Photoshop 会自动封闭为一个完整的曲线。按住 Alt 键在起点处与终点处单击，可绘制直线。

“套索工具”的选项栏，如图 3-11 所示。

图 3-11

“套索工具”选项栏参数和用法与“矩形选框工具”相同，这里就不重复介绍。

3.1.6　用多边形套索工具选取对象

在实际操作中，大多数图像都是不规则的，很少出现规则的圆形或者方形，所以要选择不规则选区，就会采用一些能够选择不规则形状的工具。

“多边形套索工具”是一种靠鼠标单击一个个节点绘制选区的工具，也是实际工具中最常用的选区工具之一。

课堂案例：用多边形套索工具调色

素材位置	素材文件 >CH03>02.jpg	扫码观看视频!
实例位置	实例文件 >CH03> 用多边形套索工具调色 .psd	
学习目标	学习多边形套索工具的使用方法	

（1）打开本书学习资源“素材文件 >CH03>02.jpg”文件，如图 3-12 所示。

（2）在工具栏选中“多边形套索工具”，然后设置“羽化”为 100 像素，接着沿着建筑大致外轮廓单击鼠标左键，将所有点连接在一起，效果如图 3-13 所示。

Tips

按住 Shift 键可以加选，按住 Alt 键可以减选。

图 3-12

图 3-13

（3）单击“图层”面板下的“创建新图层”按钮，新建“图层 1”，再将“前景色”设置为黄色，按组合键 Alt + Delete 填充，效果如图 3-14 所示。

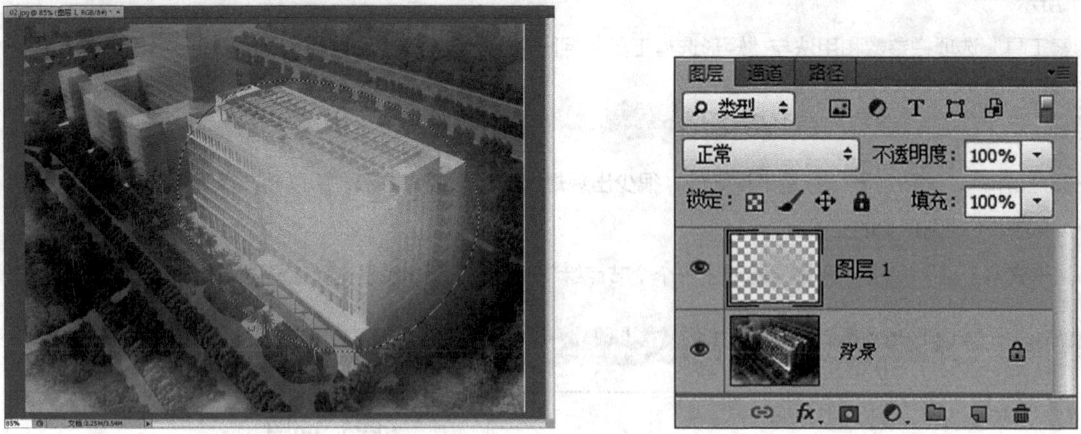

图 3-14

（4）在“图层”面板中，设置“不透明度”为 10%，然后按组合键 Ctrl + D 取消选区，效果如图 3-15 所示。

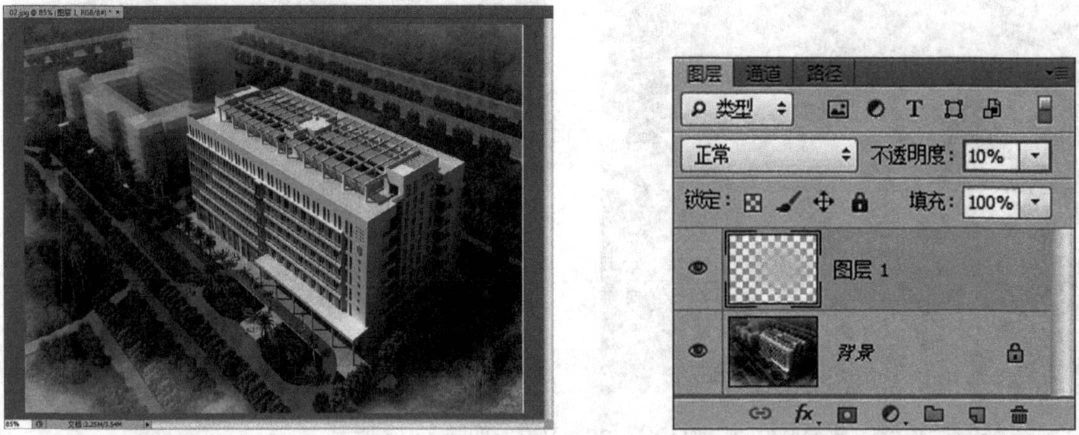

图 3-15

（5）继续使用“多边形套索工具”，然后设置“羽化”为 100 像素，接着勾选出如图 3-16 所示的选区。

（6）单击“图层”面板下的“创建新图层”按钮，新建“图层 2”，再将“前景色”设置为青色，按组合键 Alt + Delete 填充，效果如图 3-17 所示。

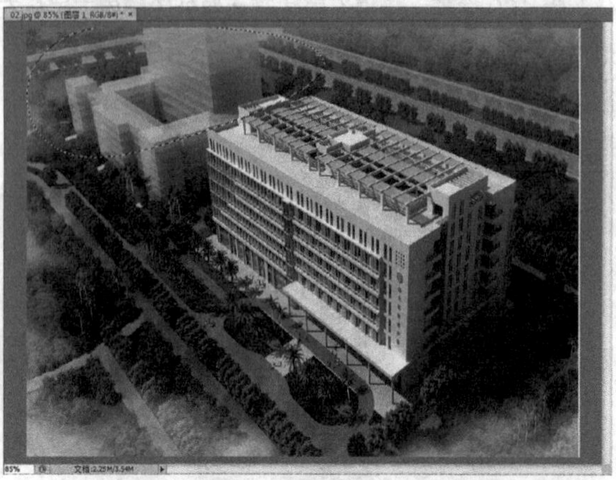

图 3-16

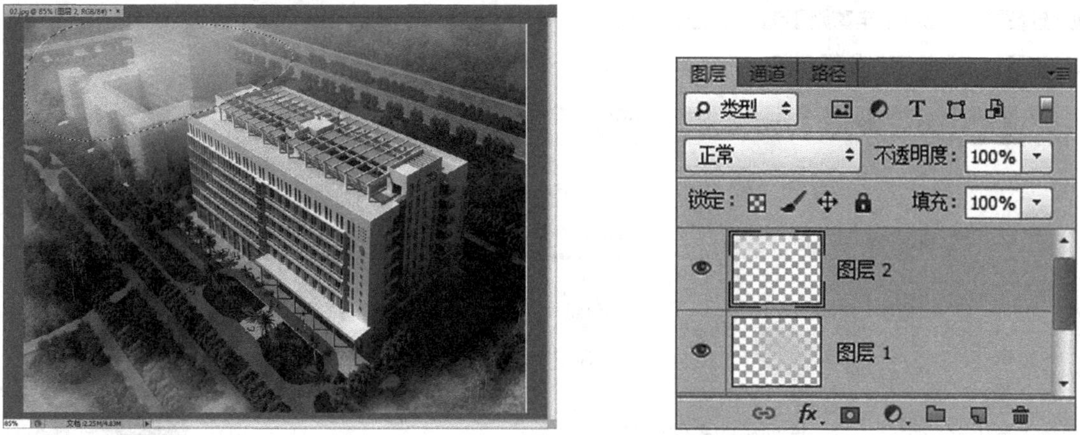

图 3-17

（7）在“图层”面板中，设置“图层 2”的“不透明度”为 10%，然后按组合键 Ctrl + D 取消选区，最终效果如图 3-18 所示。

图 3-18

3.1.7　用磁性套索工具选取对象

“磁性套索工具” 是一种具有可自动识别边缘的套索工具，针对颜色区别比较大的物体特别管用。选中“磁性套索工具”后，光标移动到图像上单击选区起点，然后沿着物体边缘移动光标（无需按住鼠标），当回到起点时，光标右下角会出现一个小圆圈，表示选择区域已封闭，再单击鼠标即可完成操作。

“磁性套索工具”选项栏如图 3-19 所示。

图 3-19

“磁性套索工具”选项栏与“套索工具”选项栏相比，增加了宽度、频率、对比度和钢笔压力等参数，下面将重点讲解以下参数。

- 宽度：用于设置磁性套索工具在选区时的探查距离，数值越大，探查范围越广。
- 对比度：用来设置套索的敏感度。可输入 1% ~100%之间的数值，数值越大，选区越精确。
- 频率：用来确定套索连接点的连接频率。可输入 1%~100% 之间的数值，数值越大，选区外框节点越多。
- 钢笔压力：用来设定绘图板的钢笔压力。只有安装了绘图仪和驱动程序的才可以使用。

3.1.8　用魔棒工具选取对象

魔棒工具组是非常重要的常用工具，起作用原理都是通过单击选择颜色，从而选择与单击颜色一致的全部颜色，但被选图片颜色过于丰富，则不适用于该工具组。

“魔棒工具” ，是非常实用的工具，作用原理是通过单击选择颜色，从而选择与单击处相一致的全部颜色，但对于被选择图片颜色过于丰富则不适用于这个工具。

“魔棒工具”工具选项栏如图 3-20 所示。

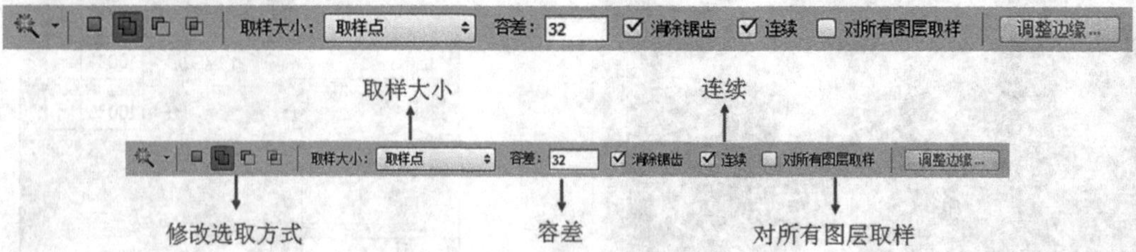

图 3-20

下面将主要讲解“魔棒工具”选项栏的主要参数。

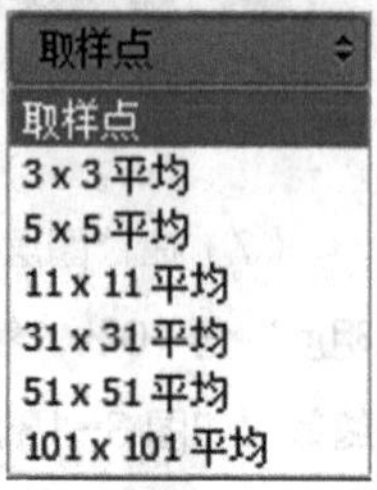

图 3-21

- 取样大小：即取样点像素的大小，具体选项如图 3-21 所示。
- 容差：数值越小，选区的颜色越精确，数值越大，选区的颜色范围越大，但精度会下降。容差选项中，可以输入 0~255 之间的数值，系统默认数值为 32。
- 连续：勾选该选项后，只能选择色彩相近的连续区域；不勾选，将选择图像上所有色彩相近的区域。
- 对所有图层取样：勾选该选项后，可以选择所有可见图层；不勾选，只能在应用图层起作用。

3.1.9 用快速选择工具选取对象

“快速选择工具”，是根据拖曳鼠标范围内的相似颜色来选择物体。“快速选择工具”选项栏如图 3-22 所示。

图 3-22

3.1.10 用色彩范围命令选取对象

“色彩范围”命令是一个用于制作选区的命令，可以根据图片中的颜色分布生成选区，如图 3-23 所示的绿色墙面替换为图 3-24 所示的白色。“色彩范围”命令位于菜单栏的“选择”菜单中。

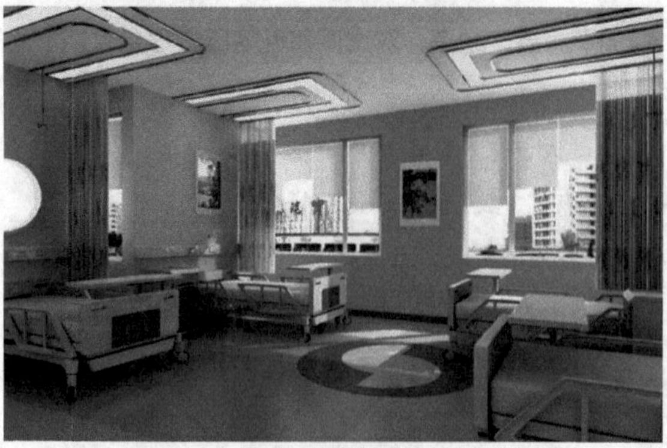

图 3-23

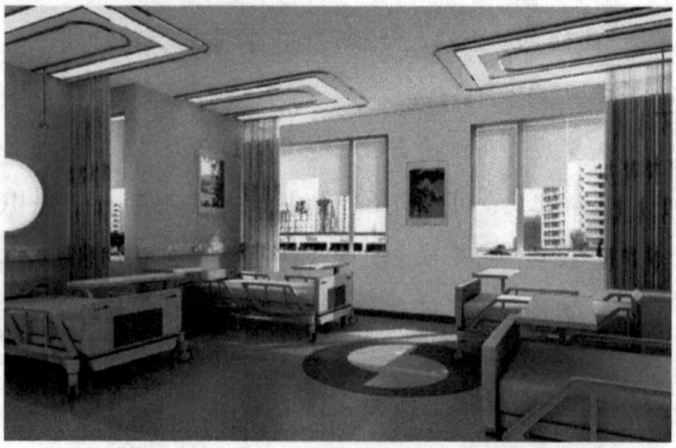

图 3-24

下面将讲解“色彩范围”对话框重要参数。

- 选择：确定建立选区的方式。用吸管工具可以选择颜色的样本来获取选区。选择下拉框中的样本颜色也可以直接选择一种单色或基于图片的高光、中间调或阴影来选择选区。

● 颜色容差：颜色容差和魔棒工具的容差作用相同，也是用于识别采集样本的颜色与周围背景色的颜色差异大小，当数值越大，所选取范围越大。

● 选择范围 / 图像：确定预览区域中显示的是选择区域还是原始图像。

● 选区预览：指在图片中预览选区，有如图 3-25 所示的 4 种选择。

● 反向：指反向建立选区。

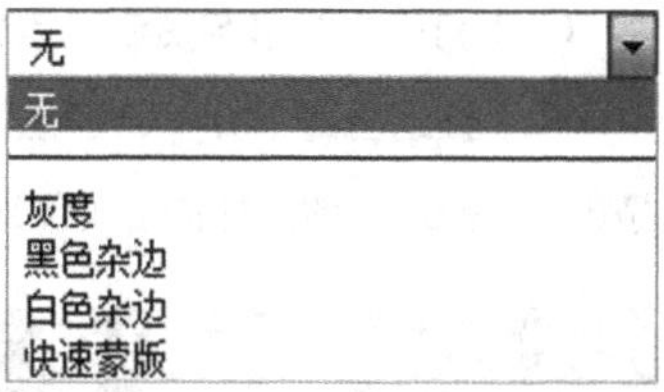

图 3-25

3.2 在效果图中编辑选取对象

在 Photoshop 中有很多工具和命令可以创建选区，但有时候创建选区后，还必须根据实际需要进行编辑。

3.2.1 选取对象的基本操作

移动选区，是使用“移动工具”，并拖曳鼠标移动选区位置，也可以使用键盘上的方向键移动，按键一次可将选区移动 1 像素。

全选选区，是将一个图层全部选定，选区与画布大小相同。这种选择方式通常在要对整个图层进行复制时使用，其组合键为 Ctrl + A。

取消选区，是取消图层中的所有选区，其组合键为 Ctrl + D。

反选选区，是在图层中反向建立选区，也就是选中没有被选中的区域，其组合键为 Ctrl + Shift + I。

3.2.2 羽化选取对象的范围

羽化选区可以对选区的边缘进行柔化，使选区内的图像和外面的图像自然过渡，以取得很好的融合效果。羽化选区的方法有两种。

第 1 种：勾选出选区后，执行“选择 > 修改 > 羽化”菜单命令，然后在弹出的“羽化选区”对话框中，设置“羽化半径”值。

第 2 种：选中选框工具后，在工具的选项栏中设置羽化值。

课堂案例：用羽化选区制作边框

素材位置	素材文件 >CH03>03.jpg	扫码观看视频!
实例位置	实例文件 >CH03> 用羽化选区制作边框 .psd	
学习目标	学习羽化选区的使用方法	

（1）打开本书学习资源“素材文件 >CH03>03.jpg”文件，如图 3-26 所示。

（2）按组合键 Ctrl + A 全选，然后执行“选择 > 修改 > 边界”菜单命令，接着在弹出的“边界”对话框中设置“宽度”为 60，效果如图 3-27 所示。

图 3-26

图 3-27

（3）按两次组合键 Ctrl + Shift + I 反选选区，然后将“前景色”设置为黑色，接着执行“选择 > 修改 > 羽化”菜单命令，再在弹出的“羽化选区”对话框中，设置“羽化半径”为 100，效果如图 3-28 所示。

> **Tips**
> 羽化选区的组合键为 Shift + F6。

（4）按组合键 Alt + Delete 填充黑色，然后按组合键 Ctrl + D 取消选区，最终效果如图 3-29 所示。

图 3-28

图 3-29

3.2.3 填充和描边选取对象

填充和描边操作时 Photoshop 的一个基本操作，在之前的很多练习中，已经用到了填充命令。

填充的作用是填充颜色，组合键 Alt + Delete 为填充前景色，组合键 Ctrl + Delete 为填充背景色。

填充的方法有两种。

第 1 种：执行“编辑 > 填充”菜单命令，然后在弹出的“填充”对话框中设置填充的颜色、模式和不透

> **Tips**
> “填充”命令的组合键为 Shift + F5。

明度，如图 3-30 所示。

第 2 种：勾选选区后，按组合键 Alt + Delete 直接填充前景色，或是按组合键 Ctrl + Delete 填充背景色。

描边的作用是在线框周围描上细边。勾选选区后，执行“编辑 > 描边”菜单命令，然后在弹出的“描边”对话框中，可以设置描边的宽度、颜色、位置、混合模式和不透明度，如图 3-31 所示。

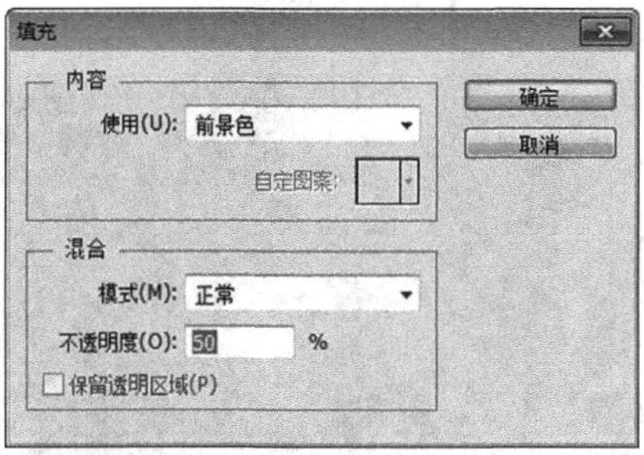

图 3-30

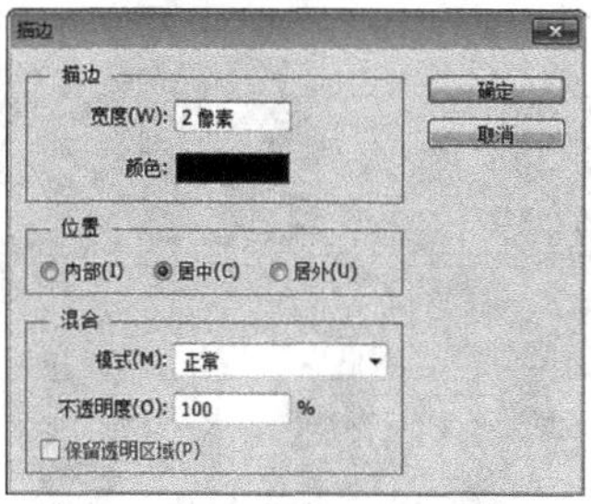

图 3-31

3.2.4　变换、保存、载入选取对象

“变换选区”命令可以实现对选区的缩放、旋转等自由变换。“载入 / 储存选区”命令将选区保存起来，保存后可以在后面的操作中随时载入选区。在 Photoshop 中如果需要建立一个新的选区，旧选区就会消失。基于这个特点，很多时候会将创建的选区储存起来，并且在随后的操作中随时重新载入。选区储存是通过建立新的 Alpha 通道来实现。

创建选区后，执行“选择 > 存储选区”菜单命令，然后弹出的“储存选区”对话框，如图 3-32 所示，需要命名新选区的名称。

新命名的选区会出现在“通道”面板，执行“选择 > 载入选区”菜单命令，然后弹出的“载入选区”对话框，如图 3-33 所示，接着单击“确定”按钮后，刚才创建的选区将出现在原位置上。

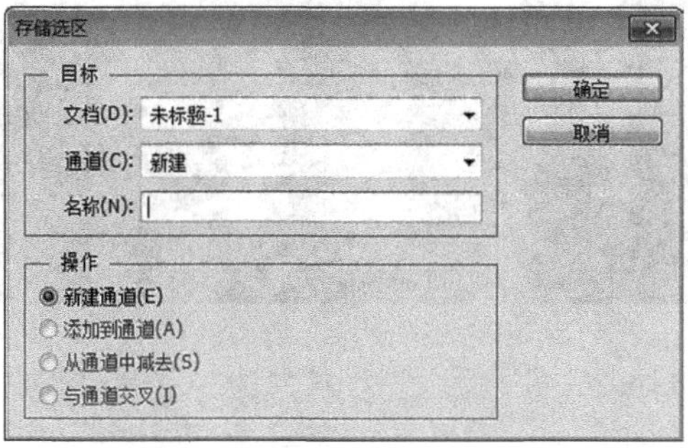

图 3-32

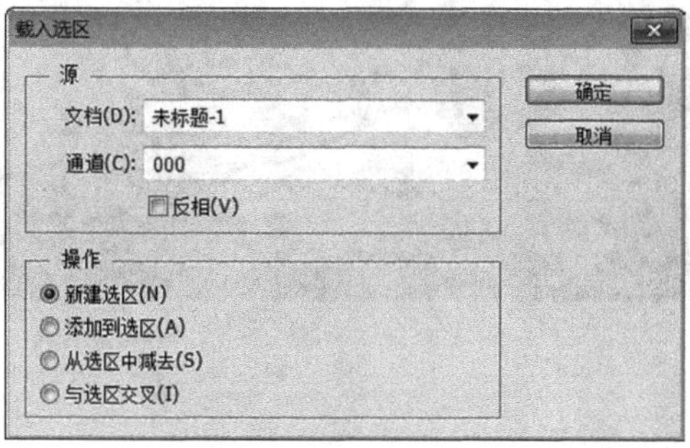

图 3-33

下面介绍“选择”菜单下其余较为常用命令。

- 扩大选区：是将选区扩大至邻近的，具有相似颜色的像素区域。
- 选取相似：是将选区扩大至图中任何具有相似颜色的像素区域。
- 边界：建立一个新的选区框来替换已有的选区。
- 平滑：可以平滑选区。
- 扩展：可以扩大选区范围。
- 收缩：可以减小选区范围。

课后习题——添加窗外背景

素材位置	素材文件 >CH03>04.png、05.jpg	扫码观看视频！
实例位置	实例文件 >CH03> 添加窗外背景 .psd	
学习目标	练习选择工具和变换工具的用法	

课后习题——填充颜色

素材位置	素材文件 >CH03>06.jpg	扫码观看视频！
实例位置	实例文件 >CH03> 填充颜色 .psd	
学习目标	练习羽化命令和填充命令的用法	

第 4 章

效果图的图像修饰工具

本章主要讲解 Photoshop 效果图的绘图与图像修饰工具，包括绘图工具和历史记录两大类工具。通过对本章的学习，读者能更准确地对图像进行处理。

本章学习要点：

- 掌握渐变工具
- 掌握模糊和锐化工具
- 了解其他常用工具
- 了解历史记录面板使用方法

4.1 常用的效果图修饰工具

本节将主要讲解常用的效果图修饰工具，这些工具在平时效果图制作时经常使用，需要读者熟练掌握。

4.1.1 吸管工具

“吸管工具”，是常用的取色工具，可以通过吸管工具，在图像上快速获取需要的颜色。

使用“吸管工具”，然后在褐色装饰品上单击鼠标，这时可以观察到“前景色”转换成单击位置的褐色，如图 4-1 所示。

按住 Alt 键，同时使用“吸管工具”单击绿色叶片，这时可以观察到“背景色”转换成单击位置的绿色，如图 4-2 所示。

图 4-1

图 4-2

4.1.2 画笔工具

执行“窗口 > 画笔”菜单命令，可以打开“画笔”面板，如图 4-3 所示。也可以单击“画笔”选项栏右侧的箭头图标，打开“画笔”面板，如图 4-4 所示。

图 4-3 所示为“画笔”面板主要由 3 个部分组成，左侧参数控制画笔的属性，右侧确定画笔属性的具体参数，最下方为画笔的预览效果。单击右侧的下拉箭头，还可以打开如图 4-5 所示的下拉菜单，可从下拉菜单中选择 Photoshop 软件预设的各种画笔样式。

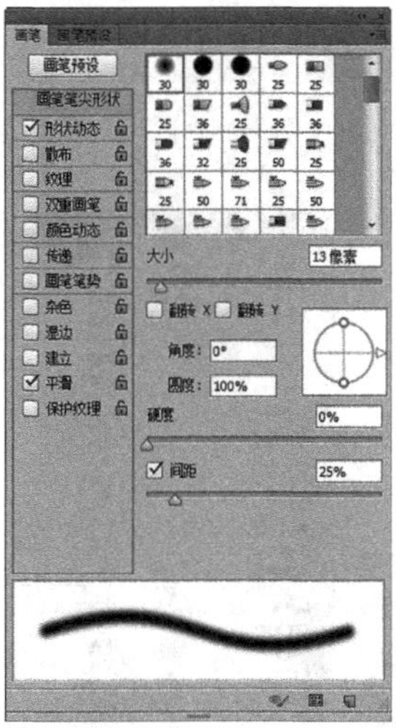

图 4-3

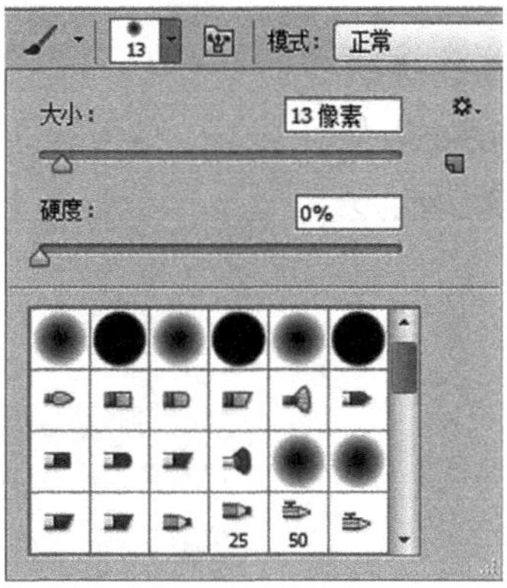

图 4-4

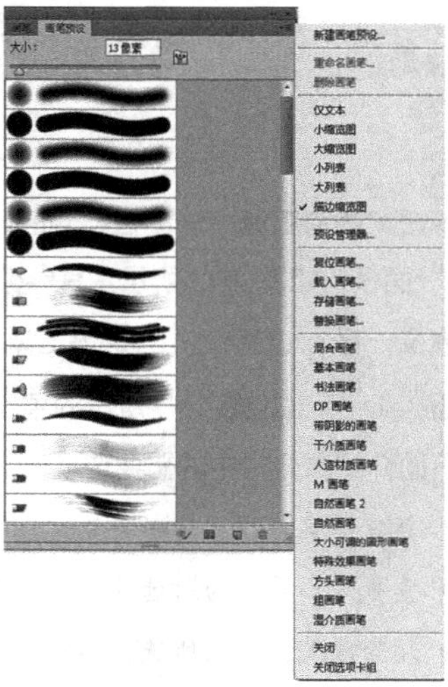

图 4-5

“画笔笔尖形状”参数可以控制画笔的直径、硬度、间距、角度等属性。选中“画笔笔尖形状”选项，然后选择其中的草形状画笔，设置“画笔笔尖”参数如图 4-6 所示。

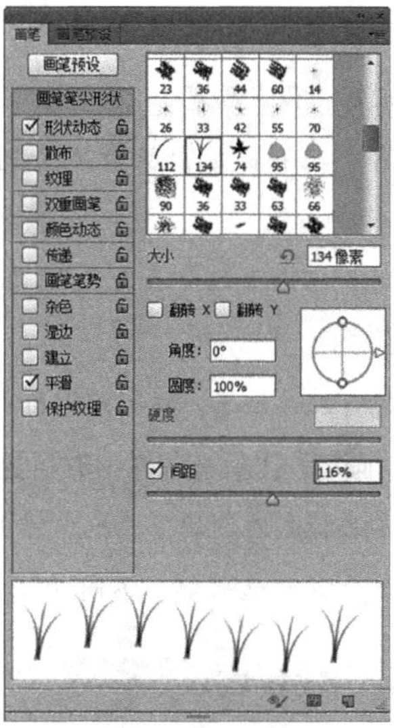

图 4-6

下面介绍参数栏重要选项。

● 大小：可以控制画笔的大小，范围在 1~5000 像素之间。在输入框中输入数值或左右移动滑块，都可以设置画笔的大小。

● 翻转 X、翻转 Y：可以将画笔对应 x 轴或者 y 轴进行翻转。

● 角度：可以设置画笔旋转的角度，在输入框输入数值即可。

● 圆度：可以控制画笔长短的比例。

● 硬度：可以控制画笔硬度。数值越大，边缘越清晰，反之边缘越柔和。某些画笔无法启用这个选项。

● 间距：可以控制画笔描边中两个画笔笔迹之间的距离，可输入数值或左右移动滑块。

● 形状动态：主要用于编辑画笔在绘制时的变化情况。

● 分散：是设定相似绘制时画笔标记的数目和分布。

● 纹理：是设定画笔和图案纹理的混合方式。

● 双重画笔：是用于创建两种画笔的混合效果。

● 颜色动态：是用于设定画笔的色彩性质。

● 其他动态：是设置不透明度和流动选项的动态效果。

● 杂色：是为画笔添加毛刺效果。

● 湿边：可以使画笔具有水彩笔渲染效果。

● 喷枪：可以使画笔具有喷枪效果。

● 平滑：可以使画笔边缘平滑。

● 保护纹理：可以使画笔保持纹理设置。

● 创建新画笔：如果对一个预设的画笔进行了调整，可以单击“创建新画笔”按钮，将修改后的画笔创建一个新的画笔，Photoshop 会自动保存创建的新画笔。

选择“画笔工具”，在画面单击并拖曳鼠标就可用前景色绘制线条。图 4-7 所示为“画笔工具”的选项栏。

图 4-7

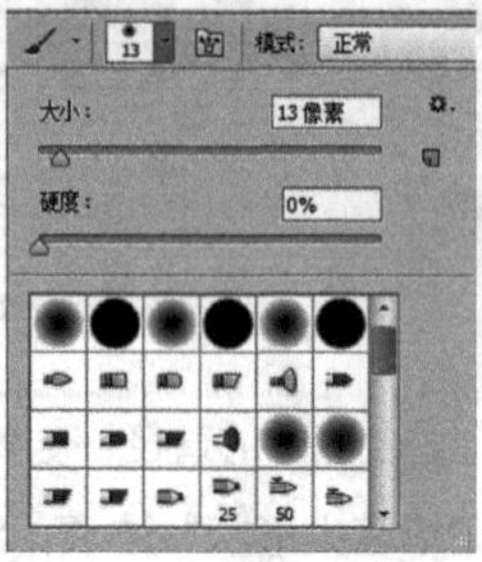

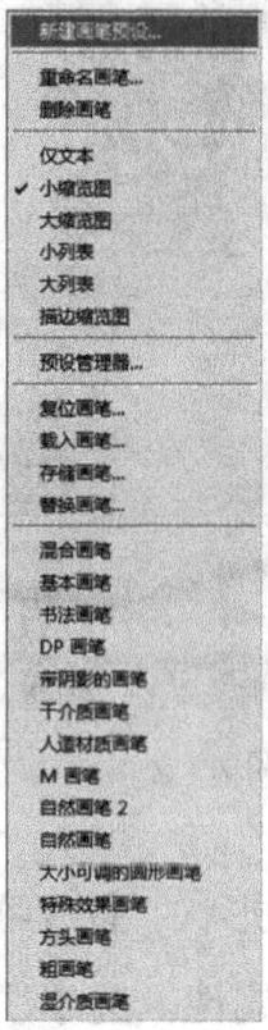

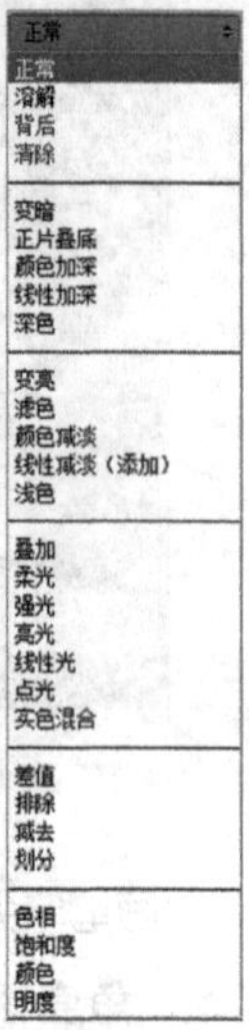

图 4-8　　图 4-9　　图 4-10

单击“画笔工具”选项栏右侧的箭头图标，打开“画笔”面板，如图 4-8 所示。其参数与“笔尖形状”参数意义一致，这里就不再讲解。单击面板右侧的齿轮按钮，弹出如图 4-9 所示的菜单。

下面介绍参数栏中的重要选项。

- 新建画笔预设：为新设置好的画笔命名。
- 重命名画笔：为所选的画笔重命名。
- 删除画笔：删除所选择的画笔。
- 仅文本：只显示画笔名称和大小。
- 小缩览图：默认的显示方式，只显示画笔预设效果和大小。
- 预设管理器：设定画笔工具的预置。
- 复位画笔：可将画笔面板还原为 Photoshop 安装时的状态。
- 载入画笔：可以调入储存的画笔。还可以导入外部资源的画笔文件。
- 替换画笔：载入画笔，替代当前画笔。

下面介绍“画笔”工具选项栏中的重要参数。

- 模式：单击模式右侧的下拉框，弹出如图 4-10 所示的下拉菜单，这些选项都是不同的混合模式。混合模式是效果图修改中的常用参数命令，作用是将两个不同的图像以不同的方式混合在一起。具体应用将在混合模式内容中详细讲解。
- 不透明度：用于设置画笔的不透明度，数值越小，在绘制时的颜色越淡。
- 流量：用于设定每个画笔点的色彩浓度百分数。
- “喷枪”按钮：单击后，画笔具有喷枪的功能。

4.1.3 铅笔工具

“铅笔工具”使用方法和画笔相同。其与画笔工具的区别在于，画笔工具可以绘制带有柔边效果的线条，而铅笔工具只能绘制硬边线条。由于铅笔工具不支持消除锯齿功能，因此绘制的倾斜边缘会带有明显的锯齿。

“铅笔工具”选项栏中的参数与画笔工具选项栏基本一致，只是多了一个“自动涂抹”参数，如图 4-11 所示。

图 4-11

- 自动涂抹：勾选后，在前景色绘制的线条上重新绘制时，会自动以背景色替换前景色。

4.1.4 渐变工具

选择“渐变工具”后，会出现“渐变工具”选项栏，如图 4-12 所示。

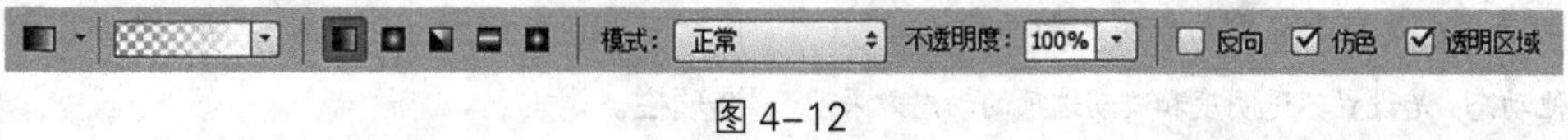

图 4-12

使用“渐变工具”时，要设置好渐变方式和渐变颜色，然后用鼠标在图像上单击起点，再拖曳出渐变方向，最后单击选中终点，按住 Shift 键，可以创建水平、垂直和 45° 角的渐变。

渐变颜色，显示了当前渐变的颜色。单击右侧的三角按钮，可以打开图 4-13 所示的面板，其中有预设好的渐变。单击渐变色条，可以打开“渐变编辑器”对话框，如图 4-14 所示。

图 4-13

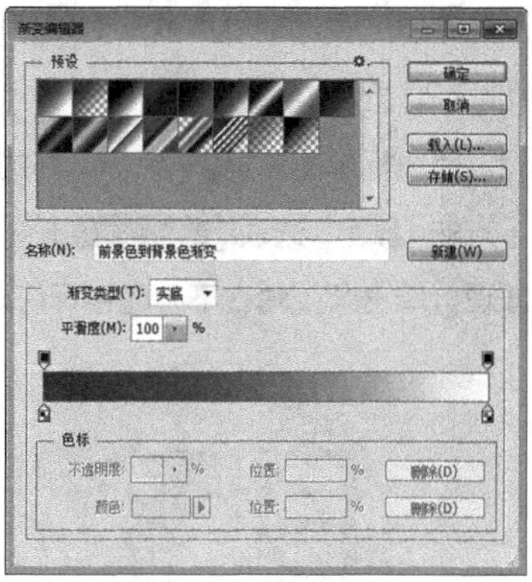

图 4-14

Photoshop 提供了以下 5 种渐变类型。

- 线性渐变：可以创建以直线从起点到终点的渐变，如图 4-15 所示。
- 径向渐变：可以创建以圆形图案从起点到终点的渐变，如图 4-16 所示。
- 角度渐变：可以创建围绕起点的逆时针方式渐变，如图 4-17 所示。
- 对称渐变：可以创建对称式的线性渐变，如图 4-18 所示。
- 菱形渐变：以菱形方式从起点向外，终点为一个菱形的渐变，如图 4-19 所示。
- 模式：用来设置应用渐变时的混合模式，与“画笔”选项栏中的混合模式作用相同。
- 不透明度：用来设置渐变效果的不透明度。
- 反向：勾选后，可以反转渐变颜色顺序。
- 仿色：勾选后，可以使渐变颜色之间过渡平滑，防止出现过程中断现象。该选项默认勾选。
- 透明区域：只有勾选此项，不透明度的渐变设定才会生效。

图 4-15

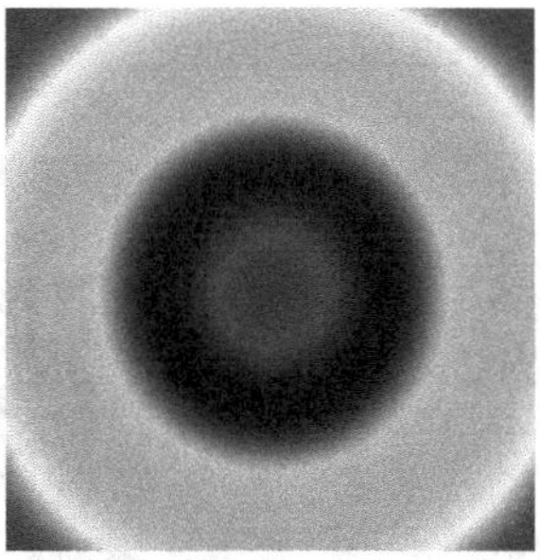
图 4-16

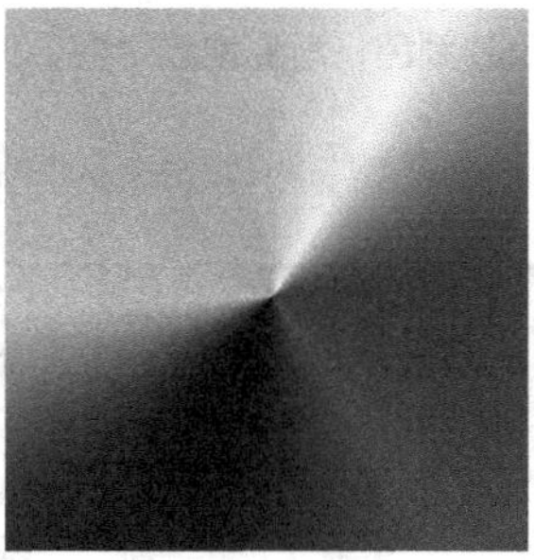
图 4-17

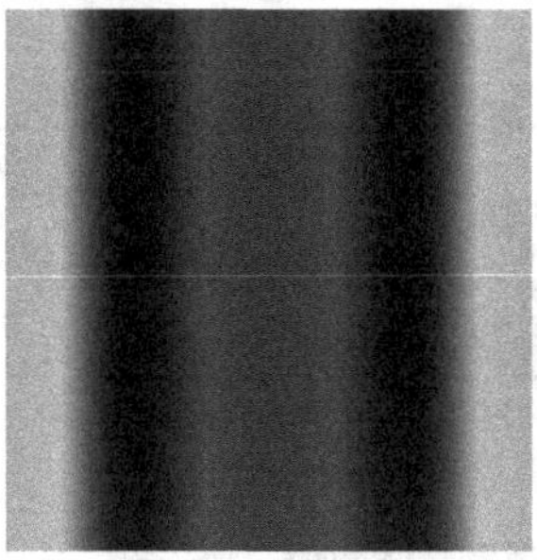
图 4-18

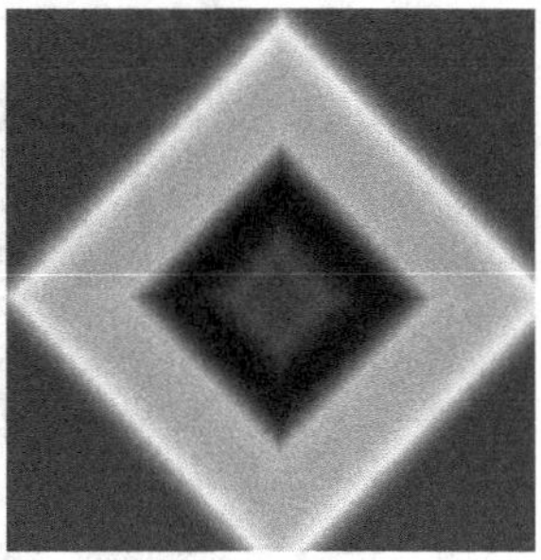
图 4-19

单击工具选项栏中的渐变颜色 ，打开“渐变编辑器”对话框，然后选择预设的“黑白渐变”，如图 4-20 所示。

用鼠标单击色标，色标上方的三角形会自动变黑，表示该色标处于选中状态，此时，就可以设置色标的颜色，下方的“颜色”选项颜色: 变为可选模式，单击色块，即可打开“拾色器”对话框设置颜色，如图 4-21 所示。同理，单击渐变轴右下方的色标可以设置另一个渐变色。

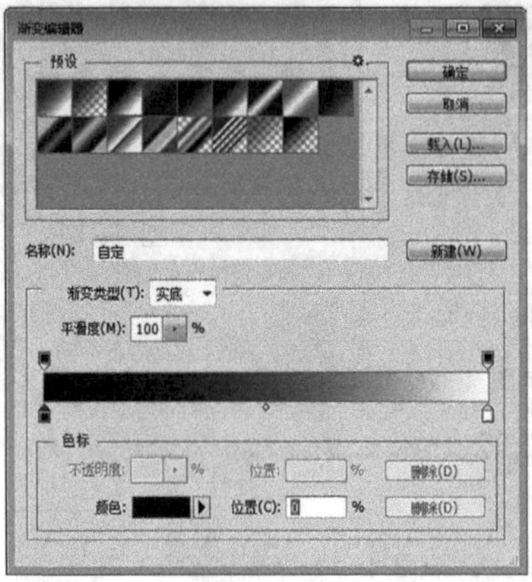

图 4-20

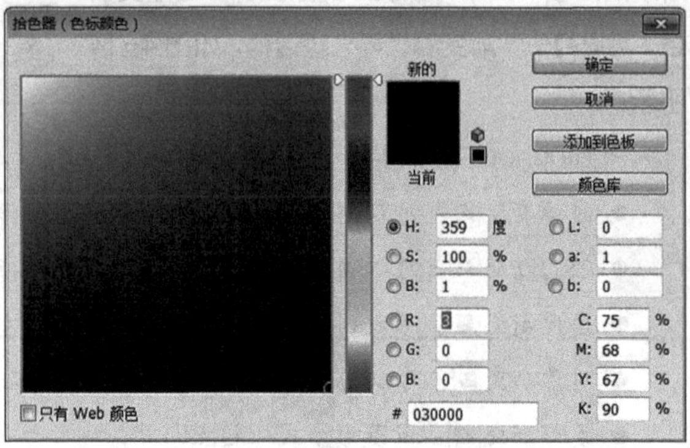

图 4-21

若是想在渐变中加入新颜色，只需要在渐变轴下方单击，就会自动生成一个新的色标，依照上一步的方法设置颜色，如图 4-22 所示。

选中任意一个色标，可以在渐变轴上拖动位置，也可以在下方“位置”中输入数值，范围是 0% ~100%。0% 为最左端，100%为最右端。

单击色标后，会在两个色标之间出现一个菱形，拖动菱形图标可以调整两个色标颜色混合的位置。菱形图标越靠近某一种颜色，渐变也越急促，如图 4-23 所示。

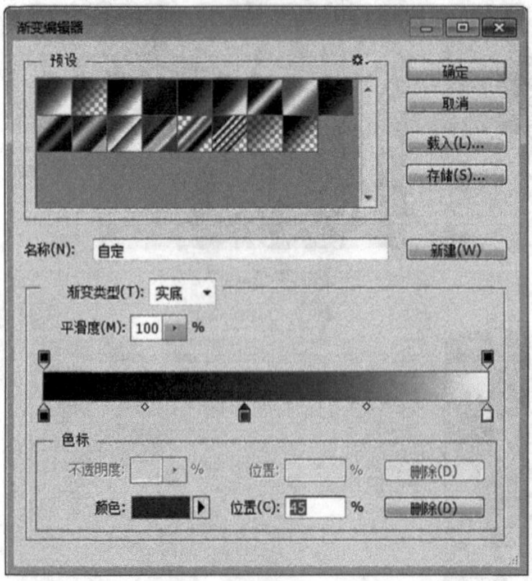

图 4-22

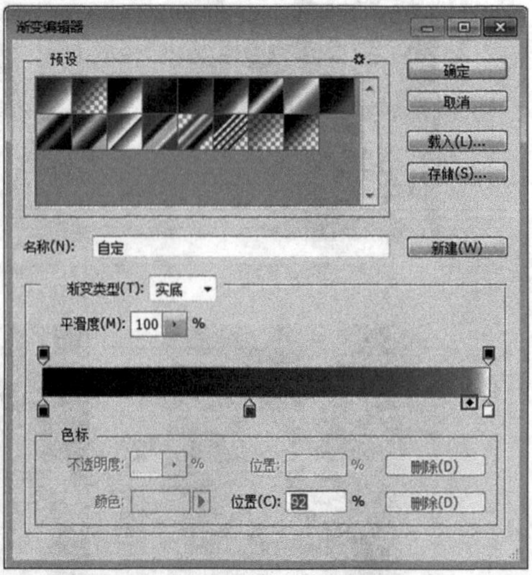

图 4-23

选中色标后，单击“删除”按钮，或者用鼠标左键按住色标向上或向下拖动鼠标可以删除色标。

Tips

“粗糙度”是用来控制渐变中两个色带之间的转换方式，数值越小，颜色过渡越平滑。

在“渐变编辑器”对话框的“渐变类型”下拉菜单中，选择杂色选项。“杂色”选项可以使渐变随机分布指定的颜色范围内所有颜色，相比实色渐变分布更加丰富，如图 4-24 和图 4-25 所示。

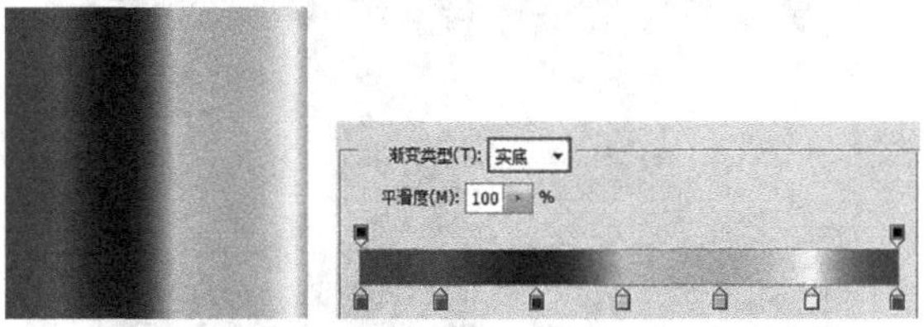

图 4-24

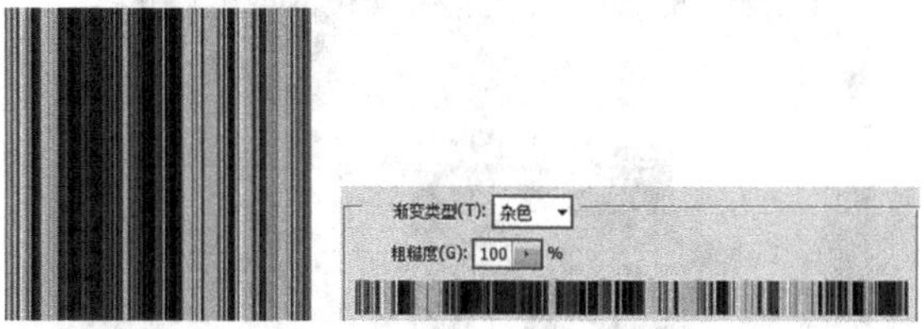

图 4-25

单击“随机化”按钮，系统会自动随机生成不同的渐变，如图 4-26 所示。

图 4-26

单击渐变条上方的色标，可以控制所在位置颜色的透明度，但必须先确认选项栏的“透明区域”为勾选状态，将起点处的不透明度改为 0%，终点处为 100%，效果如图 4-27 所示。

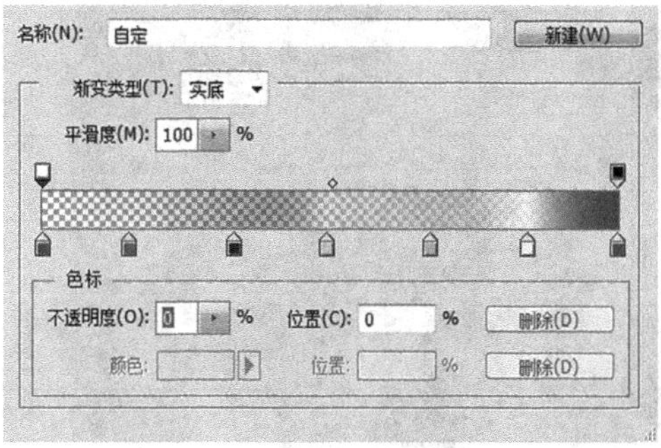

图 4-27

Tips

不透明度色标与颜色色标的用法一致。

课堂案例：用渐变工具调色

素材位置	素材文件 >CH04>01.jpg	扫码观看视频！
实例位置	实例文件 >CH04> 课堂案例：用渐变工具调色 .psd	
学习目标	学习渐变工具的使用方法	

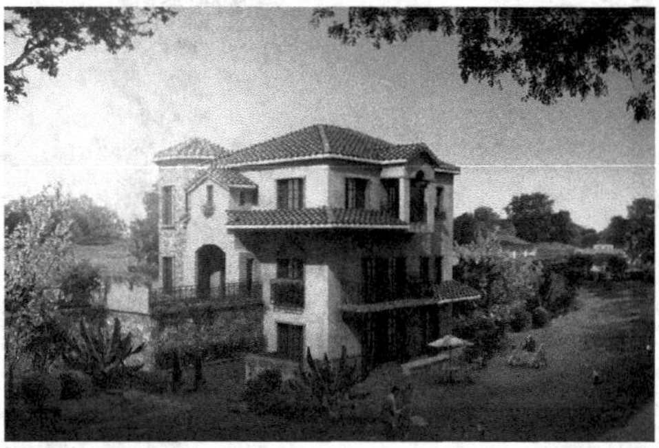

（1）打开本书学习资源“素材文件 >CH04>01.jpg”文件，如图 4-28 所示。

（2）使用“矩形选框工具” ，勾选出如图 4-29 所示的选区。

图 4-28

图 4-29

（3）按组合键 Shift + F6 打开“羽化选区”对话框，然后设置“羽化半径”为 50 像素，如图 4-30 所示。

（4）单击“图层”面板的“创建新图层”按钮 ，新建“图层 1”，如图 4-31 所示，然后设置“前景色”为深蓝色。

（5）单击“渐变工具”按钮 ，然后单击渐变颜色按钮，接着在弹出的面板中选择如图 4-32 所示的选项。

图 4-30

图 4-31

图 4-32

（6）选中“图层 1”，然后使用“渐变工具”在选框内从下到上拉出渐变，如图 4-33 所示。

（7）按组合键 Ctrl + D 取消选区，然后设置“图层 1”的“不透明度”为 60%，如图 4-34 所示，效果如图 4-35 所示。

图 4-33

图 4-34

（8）单击“图层”面板的“创建新图层”按钮，新建“图层 2”，如图 4-36 所示，然后设置“前景色”为白色。

（9）单击“渐变工具”按钮，然后单击渐变颜色按钮，接着在弹出的面板中选择如图 4-37 所示的选项。

图 4-35

图 4-36

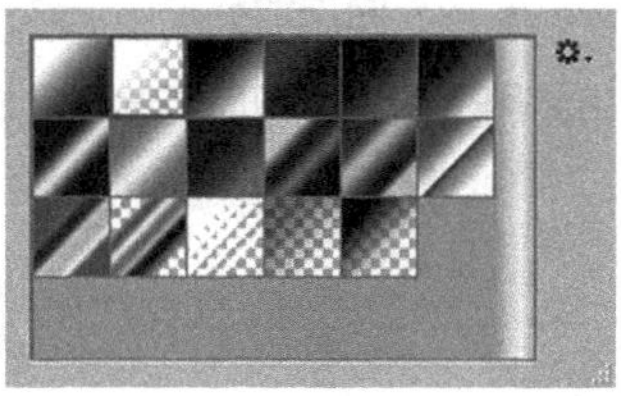

图 4-37

（10）设置“渐变类型”为“径向渐变”，然后在图中创建出如图 4-38 所示的渐变，接着设置“图层 2”的“不透明度”为 80%，最终效果如图 4-39 所示。

图 4-38

图 4-39

4.1.5　油漆桶工具

“油漆桶工具”，可以用前景色填充所选区域，如果没有创建选区，则填充与鼠标单击颜色相近的区域。“油漆桶工具”的选项栏如图 4-40 所示。

图 4-40

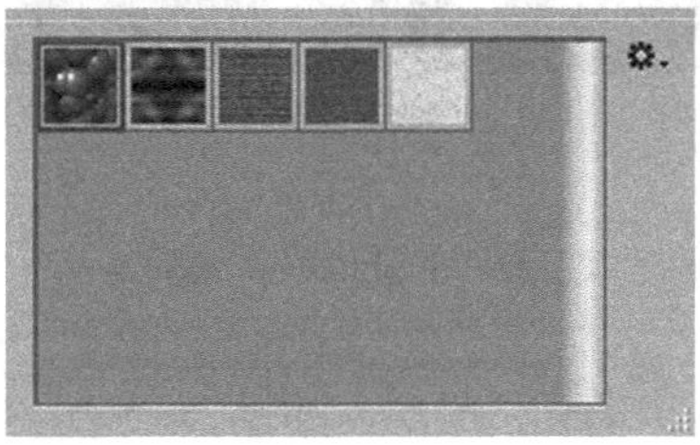

图 4-41

- 设置填充区域的源：有“前景”和“图案”两种选择。
- ❖ 前景：默认为填充前景色。
- ❖ 图案：系统提供的填充纹理，如图 4-41 所示。
- 模式：设置填充效果的混合模式。
- 不透明度：设置填充效果的不透明度。

● 容差：定义可填充像素与鼠标单击处颜色的相似程度。

● 消除锯齿：勾选该选项后，可平滑填充选区的边缘，从而消除锯齿。

● 连续的：勾选该选项后，只填充与鼠标单击处相连接的像素。

● 所有图层：勾选该选项后，将对所有可见图层中的颜色填充像素，所有在容差范围内的像素，不论是否处于当前图层都会被填充；取消勾选，只填充当前图层。

4.1.6 用移动工具修饰效果图

在效果图后期处理中，经常会将配景添加到效果图场景中，这时就需要用到“移动工具”。“移动工具”主要用于图像、图层或选择区域的移动。“移动工具”的组合键是 V。

“移动工具”选项栏如图 4-42 所示。

图 4-42

按住 Alt 键的同时移动对象，则在移动的同时可以复制图像。

在背景图层移动选择的区域，使用“移动工具”能够移动选择区域内部的图像，并显示背景颜色。

在有多个图层情况下，按键盘上的方向键，会相应移动 1 个像素的距离，按住 Shift 键再按方向键移动，则一次可以移动 10 个像素的距离。

4.1.7 仿制图章工具

“仿制图章工具”是用来复制取样的图像，它能够按涂抹的范围复制全部或者部分取样图像到一个新的图像中。

在工具箱中选取“仿制图章工具”，然后把鼠标放到要被复制的图像的窗口上，这时鼠标将显示一个图章的形状。按住 Alt 键，单击一下鼠标进行定点选样，这样复制的图像被保存到剪贴板中。把鼠标移到要复制图像的窗口中，选择一个点，然后按住鼠标拖动即可逐渐地出现复制的图像。

在鼠标拖曳过程中，取样点（以“+”形状进行标记）也会随着鼠标的移动而移动，但取样点和复制图像的位置的相对距离始终保持不变。在处理过程中，多取样几次，这样修改的痕迹就不明显，如图 4-43 和图 4-44 所示。

图 4-43

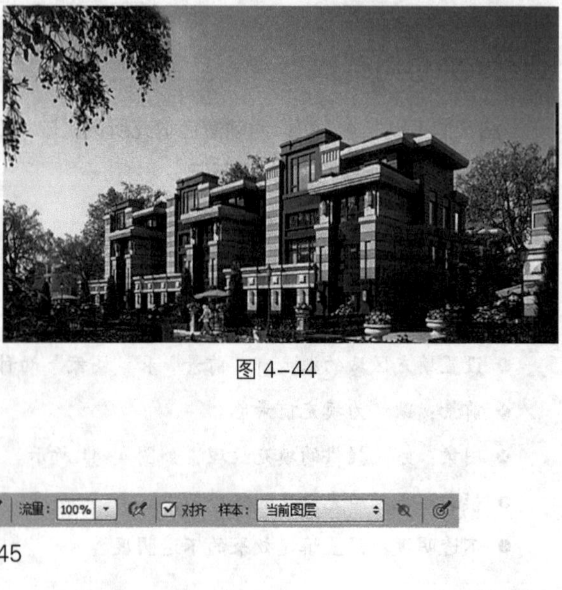

图 4-44

“仿制图章工具”的选项栏，如图 4-45 所示。

图 4-45

“仿制图章工具”的选项栏包括“画笔”“模式”“不透明度”和“流量”等参数，大部分参数在前面的内容介绍过，这里介绍其余重要的功能。

- 对齐：勾选此项后，无论用户停顿和继续拖动鼠标多少次，每一次拖曳鼠标都将接着上一次的操作结果继续复制图像，该功能用于多种画笔复制一张图像。取消勾选后，每拖曳一次鼠标，都会重新开始复制图像，该操作适用于多次复制同一图像。
- 当前图层：仿制图章只对当前图层取样，选择“用于所有图层”选项后，可以对所有图层中的图像进行取样。

4.1.8 图案图章工具

“图案图章工具”，是利用图案进行绘画，可以从图案库中选择图案或者自己创建图案。“图案图章工具”选项栏如图 4-46 所示。

图 4-46

“图案图章工具”选项栏与“仿制图章工具”选项栏比较类似，下面介绍不同的功能。

- 图案：用户可以选择所要复制的图案。单击右侧的下拉小方块，会出现图案面板，里面有储存的预设图案，也可以自己定义图案。
- 印象派效果：勾选此选项后，复制出来的图像都有一种印象派绘画的效果。

4.1.9 橡皮擦工具

“橡皮擦工具”的使用方法和画笔一样，只需要选中后，按住鼠标左键在图像上拖曳即可，“橡皮擦工具”选项栏如图 4-47 所示。

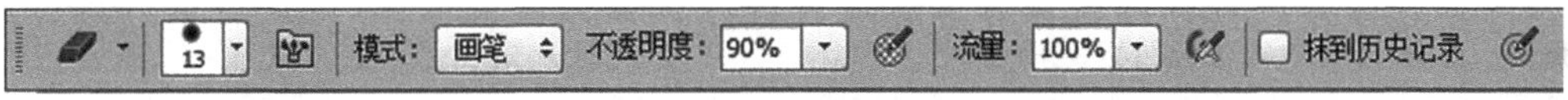

图 4-47

- 模式：可以选择以下 3 种方式，如图 4-48 所示。不同的模式擦除的效果有所不同。
  - ❖ 画笔：被擦除的区域边缘非常柔和。
  - ❖ 铅笔：被擦除的区域边缘非常锐利。
  - ❖ 块：以块的形式擦除，边缘非常锐利。

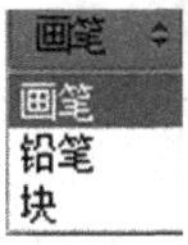

图 4-48

> **Tips**
>
> 利用“橡皮擦工具”，可以擦除图像像素，使擦除部位显示背景色或透明。当橡皮擦工具擦除背景图层时，作用相当于背景色画笔；当擦除普通图层时，擦除部分变成透明。

- 抹到历史记录：勾选该选项后，其作用相当于历史记录画笔。

4.1.10 背景橡皮擦工具

“背景橡皮擦工具”，可以不解锁背景图层，直接擦除背景，使其变成透明。“背景橡皮擦工具”选项栏如图 4-49 所示。

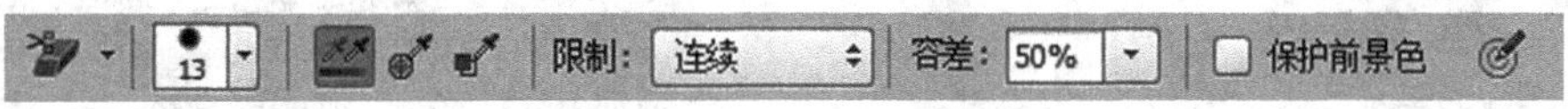

图 4-49

下面介绍“背景橡皮擦工具”选项栏的主要参数。

● 容差：可以通过输入数值或拖动滑块来进行调节。数值越低，擦除越精确，擦除的范围越接近本色。大的容差会把其他不需要擦除的颜色也擦成半透明。

● 保护前景色：使画面中与前景色相同的像素不被擦除。

4.1.11 魔术橡皮擦工具

“魔术橡皮擦工具”，是将魔术棒和橡皮擦整合在一起的工具，可以在选择相同颜色像素的同时擦除这些像素。

“魔术橡皮擦工具”选项栏，如图 4-50 所示。

图 4-50

魔术橡皮擦与魔棒使用相似，选择该工具后，在图像上单击需要擦除的颜色，便会自动擦除颜色相近的区域。

4.1.12 模糊工具

“模糊工具”，是一种通过画笔使图像变模糊的工具，它的原理是降低像素之间的反差，使画面产生朦胧化效果。在效果图中可以起到突出主题，弱化其他部分的作用，即摄影机的景深效果。

“模糊工具”选项栏，如图 4-51 所示。

图 4-51

● 强度：在输入框中输入数值或拖动滑块，可以设置模糊程度，数值越大，模糊效果越强。

● 用于所有图层：可以使模糊效果作用于所有可见图层。

课堂案例：用模糊工具制作景深

素材位置	素材文件 >CH04>02.jpg	扫码观看视频！
实例位置	实例文件 >CH04> 用模糊工具制作景深 .psd	
学习目标	学习模糊工具的使用方法	

（1）打开本书学习资源“素材文件 >CH04>02.jpg”文件，如图 4-52 所示。

（2）选择“模糊工具”，然后在选项栏中设置“画笔”为 80，“强度”保持默认的 50%，接着对画面中远处的配景楼房进行涂抹，根据透视原理，越远的物体越模糊，最终效果如图 4-53 所示。

图 4-52

图 4-53

4.1.13　锐化工具

“锐化工具”，与“模糊工具”相反，是一种使图像色彩锐化的工具，也就是增大像素间的反差，得到一种边缘清晰的效果。但锐化工具不能过度使用，过度使用便会产生彩色马赛克。

“锐化工具”选项栏与“模糊工具”选项栏相同，这里不再做详细讲解。

课堂案例：用锐化工具锐化图像

素材位置	素材文件 >CH04>03.jpg	扫码观看视频！
实例位置	实例文件 >CH04> 用锐化工具锐化图像 .psd	
学习目标	学习锐化工具的使用方法	

（1）打开本书学习资源“素材文件 >CH04>03.jpg”文件，如图 4-54 所示。

（2）选择“锐化工具”，然后将“画笔”设置为 50，将“强度”设置为 20%，接着涂抹画面中的金属物体，最终效果如图 4-55 所示。从图中可以观察到，金属物体的质感被增强了。

图 4-54

图 4-55

4.1.14 涂抹工具

“涂抹工具”使用时，可以使笔触周围的像素随笔触一起移动，得到一种变形效果。在实际效果图修改中很少用到。涂抹工具选项栏如图 4-56 所示。

图 4-56

与“模糊工具”的选项栏功能大致一样，只是多了一个“手指绘画”选项。

● 手指绘画：勾选此选项后，可以设定涂抹的色彩，涂抹时将以前景色来改变图像的效果；如果未勾选该选项，则会通过改变图像的像素分布情况。

4.2 其他修饰工具

这些工具在效果图后期制作中用到的较少，有些甚至不会应用，在这里归为一类，下面对其他修饰工具进行简单介绍。

4.2.1 修复画笔

“修复画笔工具”和“仿制图章工具”在作用和用法上有许多相似的地方，但是“仿制图章工具”只是对画面的一种单纯复制，而“修复画笔工具”不仅可以复制，还有一种融合效果。“修复画笔工具”选项栏如图 4-57 所示。

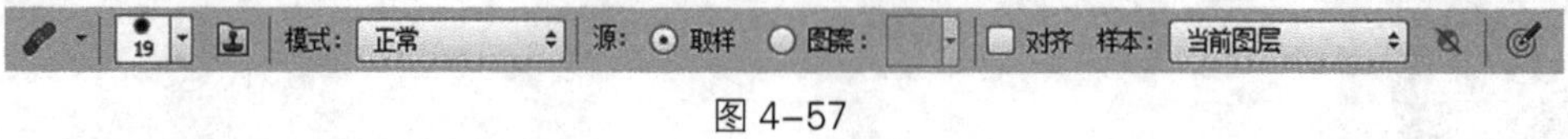

图 4-57

- 源：可以选择“取样”和“图案”两个方案。
  - ❖ 取样：根据画笔所选像素。
  - ❖ 图案：单击右侧三角，系统提供了预设图案，也可以自行定义图案。

4.2.2　修补工具

“修补工具”与“修复画笔工具”作用比较类似，不同的是“修复画笔工具”是通过画笔来进行图像修复，而“修补工具”是通过选区来进行图像修复的。“修补工具”选项栏如图 4-58 所示。

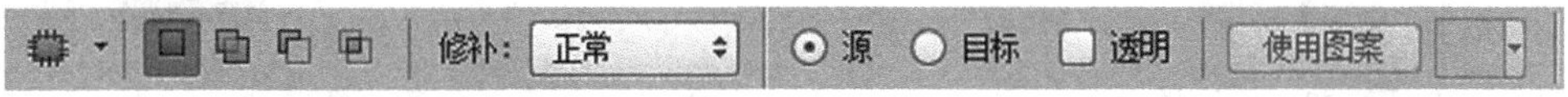

图 4-58

- 源：以取样区域的像素取代选择区域的像素。
- 目标：以选择区域的像素替换取样区域的像素。

4.2.3　污点修复画笔

“污点修复画笔工具”，相当于橡皮图章和普通修复画笔的综合作用。不需要定义采样点，可以自动匹配对象，在想要消除的地方涂抹就可以，可以很方便去除场景中不需要的物体。

4.2.4　红眼工具

“红眼工具”是专门针对数码相机拍照产生的眼睛部分发红问题开发的一个工具。“红眼工具”使用很方便，只需要放大眼睛部分，使用红眼工具在红色部分框选即可消除。

以上 4 种工具常用于人像的后期处理中，在效果图处理中基本用不到。

4.2.5　颜色替换工具

“颜色替换工具”，能够使前景色替换图中的颜色，与“图像 > 调整 > 替换颜色”菜单命令的作用非常相似，不同的是操作方法不一样，在效果图中常用到菜单命令。

“颜色替换工具”的原理是用前景色替换图像中的指定像素，使用方法很简单，选择好前景色，然后在图像中需要更改的地方进行涂抹，在涂抹时，起点的像素将作为基准色，基准色将自动替换成前景色，不同的绘图模式会产生不同的替换效果，常用模式为“颜色”，如图 4-59 和图 4-60 所示。

图 4-59

图 4-60

“颜色替换工具”选项栏如图 4-61 所示。

图 4-61

● 模式：用来设置替换的内容，包括 4 种模式，如图 4-62 所示。默认模式为“颜色”模式，选择该选项时，表示可以同时替换“色相”“饱和度”和“明度”。

● 取样：用来设置颜色的取样方式。

❖ 连续：在拖曳鼠标时，可以连续对颜色取样。

❖ 一次：只替换包含第一次单击的颜色区域中的目标颜色。

❖ 背景色板：只替换包含当前背景色的区域。

● 限制：包含 3 种模式，如图 4-63 所示。

图 4-62

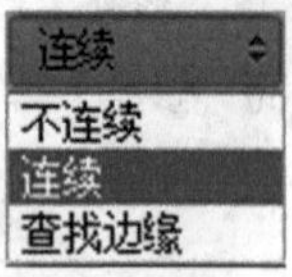

图 4-63

❖ 连续：将在涂抹过程中不断以鼠标位置的像素作为基准色，决定好替换的范围。

❖ 不连续：将替换鼠标所到之处的颜色。

❖ 查找边缘：将重点替换位于彩色区域之间的边缘部分。

4.3 误操作后退工具

历史记录是 Photoshop 中最为常用的一个功能。Photoshop 会自动记录使用者的每一步操作，当使用者发现操作出现错误时，可以方便的退回没出错的那一步。历史记录包括“历史记录”面板、“历史记录画笔”工具和“历史记录艺术画笔”工具。

4.3.1 历史记录面板

通过历史记录面板，使用者可以随心所欲地对图像进行编辑，并可以随时在制作步骤过程中，对不满意的操作进行删除并恢复之前的操作。

执行“窗口 > 历史记录”就可以打开历史记录面板，如图 4-64 所示。

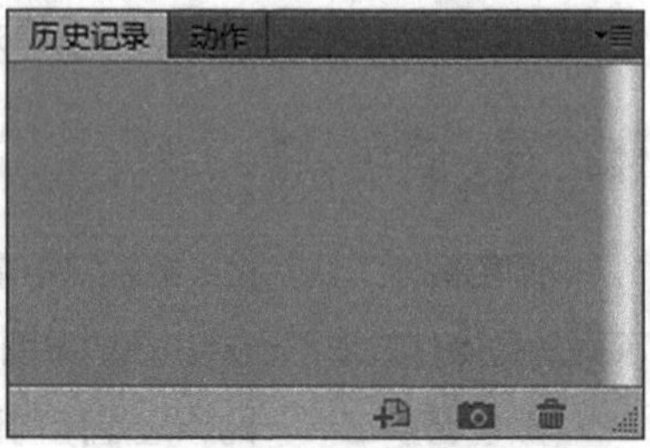

图 4-64

4.3.2 历史记录画笔

“历史记录画笔工具”和“历史记录”面板作用类似，不同的是，“历史记录画笔工具”同时还具有画笔的功能，可以局部还原操作。“历史记录”面板会直接返回至上一步，但“历史记录画笔工具”则可以局部还原至上一步。

“历史记录画笔工具”选项栏，如图 4-65 所示。

图 4-65

与画笔的选项栏相同，这里就不再详细介绍。

4.3.3 历史记录艺术画笔

“历史记录艺术画笔工具”，可以在还原的同时，制作出一种艺术画笔的效果，其使用方法和“历史记录画笔工具”相同。

“历史记录艺术画笔工具”选项栏，如图 4-66 所示。

图 4-66

● 样式：可以选择一种样式来控制画笔描边的形状，确定不同艺术化的绘画风格，其选项如图 4-67 所示。

● 区域：用来设置描边覆盖的区域，数值越高，覆盖区域越广，描边也越多。

● 容差：用于区别哪些区域可以应用描边，低容差可以将描边应用于更大范围的区域，高容差则将描边限定在与源状态颜色明显不同的区域。

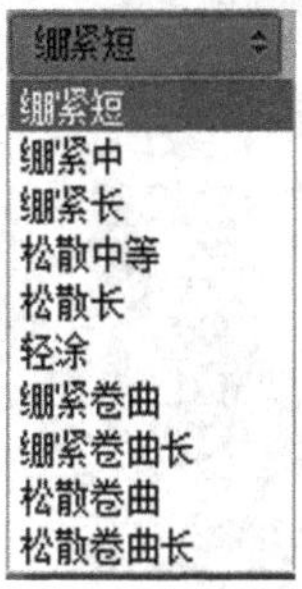

图 4-67

课后习题——用模糊工具制作景深

素材位置	素材文件 >CH04>05.jpg	扫码观看视频！
实例位置	实例文件 >CH04> 用模糊工制作景深 .psd	
学习目标	练习模糊工具制作景深	

课后习题——调整图片颜色

素材位置	素材文件 >CH04>04.jpg	扫码观看视频！
实例位置	实例文件 >CH04> 调整图片颜色 .psd	
学习目标	练习渐变工具调整图片颜色	

第 5 章

效果图的色彩调整

本章主要讲解效果图的色彩调整方法及技巧。通过学习本章，读者可以用不同的色彩工具对图像进行色彩和色调的调整，以及光效的处理。

本章学习要点：

- 掌握图像的色彩色调工具
- 掌握图像调整的方法和技巧
- 掌握图像光效处理方法

5.1 效果图的色彩调整工具

图像色彩调整工具包括 3 种，分别是“减淡工具”、“加深工具”和“海绵工具”，下面就逐一进行介绍。

5.1.1 减淡工具

“减淡工具”是将图像亮度增强，颜色减淡。减淡工具是用来增强画面的明亮程度，以达到改善曝光的效果，对比效果如图 5-1 和图 5-2 所示。

图 5-1

图 5-2

使用“减淡工具”涂抹时，必须拖曳鼠标从上到下逐一涂抹，切忌在画面上不停地拖曳鼠标涂抹，这样容易造成亮度不均匀。

“减淡工具”的选项栏，主要包括画笔。范围、曝光度等参数，如图 5-3 所示。

图 5-3

● 画笔：用于控制涂抹的大小和笔触形状。

● 范围：控制减淡的范围，其中包含 3 个选项，如图 5-4 所示。

图 5-4

❖ 阴影：作用于图像的暗调区域。

❖ 中间调：作用于图像的中间调区域。

❖ 高光：作用于图像的亮调区域。

● 曝光度：可以调整处理图像的曝光强度，建议平时使用时将曝光度数值设置小一些。

5.1.2 加深工具

“加深工具”的作用与“减淡工具”相反，是使图像变暗。与“减淡工具”相同，“加深工具”也是对画面进行涂抹，效果如图 5-5 和图 5-6 所示。

图 5-5

图 5-6

5.1.3 海绵工具

“海绵工具”，是一种调整图像饱和度的工具，可以提高或降低色彩的饱和度。饱和度越高，颜色越艳，但是过高的饱和度，会造成画面过花的感觉。

“海绵工具”的选项栏包括画笔、模式和压力，如图 5-7 所示。

图 5-7

- 画笔：用于控制涂抹的大小和笔触形状。
- 模式：有“降低饱和度”和“饱和”两种模式，如图 5-8 所示。饱和，即提高色彩的饱和度。
- 流量：控制降低或提高饱和度的强度，流量越大，效果越明显，其默认值为 50%。

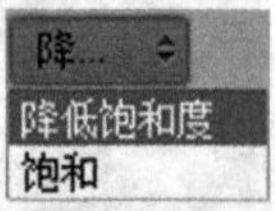

图 5-8

5.2 效果图的色彩调整命令

单击“图像”菜单栏下的“调整”命令，色彩的“调整”命令基本都在该菜单组下，如图 5-9 所示。

5.2.1 色阶命令

“色阶”命令是通过调整图像暗调、灰调和高光亮度级别来控制图像的明暗、层次以及色调。

执行“图像 > 调整 > 色阶”菜单命令，或按组合键 Ctrl + L，弹出“色阶”对话框，如图 5-10 所示。

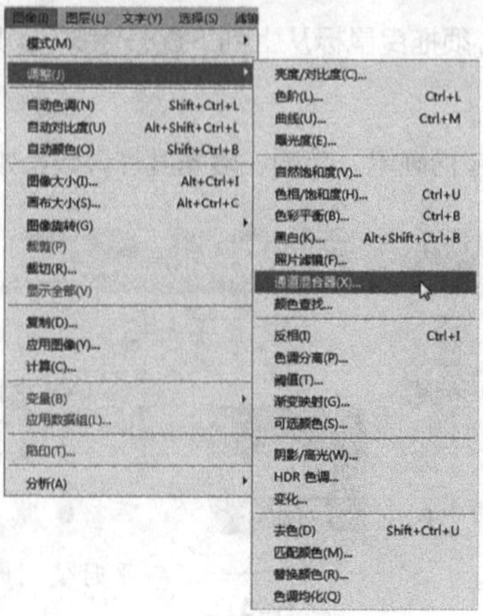

图 5-9

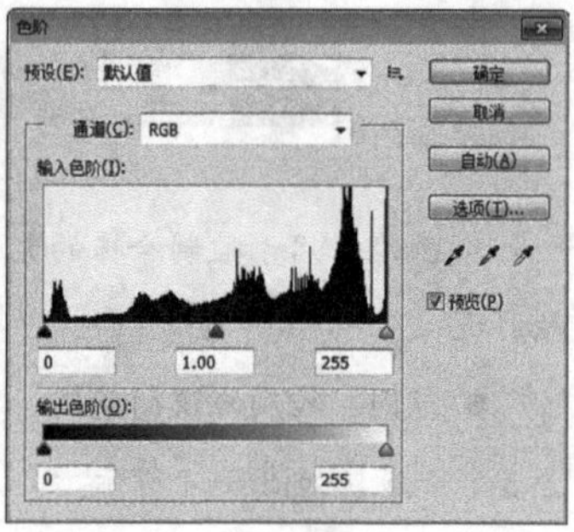

图 5-10

拖动滑块，可以重新设置色阶，调整好后，单击“确定”按钮，退出对话框，如图 5-11 和图 5-12 所示。

图 5-11

图 5-12

通过选择“通道”中的“红”通道、“蓝”通道和“绿”通道，然后拖动滑块设置参数，可以控制画面中，红、绿、蓝三色的占比，分别如图 5-13~ 图 5-15 所示。

图 5-13

图 5-14

图 5-15

● 通道：选择是对整个图像（RGB），还是对单个颜色通道（红、绿、蓝）进行修改。如果是修改图中的红色区域，就可以只选择红色通道来调整图像中的红色部分。

● 输入色阶：通过柱状图的形式表现黑白灰。从柱状图可以看出，图像的明暗程度。拖动黑、灰、白 3 个色阶滑块，分别调整图像的暗调、灰调和高光。位于柱状图最左边的黑色滑块亮度级别为 0，向右拖动，则其左边的所有像素亮度级别都将变为 0，图像将变暗；位于柱状图最右边的白色滑块亮度级别为 255，向左拖动，其位于右边的所有像素亮度级别都将变为 255，图像将变亮；位于柱状图中间的灰色滑块其亮度为 50% 的纯白，左右拖动，可将图中原本较暗或较亮的点定义为中性灰，改变图像的对比度。

● 输出色阶：改变图像亮度范围。若拖动黑色滑块向右移动，图像变亮；拖动白色滑块向左，则图像变暗。

● 吸管工具：从左至右，分别是“设置黑场”“设置灰场”和“设置白场”，3 个吸管可以调整图像的明暗。

课堂案例：用色阶命令调整图片色调

素材位置	素材文件 >CH05>01.jpg	扫码观看视频！
实例位置	实例文件 >CH05> 用色阶命令调整图片色调 .psd	
学习目标	学习色阶命令的使用方法	

（1）打开本书学习资源“素材文件 >05>01.jpg”文件，如图 5-16 所示。

（2）按组合键 Ctrl + L，打开“色阶”对话框，然后调整参数如图 5-17 所示。

图 5-16

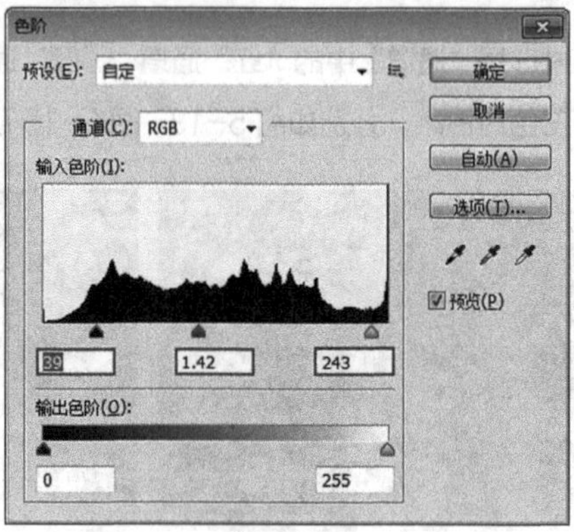

图 5-17

（3）单击“确定”按钮后，退出对话框，修改后的效果如图 5-18 所示。

（4）按组合键 Ctrl + L，打开“色阶”对话框，然后设置“通道”为“红”，接着调整参数如图 5-19 所示，图片最终效果如图 5-20 所示。

图 5-18

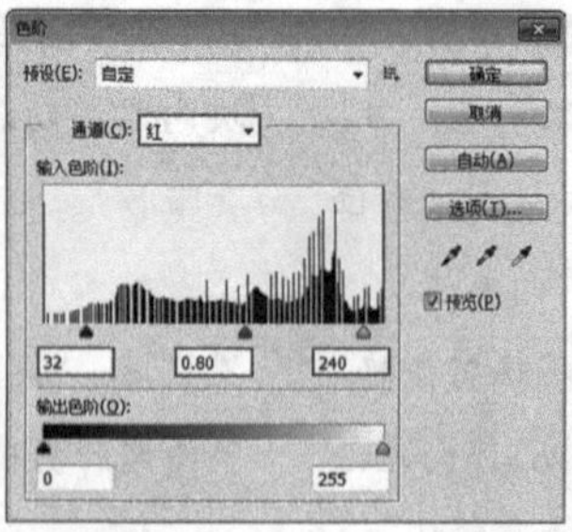

图 5-19

图 5-20

5.2.2 曲线命令

“曲线”命令和“色阶”命令一样，都是用来调节图像的明暗和色调。与“色阶”不同的是，“曲线”命令是通过控制曲线的形状来控制明暗和色调。

执行“图像 > 调整 > 曲线”菜单命令，或按组合键 Ctrl + M，弹出“曲线”对话框，如图 5-21 所示。

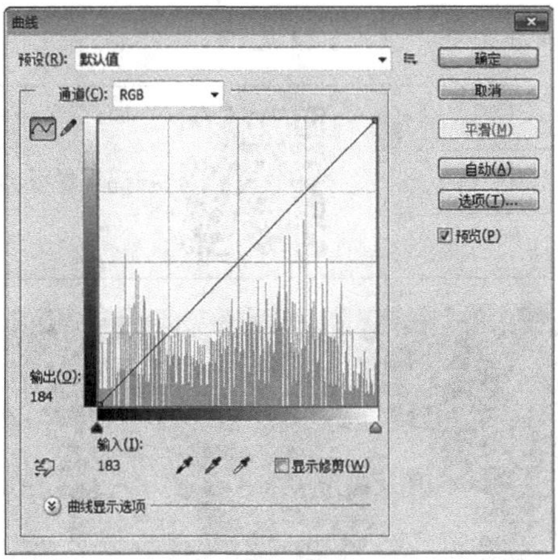

图 5-21

图 5-22

在斜线上单击添加节点，然后拖动节点的位置可以调节画面的明暗，效果如图 5-22 和图 5-23 所示。

图 5-23

与色阶命令相同，选择“通道”中的 3 种通道，可以控制红、绿、蓝三色的占比，如图 5-24~图 5-26 所示。

图 5-24

图 5-25

图 5-26

下面详细介绍“曲线”对话框参数，如图 5-27 所示。

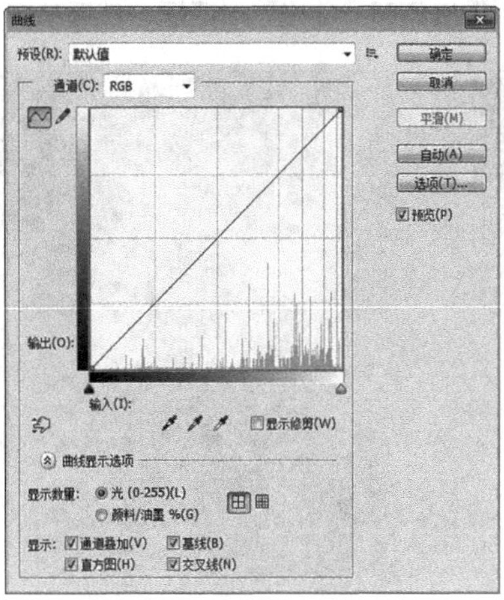

图 5-27

- 通道：选择对整个图像（RGB），还是对单独某个颜色通道（红、绿、蓝）进行作用。如果是修改图中蓝色区域，就可以只选择蓝色通道来调节。
- 坐标图：默认曲线是一条 45° 从下到上的斜线，调节并改变曲线的形状，即可改变限速的输入和输出色阶，从而调节图像的明暗和色调。
- 吸管工具：从左至右，分别是“设置黑场”“设置灰场”和“设置白场”，3 个吸管可以调整图像的明暗。

课堂案例：用曲线命令调整图片亮度

素材位置	素材文件 >CH05>02.jpg	扫码观看视频！
实例位置	实例文件 >CH05> 用曲线命令调整图片亮度 .psd	
学习目标	学习曲线命令的使用方法	

（1）打开本书学习资源“素材文件 >CH05>02.jpg”文件，如图 5-28 所示。

（2）按组合键 Ctrl + M，打开“曲线”对话框，接着单击斜线添加角点，最后向上拖曳鼠标，如图 5-29 所示。

图 5-28

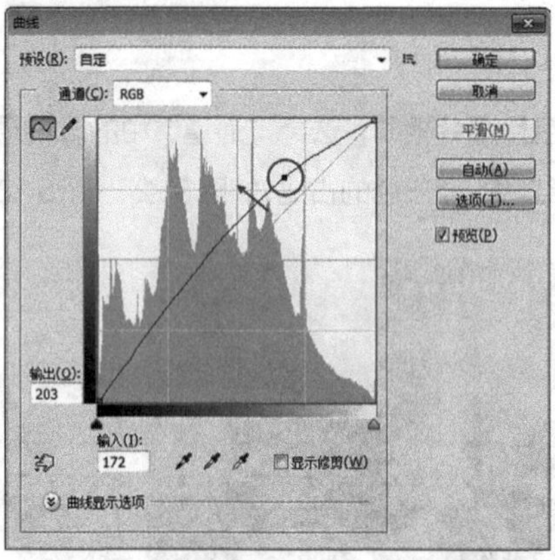

图 5-29

（3）单击“确定”按钮后，退出对话框，修改后效果如图 5-30 所示。

（4）继续打开“曲线”对话框，然后单击斜线添加角点，接着向下拖曳鼠标，如图 5-31 所示。

图 5-30

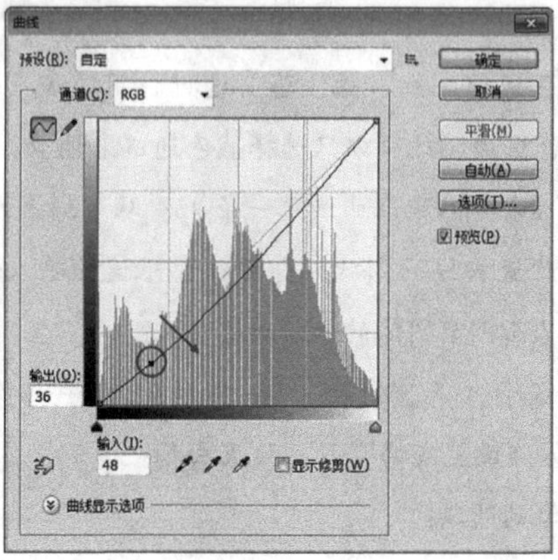

图 5-31

（5）单击“确定”按钮后，退出对话框，最终效果如图 5-32 所示。

图 5-32

5.2.3　色彩平衡命令

“色彩平衡”命令可以调节图像的色调，还可以在阴影、中间调和高光处进行色彩调整。通过对图像的色彩平衡处理，校正图像色偏，饱和度过于饱和或饱和度不足的情况，也可以根据自己的喜好和制作需要，调制需要的色彩，更好地完成画面效果。

执行“图像 > 调整 > 色彩平衡”菜单命令，或按组合键 Ctrl + B，弹出“曲线”对话框，如图 5-33 所示。

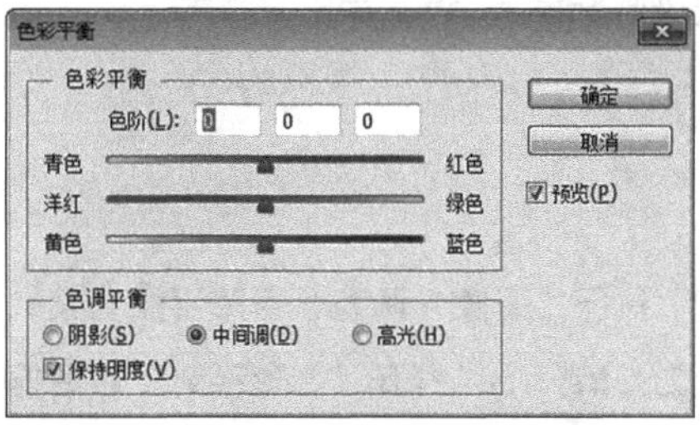

图 5-33

拖动滑块可以设置需要的色彩，如图 5-34 和图 5-35 所示。

图 5-34

图 5-35

下面详细讲解“色彩平衡”命令面板参数，如图 5-36 所示。

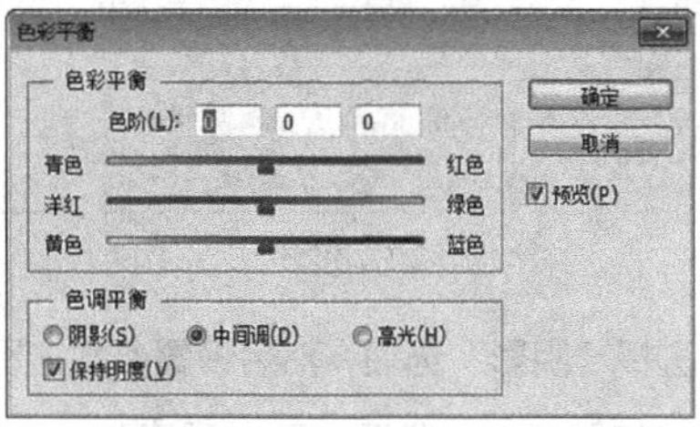

图 5-36

- 色彩平衡：从上到下 3 个滑块分别对应“青色 / 红色”“洋红 / 绿色”“黄色 / 蓝色”3 组互补色。色彩平衡是需要看哪种颜色成分过重，然后将滑块移动至互补色一方，以加重其互补色来减弱改颜色。
- 色调平衡：可选择“阴影”“中间调”和“高光”的色彩平衡。
- 保持亮度：在平衡色彩时，保持图像中相应色调区的图像亮度不变，通常保持默认勾选状态。

课堂案例：用色彩平衡命令调整图片色调

素材位置	素材文件 >CH05>03.jpg	扫码观看视频！
实例位置	实例文件 >CH05> 色彩平衡命令 .psd	
学习目标	学习色彩平衡命令的使用方法	

（1）打开本书学习资源“素材文件 >CH05>03.jpg”文件，如图 5-37 所示。

图 5-37

（2）执行“图像 > 调整 > 色彩平衡”菜单命令，组合键为 Ctrl + B，打开“色彩平衡”对话框。从图中可以观察到画面暖色较多，在“色彩平衡”对话框中，设置如图 5-38 所示的参数，效果如图 5-39 所示。可以观察到整个画面色调变冷。

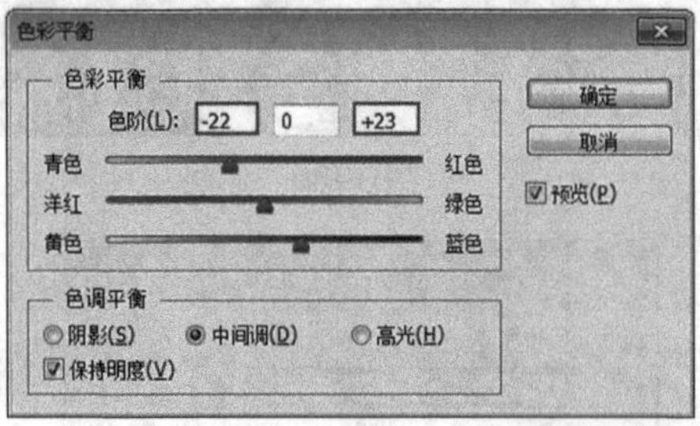

图 5-38

图 5-39

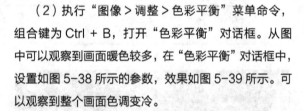

（3）选择“阴影”选项，然后设置参数如图 5-40 所示，效果如图 5-41 所示。可以观察到画面中阴影部分色调变冷。

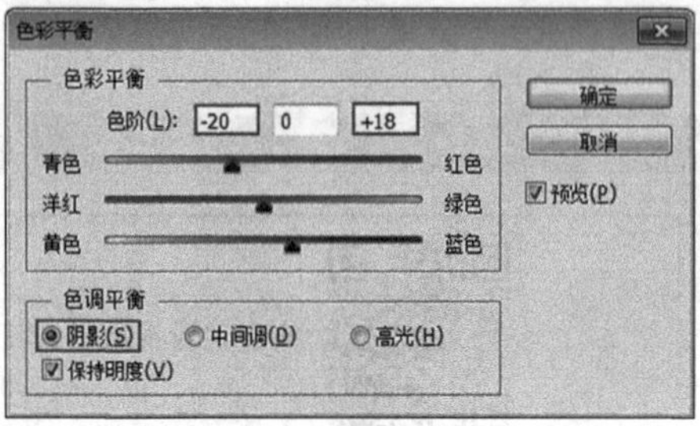

图 5-40

图 5-41

（4）选择“高光”选项，然后设置参数如图 5-42 所示，最终效果如图 5-43 所示。可以观察到画面中高光部分变暖，整个画面有冷暖对比。

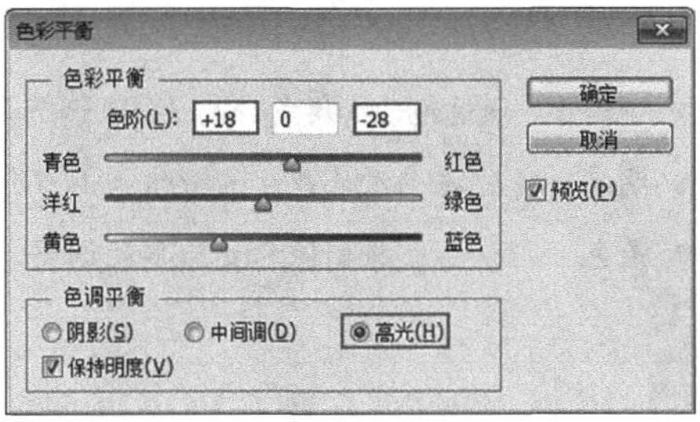

图 5-42

图 5-43

5.2.4　亮度 / 对比度命令

“亮度 / 对比度”命令是整体调节图像的亮度和对比度。“亮度 / 对比度”命令操作非常简单，只需要拖动滑块就可以增加或减少图像的亮度 / 对比度。

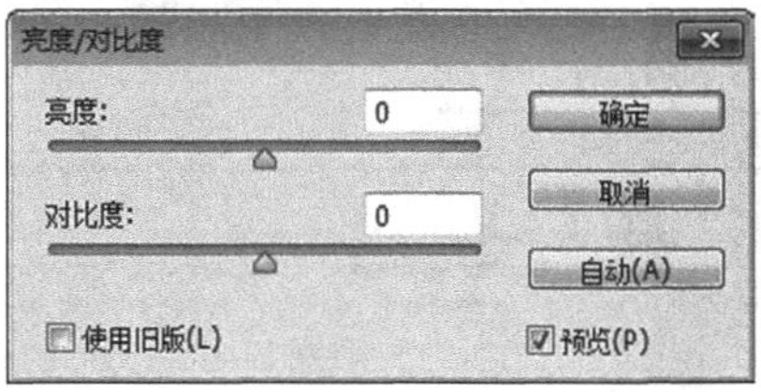

图 5-44

执行“图像 > 调整 > 亮度 / 对比度”菜单命令，然后弹出的“亮度 / 对比度”对话框中，如图 5-44 所示。

拖曳“亮度”滑块，可以增加或减少画面的亮度，如图 5-45 和图 5-46 所示。

图 5-45

图 5-46

拖曳“对比度”滑块，可以增加或减少画面的对比度，如图 5-47 和图 5-48 所示。

图 5-47

图 5-48

5.2.5 色相 / 饱和度命令

“色相 / 饱和度”命令是调节全图，或是调节某个颜色通道的属性，包括“色相”“饱和度”和“明度”。“色相”即物体的固有色；“饱和度”即颜色的纯度（数值越大，颜色越纯）；“明度”即颜色的明暗度。

执行“图像 > 调整 > 色相 / 饱和度”菜单命令，或按组合键 Ctrl + U，弹出“色相 / 饱和度”对话框，下面详细讲解“色相 / 饱和度”命令对话框参数，如图 5-49 所示。

- 编辑：在下拉菜单中可以选择编辑全图，还是修改某一颜色通道的颜色属性，如图 5-50 所示。
- 色相：通过拖动滑块或输入数值来调节色相。
- 饱和度：通过拖动滑块或输入数值来调节饱和度。
- 明度：通过拖动滑块或输入数值来调节亮度。
- 着色：勾选后，将图像转变为单色调图像。

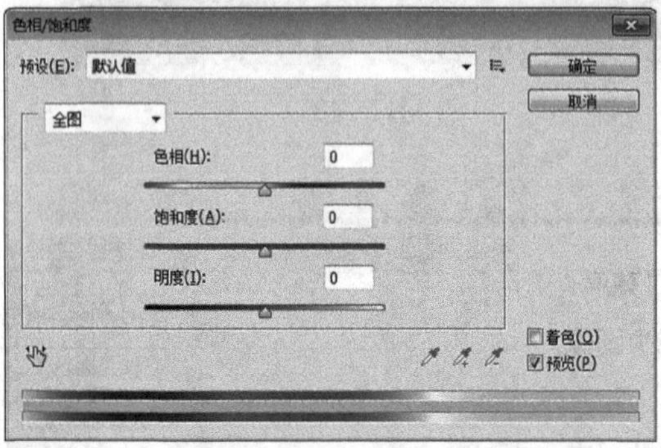

图 5-49

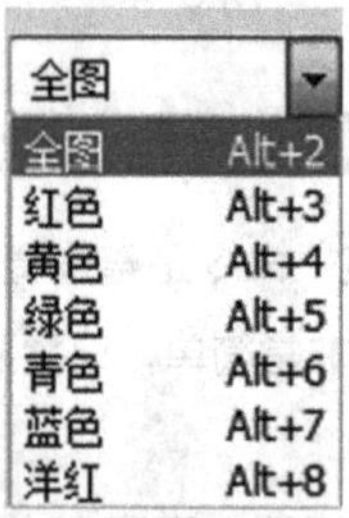

图 5-50

课堂案例：用色相 / 饱和度命令调整图片颜色

素材位置	素材文件 >CH05>04.jpg	扫码观看视频！
实例位置	实例文件 >CH05> 用色相 / 饱和度命令调整图片颜色 .psd	
学习目标	学习色相 / 饱和度命令的使用方法	

（1）打开本书学习资源“素材文件 >CH05>04.jpg”文件，如图 5-51 所示。

（2）执行“图像 > 调整 > 色相 / 饱和度”菜单命令，然后在弹出的“色相 / 饱和度”对话框中，参数设置如图 5-52 所示，图片效果如图 5-53 所示。

图 5-51

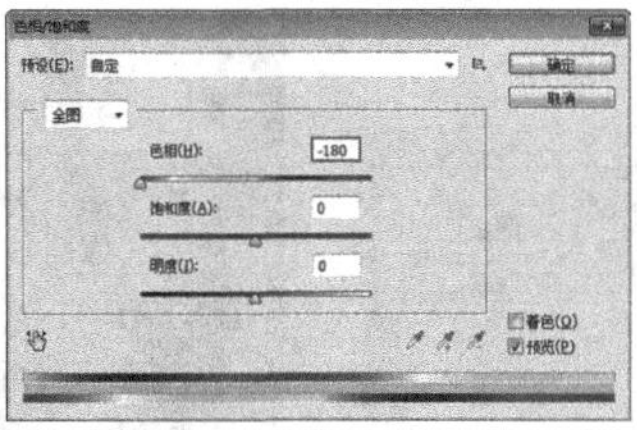

图 5-52

图 5-53

（3）继续打开“色相 / 饱和度”对话框，然后选择“红色”选项，接着调整色相，如图 5-54 所示，图片效果如图 5-55 所示。可以观察到红色的墙面变成了褐色，其余部分色相没变化。

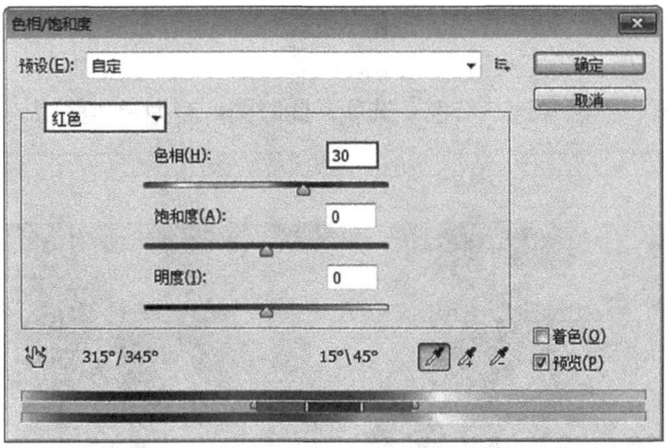

图 5-54

图 5-55

（4）按组合键 Ctrl ＋ U，打开“色相 / 饱和度”对话框，然后调整“饱和度”，如图 5-56 所示，图片效果如图 5-57 所示。

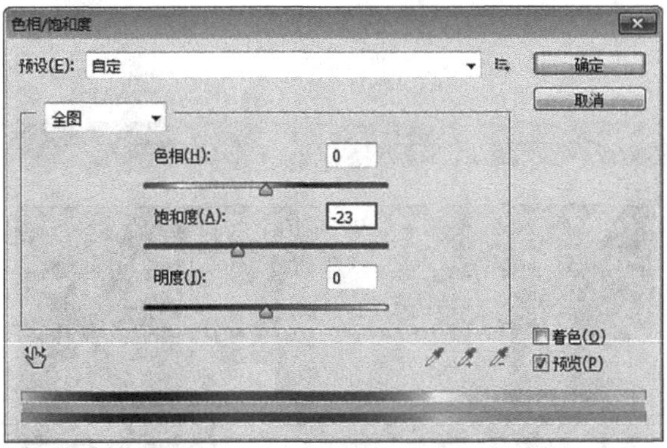

图 5-56

图 5-57

（5）按组合键 Ctrl + U，打开“色相 / 饱和度”对话框，然后调整“明度”，如图 5-58 所示，效果如图 5-59 所示。

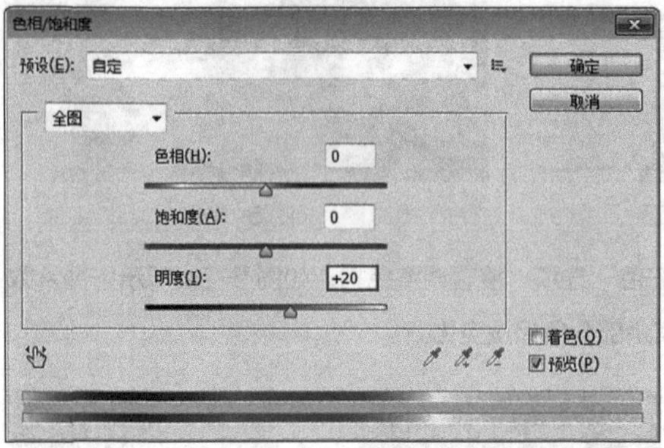

图 5-58

图 5-59

（6）按组合键 Ctrl + U，打开“色相 / 饱和度”对话框，然后勾选“着色”选项，此时图片变为单色图像。设置参数如图 5-60 所示，图片效果如图 5-61 所示。

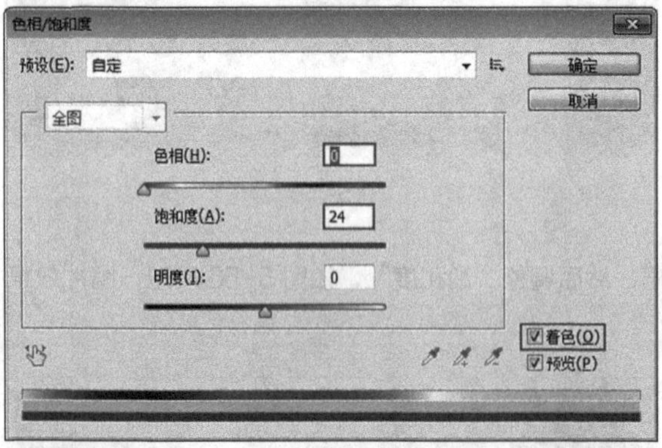

图 5-60

图 5-61

5.2.6 替换颜色命令

“替换颜色”命令，可以利用吸管工具来指定图像中的颜色，然后通过调节指定颜色的“色相”“饱和度”和“明度”来实现替换图像中指定颜色的目的。“替换颜色”命令的使用方法和“色彩范围”命令使用方法基本相同，只是多了“色相”“饱和度”和“明度”参数调整，颜色替换效果分别如图 5-62 和图 5-63 所示。

执行“图像 > 调整 > 替换颜色”菜单命令，弹出的“替换颜色”对话框，如图 5-64 所示。

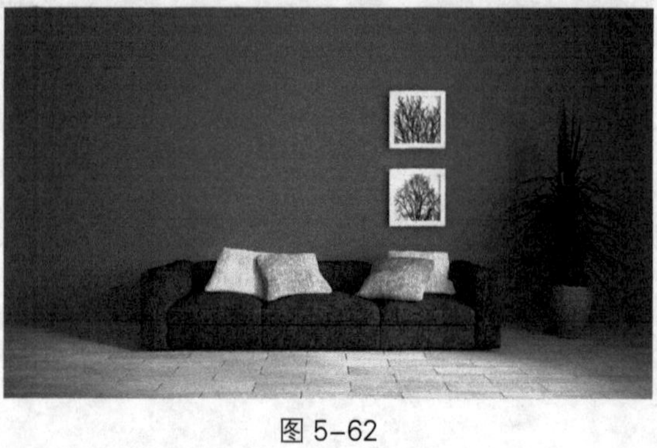

图 5-62

图 5-63

图 5-64

5.2.7 可选颜色命令

“可选颜色”命令也是对图像颜色进行调整的一个命令。在可选颜色中提供了多种颜色以便选择，此外还有黑白灰色调可以选择。

执行“图像 > 调整 > 可选颜色”菜单命令，然后弹出的“可选颜色”对话框中，如图 5-65 所示，效果如图 5-66 和图 5-67 所示。可以观察到，图像中蓝色的墙面和沙发修改成为绿色。

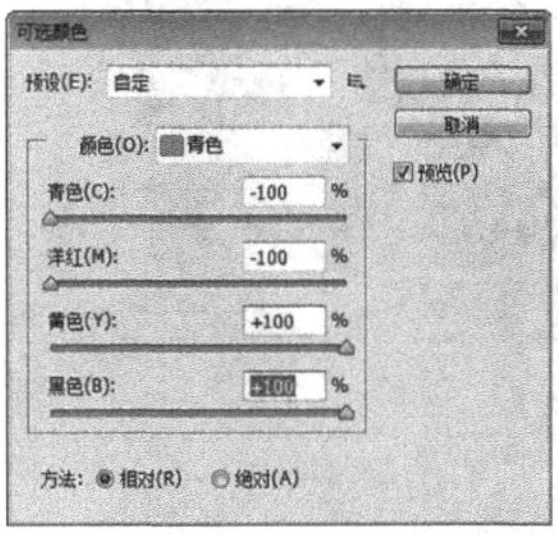

图 5-65

图 5-66

图 5-67

5.2.8 照片滤镜命令

“照片滤镜”命令，相当于在相机镜头前加一个滤光镜后的照片效果，可以达到改变图片色调的作用。

执行“图像 > 调整 > 照片滤镜”菜单命令，然后弹出的“照片滤镜”对话框。下面详细讲解“照片滤镜”对话框参数，如图 5-68 所示。

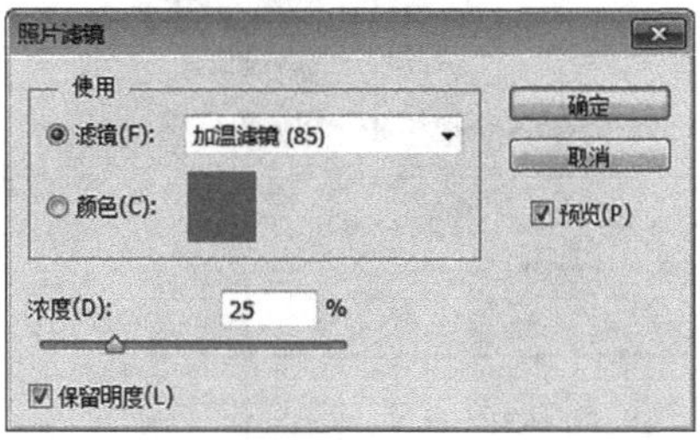

图 5-68

图 5-69

● 滤镜：在下拉列表中可以选择一种滤镜效果，如图 5-69 所示。选择后会出现一个色块显示滤镜色调。

● 颜色：选择后，可以在拾色器中自定义需要的颜色。

● 浓度：确定加入色调的浓度，默认为 25%。

课堂案例：用照片滤镜命令调整图片颜色

素材位置	素材文件 >CH05>05.jpg	扫码观看视频！
实例位置	实例文件 >CH05> 用照片滤镜命令调整图片颜色 .psd	
学习目标	学习照片滤镜命令的使用方法	

（1）打开本书学习资源“素材文件 >CH05>05.jpg”文件，如图 5-70 所示。

图 5-70

（2）执行“图像 > 调整 > 照片滤镜”菜单命令，然后在弹出的“照片滤镜”对话框中，设置“滤镜”为“加温滤镜（85）”“浓度”为 55%，如图 5-71 所示，效果如图 5-72 所示。

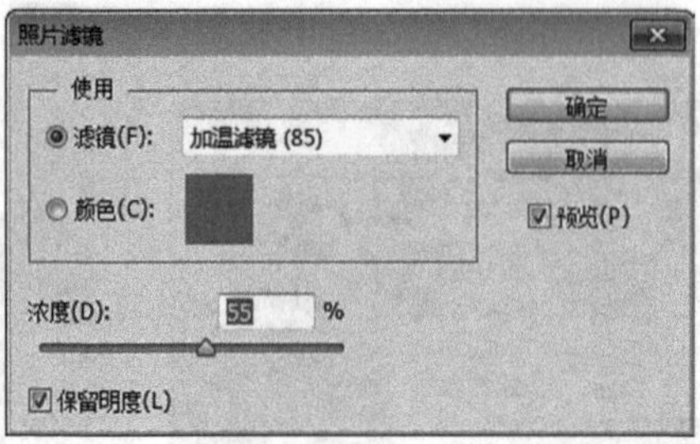

图 5-71

图 5-72

（3）设置“滤镜”为“加温滤镜（81）”“浓度”为 55%，如图 5-73 所示，图片效果如图 5-74 所示。

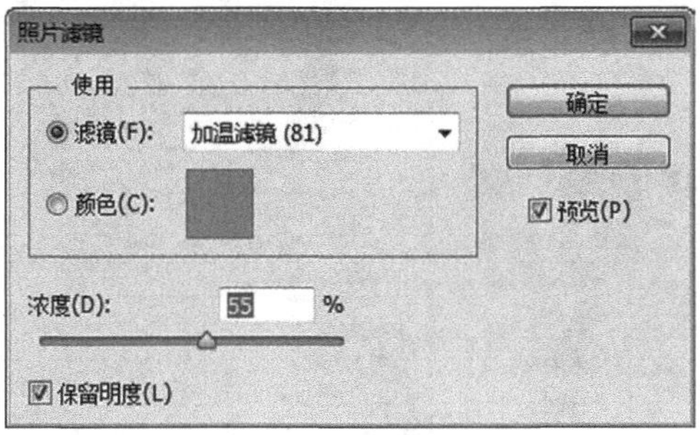

图 5-73

图 5-74

（4）设置“滤镜”为“冷却滤镜（80）”“浓度”为 55%，如图 5-75 所示，图片效果如图 5-76 所示。

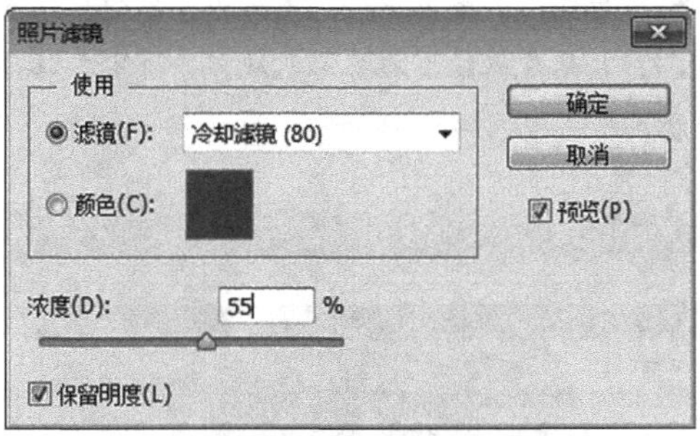

图 5-75

图 5-76

（5）设置“滤镜”为“冷却滤镜（82）”“浓度”为 55%，如图 5-77 所示，效果如图 5-78 所示。

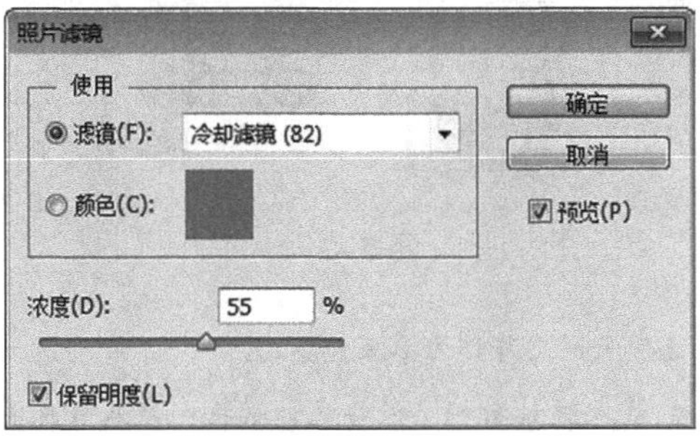

图 5-77

图 5-78

5.2.9 阴影 / 高光命令

“阴影 / 高光”命令可以特别针对阴影和高光进行专门调整。

执行“图像 > 调整 > 阴影 / 高光”菜单命令，然后在弹出的“阴影 / 高光”对话框中，可以设置“阴影数量”和“高光数量”，如图 5-79 所示。

勾选“显示更多选项”复选框，此时“阴影 / 高光”对话框如图 5-80 所示。

下面详细讲解“阴影 / 高光”命令对话框。

● 数量：增大阴影数值，将会提高阴影部位的亮度；增大高光数值，则会降低高光部位的亮度。

● 显示更多选项：勾选后，将会打开更多选项。

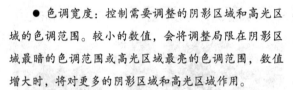

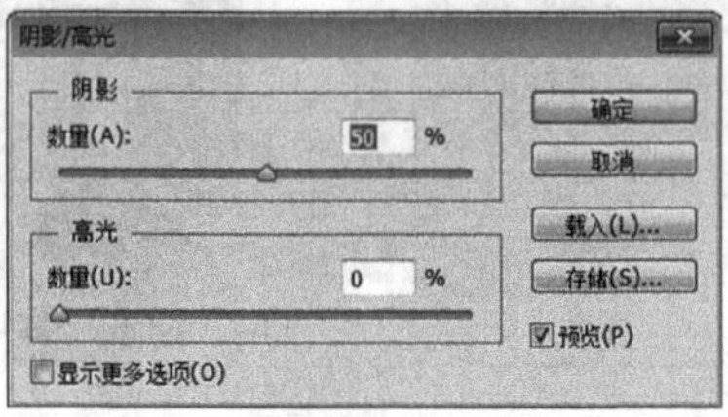

图 5-79

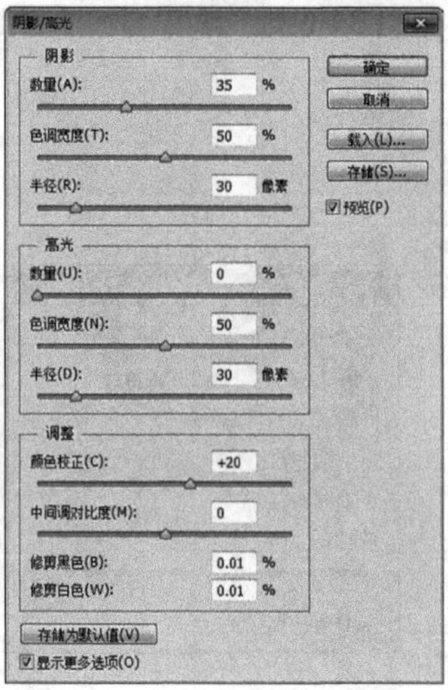

图 5-80

● 色调宽度：控制需要调整的阴影区域和高光区域的色调范围。较小的数值，会将调整局限在阴影区域最暗的色调范围或高光区域最亮的色调范围，数值增大时，将对更多的阴影区域和高光区域作用。

● 半径：控制确定阴影区和高光区范围的边界尺寸，数值越大，作用范围越大。

● 颜色校正：校正图像被修改过的区域，并且颜色校正的强弱取决于修改区域的数值，数值修改越大，作用强度越大。

● 中间色调对比度：调节图像中不受影响的中间色调的对比度，从而使修改后的阴影和高光更协调。

● 修剪黑色 / 修剪白色：决定阴影区域或高光区域中，多少像素被修剪为纯黑或纯白，可以加强画面对比度。

5.2.10 匹配颜色命令

“匹配颜色”命令可以将一幅图像的颜色匹配给另一幅图像。

执行“图像 > 调整 > 匹配颜色”菜单命令，可以打开“匹配颜色”对话框，如图 5-81 所示。

● 目标：显示当前工作图像的名称和当前活动图层的名称以及色彩模式。

● 应用调整时忽略选区：当在目标图像中建立选区后，则该选项会被激活，勾选后，则忽略选区，将颜色匹配到整个图像中。

● 图像选项：匹配颜色后，可进一步对目标图像或图层的颜色明亮度、颜色强度和消隐进行设置。

● 中和：可中和源图像和目标图像的颜色，然后将中和后的颜色而应用到目标图像中去。

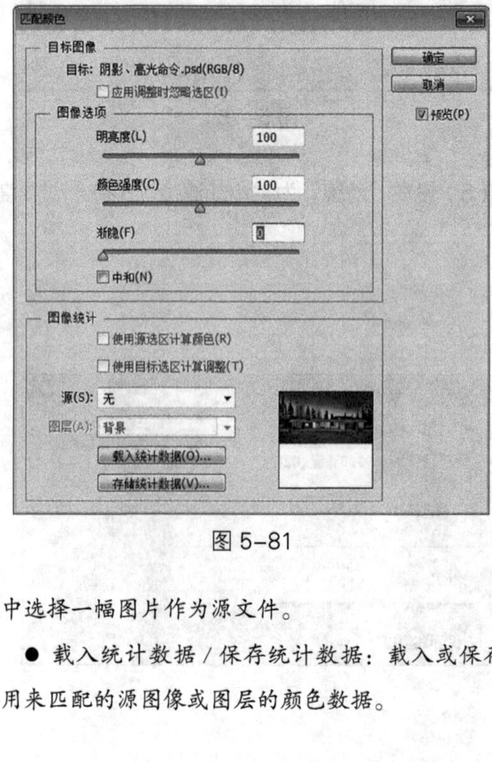

图 5-81

● 源：下拉列表显示的是当前打开的所有文件，从中选择一幅图片作为源图片。

● 图层：下拉列表显示的是当前打开的所有文件，从中选择一幅图片作为源文件。

● 载入统计数据 / 保存统计数据：载入或保存需要用来匹配的源图像或图层的颜色数据。

5.2.11　变化命令

“变化”命令提供了缩略图的参考，可以较为直观地调节图像或选区的色彩和亮度，相当于使用调色板调颜料。

执行“图像 > 调整 > 变化”菜单命令，打开“变化”对话框，如图 5-82 所示。

- 原稿 / 当前挑选：显示原始图像效果和调整后的图像效果。
- 加深绿 / 黄 / 青 / 深红 / 深蓝 / 洋红：提供三对互补色，单击其中某个，即可为图像添加对应的色彩。如要减弱该色彩，可单击其互补色。
- 较亮 / 较暗：单击可加亮或减暗图像。

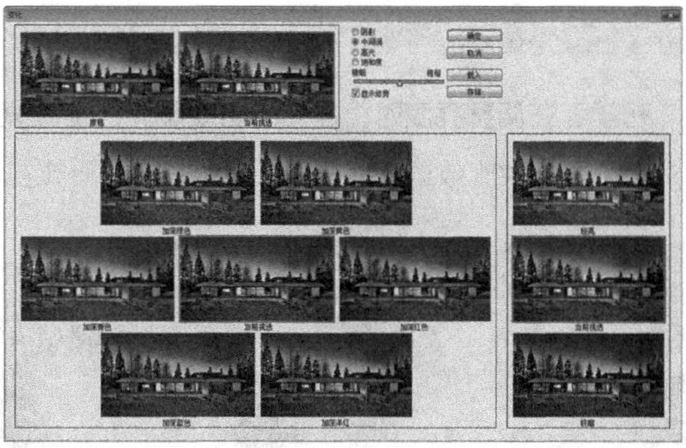

图 5-82

- 阴影 / 中间调 / 高光 / 饱和度：可选择要调整的色调区域，分别对应图像的暗部、灰部、亮部和纯度。
- 精细 / 粗糙：确定调整强度，越靠近精细则调整的强度越小，越靠近粗糙则调整的强度越大。

5.2.12　黑白、去色命令

“黑白”命令是将图像中的颜色丢弃，使图像呈黑白照片或单色效果，如图 5-83 所示。还可以通过“黑白”命令调整图像的明暗度。

“去色”命令，是单纯将彩色颜色信息丢弃，得到一种黑白照片的效果，如图 5-84 所示。

图 5-83

图 5-84

除了“黑白”和“去色”之外，还可以通过“图像”菜单中的“灰度”完成黑白照片效果，如图 5-85 所示。

Tips

“灰度”模式得出的效果，黑白层次保留最好，其次是“黑白”命令得出的效果，“去色”命令丢失的黑白层次最严重。

图 5-85

5.2.13 曝光度命令

初学者在调整亮度时，往往会出现曝光。但曝光也不是绝对无用的，只要曝光出现在合理的位置，反而会形成一个强烈的对比效果，适度的曝光也符合场景真实的效果，如图 5-86 和图 5-87 所示。

图 5-86

图 5-87

执行“图像 > 调整 > 曝光度”菜单命令，打开“曝光度”命令对话框，如图 5-88 所示。

- 曝光度：控制曝光程度的大小。
- 位移：使阴影和中间调变暗，对高光的影响很轻微。
- 灰度系数校正：可更改高亮区域的图像颜色。

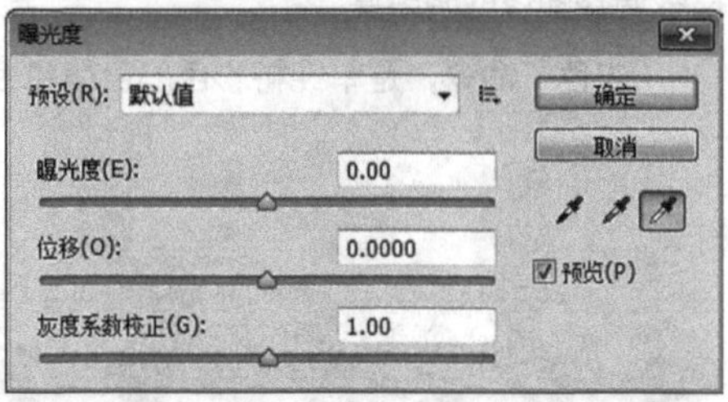

图 5-88

5.2.14 自然饱和度命令

“自然饱和度”命令，在作用上和“色相 / 饱和度”类似，但是“自然饱和度”命令在效果上更为细腻，且能智能地处理图像中不饱和的部分，忽略足够饱和的颜色，非常适合初学者使用。

执行“图像 > 调整 > 自然饱和度”菜单命令，可以打开“自然饱和度”对话框，如图 5-89 所示。

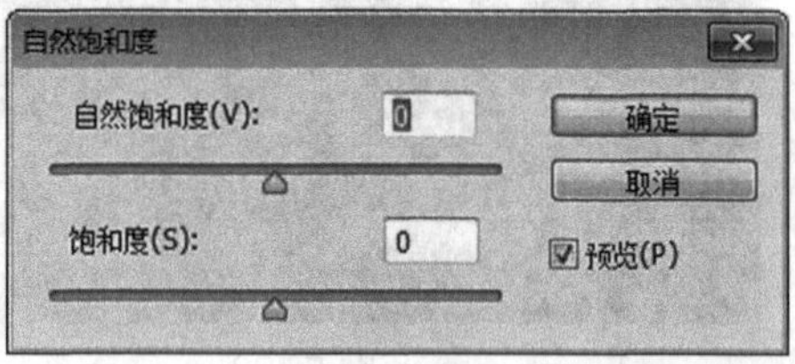

图 5-89

5.2.15 通道混合器命令

“通道混合器”命令，可以通过控制当前颜色通道的成分，来改变某一颜色通道的输出颜色。该命令不但可以创建高品质的单色调图像，还可以创建用一般方法不容易实现的特殊黑白效果。

执行“图像 > 调整 > 通道混合器”菜单命令，可以打开“通道混合器”对话框，如图 5-90 所示。

- 输出通道：选择需要调整何种单独通道的颜色。
- 源通道：调节各单色通道的颜色。
- 常数：调节输出通道颜色的不透明度。

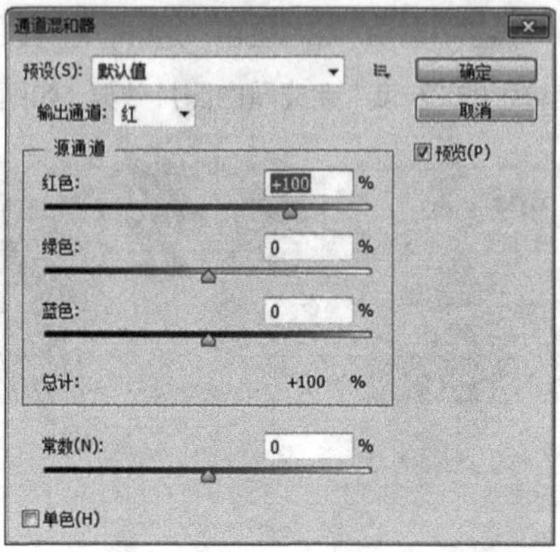

图 5-90

● 单色：保留单个通道的亮度信息，将相同的设置应用于输出通道，创建特殊的黑白效果。

5.2.16　其他调整命令

除了上述 15 个常用的调整命令外，还有 5 个不常用的调整命令，分别是“反相”“色调分离”“阈值”“渐变映射”和“色调均化”。

1. 反相

反相可以得到一种原始照片的负片效果，如果是黑白图片，反相会将黑白颠倒。原图与反相效果如图 5-91 所示。

图 5-91

2. 色调分离

色调分离是指定图像中每一个颜色通道的色调级数目，然后将像素映射为与之最接近的一种色调。在 RGB 颜色图像中指定两种色调级，就能得到 6 种颜色，即两种亮度的红、两种亮度的绿和两种亮度的蓝，如图 5-92 所示。

3. 阈值

阈值可以将图像中亮度超过阈值的像素转换为白色，将亮度低于阈值的像素转换为黑色，不同于黑白图片，阈值效果没有灰色，只是纯黑白效果，如图 5-93 所示。

图 5-92

图 5-93

4. 渐变映射

渐变映射可以把一组渐变色的色阶映射到图像上，改变图像的颜色，效果如图 5-94 所示。

5. 色调均化

色调均化可以将图像的最暗像素和最亮像素，分别映射为黑色和白色，然后将各个亮度级别均匀分配给其他各像素，从而得到图像色调平均化效果，如图 5-95 所示。

图 5-94

图 5-95

课后习题——休息室色彩调整

素材位置	素材文件 >CH05>06.jpg	扫码观看视频！
实例位置	实例文件 >CH05> 休息室色彩调整 .psd	
学习目标	练习各种色彩调整工具修改图片	

课后习题——阳台夜晚色彩调整

素材位置	素材文件 >CH05>07.jpg	扫码观看视频!
实例位置	实例文件 >CH05> 阳台夜晚色彩调整 .psd	
学习目标	练习各种色彩调整工具修改图片	

第 6 章

效果图的图层应用

本章主要讲解效果图的图层应用方法。通过学习本章，读者可以掌握图层的基本概念、图层的应用方法、图层样式的应用以及图层混合模式的应用。

本章学习要点：

- 掌握图层的基本操作
- 掌握图层的混合模式
- 了解图层样式的应用

6.1　图层基本概念

可以把图层理解为一张完全透明的纸，将这些图层叠加在一起，即可得到需要的图像。在效果图后期修改中，使用3ds Max建立基本模型，之后的路面、树、家具等素材图片拖入原图之中就会形成一个个图层。这些图层完全叠加在一起，就完成一个效果图组合。

Photoshop 中有 4 种图层类型，分别是普通图层、文本图层、调整图层和背景图层，如图 6-1 所示。

图 6-1

从上到下，依次为调整图层、普通图层、文本图层和背景图层。

- 普通图层：单击“新建图层”按钮，这时新建的图层即为普通图层，也是最常用的图层。新建的普通图层是透明的，可以在上面添加图像、编辑图像，普通图层是可以随意移动到任意位置上。
- 文本图层：当使用工具箱中的文本工具进行打字操作时，系统会自动地新建一个图层，这个图层就是文本图层。
- 调整图层：单击“图层”面板下的和按钮，可以建立调整图层和样式图层。调整图层不是一个存放图像的图层，它主要用来控制图像的调整、图层样式参数信息。当前图像调整的各个命令均只能对当前图层起作用，但是通过建立的调整图层则可以对该图层以下所有图层起作用。
- 背景图层：背景图层是一种不透明图层。新建文件时，会以背景色的颜色来显示的图层定义为背景图层。当打开图片时，系统会自动将该图像定义为背景图层。

6.2　图层的基本操作

图层的基本操作是学习 Photoshop 的基础。除了在“图层”菜单下找到相应的图层操作命令，在“图层”面板上几乎可以找到这些命令。

6.2.1　图层面板

在“图层”面板中，可以完成诸如新建图层、删除图层、设置图层属性、添加图层样式、调整图层等操作。执行“窗口 > 图层”菜单命令，即可打开“图层”面板，如图 6-2 所示。

图 6-2

> **Tips**
>
> 默认情况下，“图层”面板会出现在操作界面的右下方，如果不小心关闭“图层”面板，可按照上述的操作打开。

单击“图层”面板右侧的按钮，然后在弹出的菜单中选择“面板选项”命令，接着打开“图层面板选项”对话框，可以设置图层面板中的缩略图大小，如图 6-3 和图 6-4 所示。

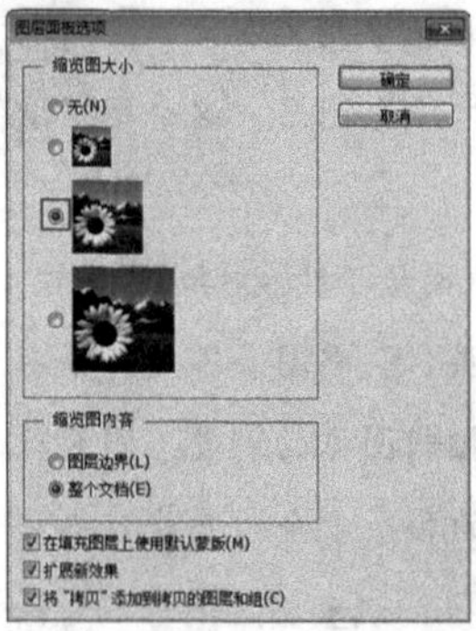

图 6-3

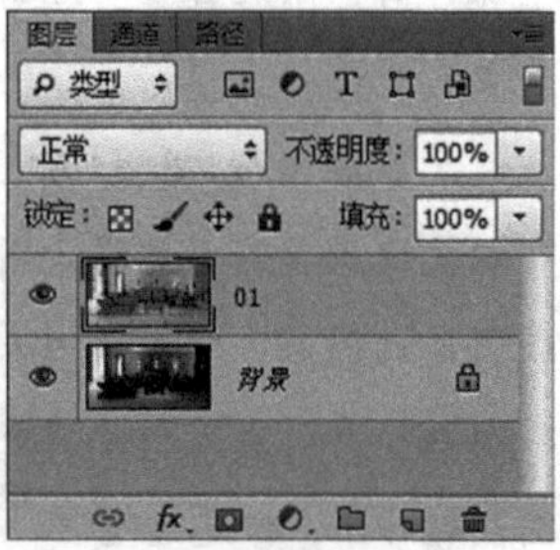

图 6-4

每个图层都可以在视图中隐藏或显示。在“图层”面板左侧，可以看到每个图层都有一个“眼睛”图标，如图 6-5 所示。“眼睛”图标可以控制该图层是否显示，按住 Alt 键单击一个图层，则只会显示该图层，其他图层不显示。

图 6-5

对图像进行编辑时，先要选中图层。选中“图层 01”，此时“图层 01”呈蓝色显示，如图 6-6 所示。按住 Ctrl 键，单击两个图层，就可以同时选中这两个图层，如图 6-7 所示。如果图层特别多，可以按住 Shift 键，同时单击最上方和最下方的两个图层，这样上下两个图层之间的所有图层都会被选中，如图 6-8 所示。

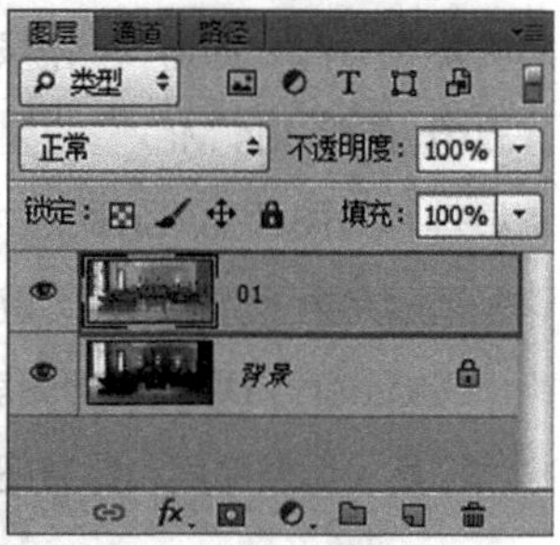

图 6-6

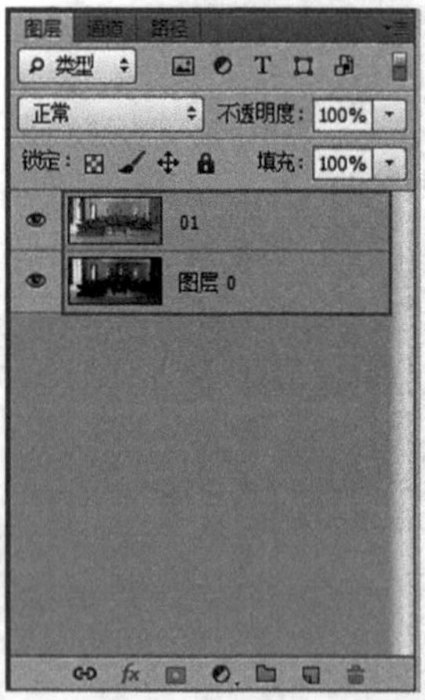

图 6-7

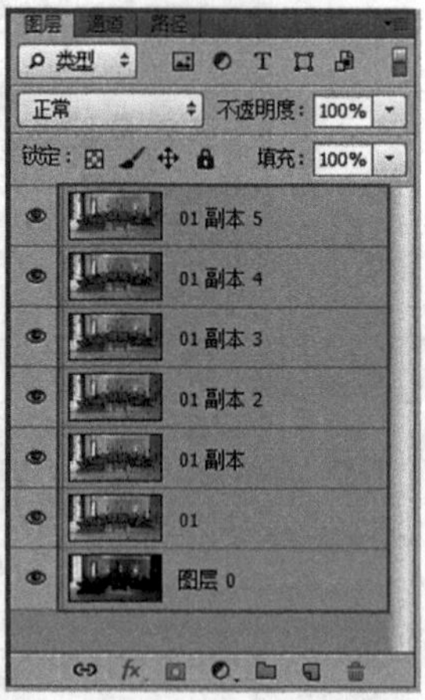

图 6-8

6.2.2 创建、复制图层

新建图层的方法有两种。

第 1 种：单击“创建新图层”按钮创建新图层。

第 2 种：执行“图层 > 新建 > 图层”菜单命令创建新图层。

> **Tips**
>
> 在“图层”面板最底部的是新建文件时自动创建的背景图层。背景图层最右侧有个标志，代表其被锁定。锁定的背景图层是不可以被移动、调整图层顺序，也不可以复制。双击标志，在弹出的对话框中单击“确定”按钮，即可解锁。解锁后的背景图层便可进行各种编辑操作。

执行“图层 > 复制图层”菜单命令可以复制图层，也可以按组合键 Ctrl ＋ J 来复制图案。

6.2.3　填充、调整图层

调整图层和填充图层是较为特殊的图层操作，在这些图层中包含一个“图像调整”命令或“图像填充”命令。使用“调整图层”和“填充图层”，可以随时对图层中包含的“调整”或“填充”命令进行重新设置，从而得到合理的效果。

填充图层可用纯色、渐变或图案填充图层，填充内容只出现在该图层，对其他图层不会产生影响，且方便随时修改。

调整图层提供了 16 种常用的图层调整命令，如图 6-9 所示。除了在菜单栏执行这些操作，也可以通过单击“图层”面板下的“创建新的填充或调整图层”按钮 ，加载这些命令。

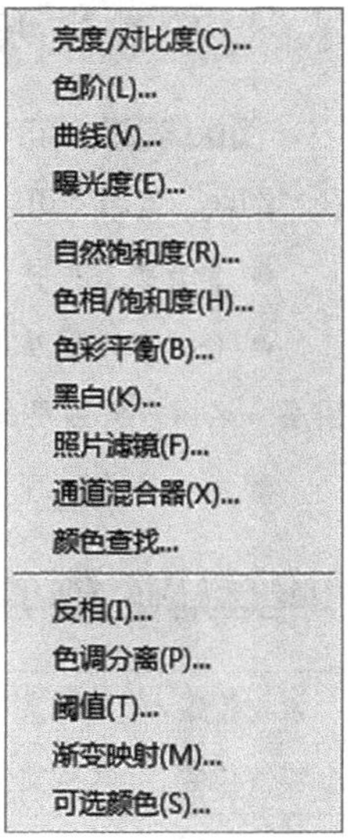

图 6-9

6.2.4　图层的对齐与分布

在绘制图像时，有时需要将各图层进行排列，Photoshop 可以通过图层的对齐与分布来准确地排列图像。

Photoshop 中有 6 种对齐和分布的方式，都分布在“图层 > 对齐 / 分布”菜单中。如图 6-10 所示。只有图像具有多个图层，且有 2 个及以上图层被同时选中的情况下，对齐才会激活；3 个以上的图层被同时选择，分布才会被激活。

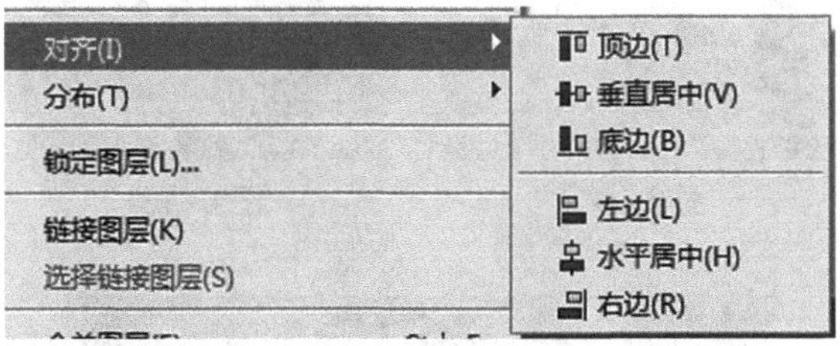

图 6-10

下面将逐一讲解对齐和分布方式。

对齐

- 顶边：可将选择图层的顶层像素与当前图层的顶层像素对齐，或与选区边框的顶边对齐。
- 垂直居中：可将选择图层的垂直方向的中心像素与当前图层的垂直方向的中心像素对齐，或与选区边框的垂直中心对齐。
- 底边：可将选择图层的底端像素与当前图层的底端像素对齐，或与选区边框的底边对齐。
- 左边：可将选择图层的左端像素与当前图层的左端像素对齐，或与选区边框的左边对齐。
- 水平居中：可将选择图层上水平方向的中心像素与当前图层上水平方向的中心像素对齐，或与选区边框的水平中心对齐。
- 右边：可将选择图层的右端像素与当前图层的右端像素对齐，或与选区边框的右边对齐。

分布

- 顶边：从每个图层的顶端像素开始，间隔均匀地分布选择的图层。
- 垂直居中：从每个图层的垂直居中像素开始，间隔均匀地分布选择的图层。
- 底边：从每个图层底部像素开始，间隔均匀地分布选择的图层。
- 左边：从每个图层左边像素开始，间隔均匀地分布选择的图层。
- 水平居中：从每个图层水平中心像素开始，间隔均匀地分布选择的图层。
- 右边：从每个图层右边像素开始，间隔均匀地分布选择的图层。

6.2.5 合并、删除图层

图像编辑完后可以将图层合并。在效果图修改中，往往也会在最后将所有图层合并，再进行最后的色调调整。在“图层”菜单下可以找到 3 个合并图层的命令，分别是“合并图层”“合并可见图层”和“拼合图像”。

● 合并图层：将选择图层与下一层图层进行合并，并以选择图层的名称命名，组合键为 Ctrl + E。

● 合并可见图层：可将图像中所有可见图层（即打开眼睛的图层）合并为一个图层，不可见的则不会被合并。图层命名以当前图层命名，组合键为 Shift+Ctrl + E。

● 拼合图像：可将所有图像中的图层合并。

课堂案例：图层的基本操作

素材位置	素材文件 >CH06>01.jpg
实例位置	实例文件 >CH06> 图层的基本操作 .psd
学习目标	学习图层的基本操作使用方法

扫码观看视频！

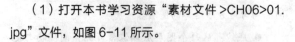

（1）打开本书学习资源“素材文件 >CH06>01.jpg”文件，如图 6-11 所示。

图 6-11

（2）单击“图层”面板下方的“创建新的填充或调整图层”按钮，然后在弹出的菜单中选择“色阶”选项，如图 6-12 所示。

（3）在弹出的“色阶”面板中，设置参数如图 6-13 所示，图片效果如图 6-14 所示。

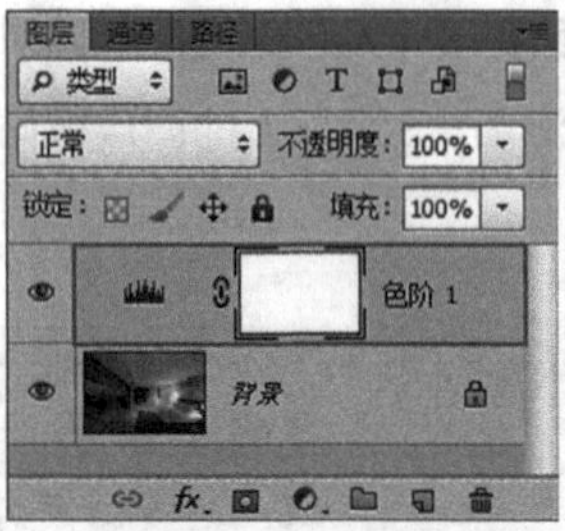

图 6-12

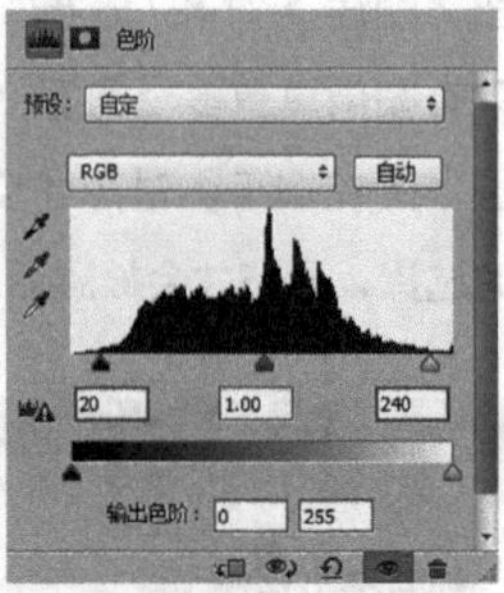

图 6-13

图 6-14

（4）继续单击“创建新的填充或调整图层”按钮，然后在弹出的菜单中选择“纯色”选项，接着设置颜色为蓝色，如图 6–15 所示。

（5）设置“颜色填充”图层的“不透明度”为 15%，如图 6–16 所示，效果如图 6–17 所示。

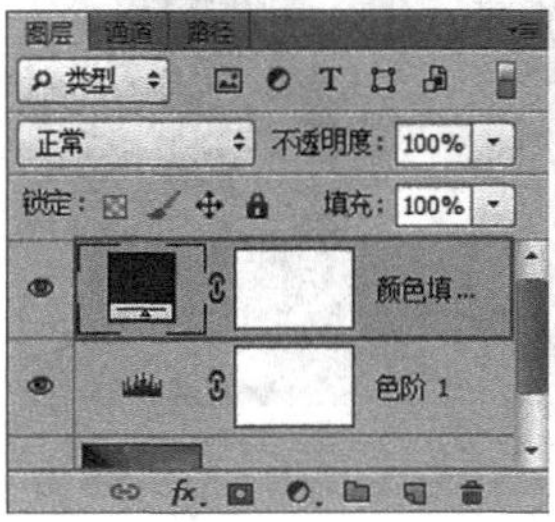

图 6–15

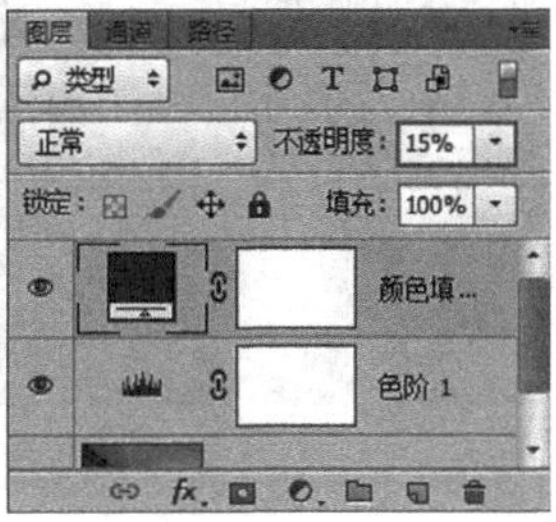

图 6–16

图 6–17

（6）将“图层”面板中的 3 个图层合并为 1 个图层，可按组合键 Shift+Ctrl+E，如图 6–18 所示。

图 6–18

6.3　效果图的图层的混合模式

图层的混合模式主要用于制作两个或两个以上图层的混合效果。不同的图层混合模式，决定当前图像的像素如何与下层像素进行混合。灵活地运用各种图层混合模式可以获得非常出色的效果。在效果图修改中，采用混合模式能够起到极大的作用，在光影、颜色的调整和材质的调节上作用尤其明显。

系统默认混合模式为“正常”模式，也就是图像的原始状态。单击“图层”面板中的图层混合模式下拉菜单，可以从中选取不同的混合模式，如图 6–19 所示。

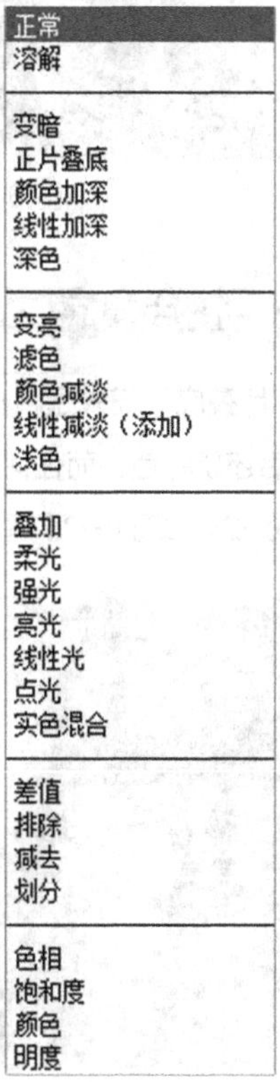

图 6–19

6.3.1　溶解模式

溶解模式是指随机地令部分图像的像素消失，消失的部分可以显示出背景内容，从而形成 2 个图层交融的效果。当图层的图像出现透明像素，将会依据图像中透明像素的数量显示出颗粒化效果。上下图层的混合与叠加关系，会根据上方图层的“不透明度”而确定。如果上方图层“不透明度”为 100%，则完全覆盖下方图层；上方图层的“不透明度”越清晰，下方图层显示越清晰。

图 6–20 和图 6–21 是“溶解”模式下，上方图层的“不透明度”分别为 100%和 50%时的效果。

图 6-20

图 6-21

6.3.2 变暗模式

“变暗”模式会将上下两个图层的像素进行比较，以上方图层中较暗的像素代替下方图层之中与之相对应的较亮的像素，从而实现整个图像变暗的效果。

图 6-22 和图 6-23 是“变暗”模式下，上方图层的“不透明度”分别为 100%和 50%时的效果。

图 6-22

图 6-23

6.3.3 正片叠底模式

“正片叠底”模式是将最终得到的颜色比上下两个图层的颜色都要暗一点。在这个模式中，黑色和任何颜色混合之后还是黑色。而任何颜色与白色混合之后，其颜色不会改变。正片叠底可以很好地纠正图片的曝光效果。

图 6-24 和图 6-25 是“正片叠底”模式下，上方图层的“不透明度”分别为 100%和 50%时的效果。

图 6-24

图 6-25

6.3.4　颜色加深模式

"颜色加深"模式与"正片叠底"模式的效果类似，可以使图层的亮度降低、色彩加深，将底层的颜色变暗反映当前图层的颜色，与白色混合后不产生变化。

图 6-26 和图 6-27 所示为"颜色加深"模式下，上方图层的"不透明度"分别为 100%和 50%时的效果。

图 6-26

图 6-27

6.3.5　线性加深模式

"线性加深"模式是减小底层的颜色亮度，从而反映当前图层的颜色。与白色混合后不产生变化，其作用与"颜色加深"模式类似。

图 6-28 和图 6-29 所示为"线性加深"模式下，上方图层的"不透明度"分别为 100%和 50%时的效果。

图 6-28

图 6-29

6.3.6　深色模式

"深色"模式是将当前图层与底层颜色相比较，将两个图层中相对较暗的像素创建为结果色。

图 6-30 和图 6-31 所示为"深色"模式下，上方图层的"不透明度"分别为 100%和 50%时的效果。

图 6-30

图 6-31

6.3.7 变亮模式

“变亮”模式作用与“变暗”模式相反，是以上方图层较亮的像素替代下方图层中与之相对应较暗的像素，且下方图层中较亮区域，替代上方图层中较暗的区域，从而使整个图像变亮。

图 6-32 和图 6-33 所示为“变亮”模式下，上方图层的“不透明度”分别为 100%和 50%时的效果。

图 6-32

图 6-33

6.3.8 滤色模式

“滤色”模式是“正片叠底”模式的逆运算，混合后得到较亮的颜色如果复制同一图层，并对处于上方的图层使用“滤色”模式，可以加亮图像。在增亮图像的同时，使图像具有梦幻般的效果。

图 6-34 和图 6-35 所示为上方图层在“滤色”模式下，“不透明度”分别为 100%和 50%时的效果。

图 6-34

图 6-35

6.3.9 颜色减淡模式

“颜色减淡”模式是将上方图层的像素值与下方图层的像素值采取一定算法相加，“颜色减淡”模式的效果比“滤色”模式更加明显。

图 6-36 和图 6-37 所示为“颜色减淡”模式下，上方图层的“不透明度”分别为 100%和 50%时的效果。

图 6-36

图 6-37

6.3.10　线性减淡模式

“线性减淡”模式是加亮所有通道的基色，并通过降低其他颜色的而亮度来反映混合颜色，此模式对于黑色无效。

图 6-38 和图 6-39 所示为“线性减淡”模式下，上方图层的“不透明度”分别为 100%和 50%时的效果。

图 6-38

图 6-39

6.3.11　浅色模式

“浅色”模式和“深色”模式效果相反。使用该模式时，是将当前图层与底层颜色相比较，将两个图层中相对较亮的像素创建为结果色。

图 6-40 和图 6-41 所示为上方图层在“浅色”模式下，“不透明度”分别为 100%和 50%时的效果。

图 6-40

图 6-41

6.3.12　叠加模式

“叠加”模式最终效果取决于下方图层，但上方图层的明暗对比效果也将影响整体效果，叠加后下方图层的亮度区域与阴影区域都将被保留。使用该模式，相当于同时使用“正片叠底”和“滤色”模式两种操作。在这个模式下，底层颜色的深度将被加深，并且覆盖掉背景图层上的浅色部分。

图 6-42 和图 6-43 所示为“叠加”模式下，上方图层的“不透明度”分别为 100%和 50%时的效果。

图 6-42

图 6-43

6.3.13 柔光模式

“柔光”模式是根据上下图层的图像，使图像的颜色变亮或变暗。变化的程度取决于像素的明暗程度，如果上方图层的像素比 50%灰色亮，则图像变亮，反之变暗。

图 6-44 和图 6-45 所示为“柔光”模式下，上方图层的“不透明度”分别为 100%和 50%时的效果。

图 6-44

图 6-45

6.3.14 强光模式

“强光”模式产生的效果，与聚光灯在图像上的效果类似，是根据当前图层的颜色，使底层颜色更为浓重或更为浅淡，具体取决于当前图层的颜色亮度。

上方图层使用“强光”模式，前后的对比效果如图 6-46 和图 6-47 所示。可以观察到，图片的饱和度和对比度都加强了。

图 6-46

图 6-47

6.3.15 亮光模式

“亮光”模式是通过增加或减小底层的对比度来加深或减淡颜色。如果当前图层的颜色比 50%灰色亮，则通过减小对比度使图像发亮，反之，则通过增加对比度，使图像变暗。

上方图层使用“亮光”模式，前后的对比效果如图 6-48 和图 6-49 所示。可以观察到，图片的亮度和对比度都有所加强。

图 6-48

图 6-49

6.3.16 线性光模式

“线性光”模式是通过增加或减少底层的亮度，来加深或减淡颜色，具体取决于当前图层的颜色，如果当前图层的颜色比 50%灰色亮，则通过增加亮度，使图像变亮，反之，则通过减少亮度使图像变暗。

上方图层使用“亮光”模式，前后的对比效果如图 6-50 和图 6-51 所示。可以观察到，图片的整体亮度有所加强。

图 6-50

图 6-51

6.3.17 点光模式

“点光”模式是通过置换颜色像素来混合图像，如果混合色比 50%灰度亮，则源图像的暗部像素将被置换，亮部像素无变化，反之则替换亮部像素，暗部像素无变化。

上方图层使用“亮光”模式，前后的对比效果如图 6-52 和图 6-53 所示。可以观察到，图片的饱和度和亮度有所下降。

图 6-52

图 6-53

6.3.18 色相混合模式

“色相混合”模式是将下方图层的“亮度”“饱和度”同上方图层的“色相”混合成最终图像，但是针对黑白灰不起作用。

将“前景色”设置为蓝色，然后填充，接着将该图层混合模式设置为“色相”，效果如图 6-54 所示。可以观察到，画面的亮度和饱和度不变，只是图像整体变成蓝色。

图 6-54

6.3.19 饱和度混合模式

“饱和度混合”模式是将下方图层的“亮度”和“色相”与上方图层的“饱和度”构成。“饱和度”对于图像的影响与色彩本身没有关系，但是对图像的饱和度有关系。

当“前景色”为纯度很高的蓝色，然后填充一个新建空白层，将该图层以“饱和度混合”模式与原图混合时，对比效果如图 6-55 和图 6-56 所示。

图 6-55

图 6-56

当前景色为饱和度较低蓝色进行填充，接着将该图层以“饱和度混合”模式与原图混合时，效果如图 6-57 所示。

当前景色改为纯度很高的绿色，再次填充，效果如图 6-58 所示。可以观察到，色彩饱和度对于饱和度模式影响很大，与色相本身的色彩没有任何关系。

图 6-57

图 6-58

6.3.20 颜色混合模式

“颜色混合”模式是用底层颜色的亮度与上层图层的色相和饱和度混合而成，这样可以保留图像中的灰阶。该模式对于给单色图像上色和给彩色图像着色都非常有用。

将“前景色”设置为蓝色，然后填充进一个新建空白图层，接着将该图层混合模式设置为“颜色”，效果如图 6-59 所示。可以观察到，画面的亮度和饱和度不变，只是图像整体变成蓝色。

图 6-59

6.3.21　其他混合模式

除了上述模式外，还有“色相混合”“差值”“排除”和“明度”4 种混合模式。这 4 种模式在实际操作中用的较少，这里进行简单讲解。

1. 色相混合

该模式取消了中间色的效果，混合的结果由红、绿、蓝、青、品红、黄、黑和白 8 种颜色组成。混合颜色由底层颜色和当前图层亮度决定，如图 6-60 所示。

图 6-60

2. 差值

该模式将底层的颜色和当前图层的颜色相互抵消，以产生一种新的颜色效果。该模式与白色混合将反转背景颜色，与黑色混合不产生变化，如图 6-61 所示。

图 6-61

3. 排除

该模式可以产生一种与“差值”模式相似，但对比度较低的效果。与白色混合会使颜色产生相反的效果，与黑色混合无变化，如图 6-62 所示。

图 6-62

4. 明度

该模式用背景色的色相和饱和度，与当前图层的亮度进行混合，如图 6-63 所示。

> **Tips**
>
> 在应用混合模式时，如果不确定用何种混合模式，可以任意选择一种，然后按键盘上的上下方向键，不断变换混合类型，通过观察图像选择自己需要的效果。

图 6-63

课堂案例：用混合模式给效果图增加氛围

素材位置	素材文件 >CH06>02.jpg、03.jpg	扫码观看视频！
实例位置	实例文件 >CH06> 用混合模式给效果图增加氛围 .psd	
学习目标	学习混合模式的使用方法	

（1）打开本书学习资源“素材文件 >CH06>02.jpg”文件，如图 6-64 所示。

（2）打开本书学习资源“素材文件 >CH06>03.jpg”文件，然后置于“背景”图层上，如图 6-65 所示。

图 6-64

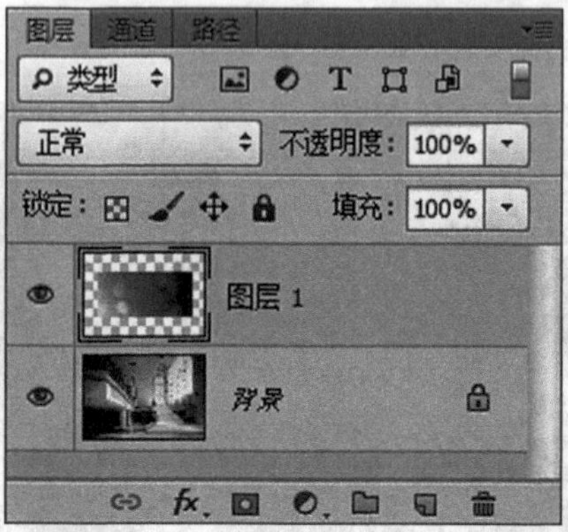

图 6-65

（3）按组合键 Ctrl + T，调整“图层 1”的大小，使其完全覆盖“背景”图层，并翻转，如图 6-66 所示。

Tips

翻转“图层 1”是为了对应“背景”图层窗口的位置。

（4）选中“图层 1”，然后设置图层的混合模式为“滤色”“不透明度”为 50%，如图 6-67 所示，图片效果如图 6-68 所示。

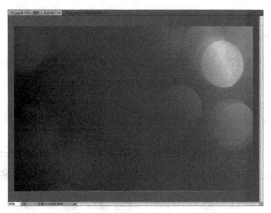

图 6-66

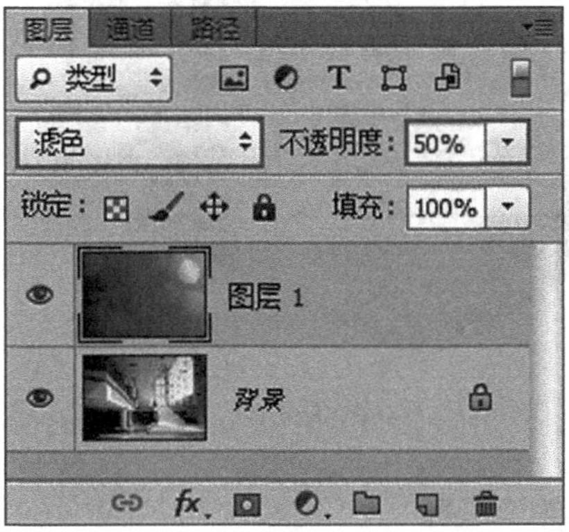

图 6-67

图 6-68

6.4　给效果图添加图层样式

利用图层样式，可以对图层应用各种效果，如投影、内发光、斜面和浮雕等。当应用图层样式时，“图层”面板右侧会出现“图层样式”图标。

选择需要添加图层样式的图层，然后执行“图层 > 图层样式”菜单命令，即可打开“图层样式”对话框，从中可以选择需要的样式命令。也可以在图层空白处双击鼠标，即可打开“图层样式”对话框，此外，单击“图层”面板下的“添加图层样式”按钮 fx.，同样可以为图层添加样式效果。

6.4.1　混合选项：自定

在“图层样式”对话框左侧的样式选项中勾选“混合选项：自定”选项，可以打开图 6-69 所示的对话框。

下面详细讲解该样式详细参数。

- 常规混合：在“常规混合”选项组下，有两个混合选项，“混合模式”和“不透明度”。这两个选项与“图层”面板中“混合选项”和“不透明度”选项使用方法相同。

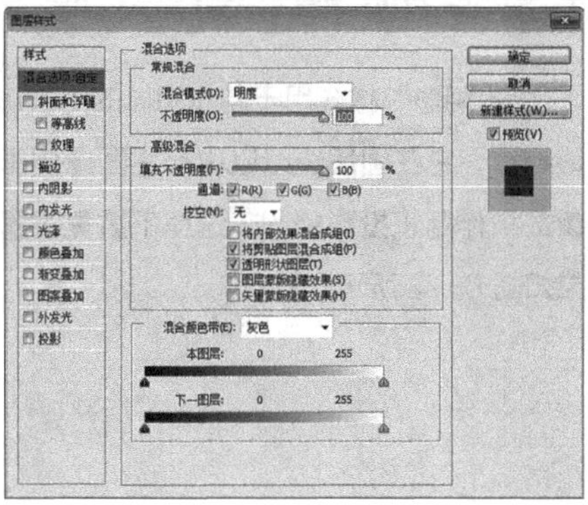

图 6-69

● 高级混合：在该选项组中可以设置图层的“填充不透明度”“通道”“挖空”“将内部效果混合成组”“将剪切图层混合成组”“透明形状图层”等内容。

● 混合颜色带：在下拉菜单中，可以选择所需要的颜色通道，然后移动“本图层”或“下一图层”来调整最终图像中将显示当前图层的哪些像素及其下面可视图层中的哪些像素。

6.4.2 投影

“投影”可以给图层、文字、按钮、边框等加上投影的效果，使画面产生立体感。投影给图层生成一个阴影，从而产生投影的视觉效果。投影是图层样式中使用最多的一种样式，对话框如图 6-70 所示，效果如图 6-71 所示。

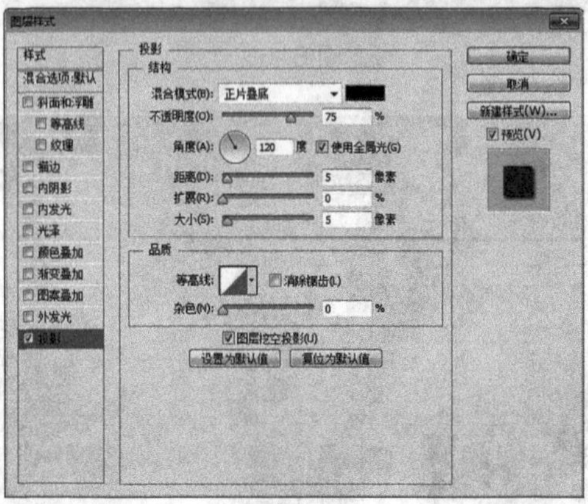

图 6-70

图 6-71

“投影”选项卡主要包含“结构”和“品质”两个选项组，下面详细讲解。

● 混合模式：下拉菜单中，可以选择投影的不同混合模式，从而得到不同的投影效果。

● 不透明度：通过设置一个数值来定义投影的不透明度。

● 角度：移动角度轮盘上的指针或输入数值，可以定义投影的方向。

● 距离：输入数值，可以定义投影的投射距离。

● 扩展：输入数值，可以定义投影的强度。

● 大小：控制投影的柔化程度。

● 等高线：使用等高线可以定义图层样式的外观效果。

● 消除锯齿：勾选后，可以使等高线的投影更加细腻。

● 杂色：输入数值或移动滑块，可以设置投影的杂色。

6.4.3 内阴影

“内阴影”样式用于制作图像的内投影，作用于投影相反，它在图层边缘以内产生图像阴影。内阴影的参数和作用于投影相同，这里不重复讲解，内阴影效果如图 6-72 所示。

图 6-72

6.4.4　外发光

“外发光”样式是在图像的边缘添加一个发光效果，对话框如图 6-79 所示，效果如图 6-74 所示。

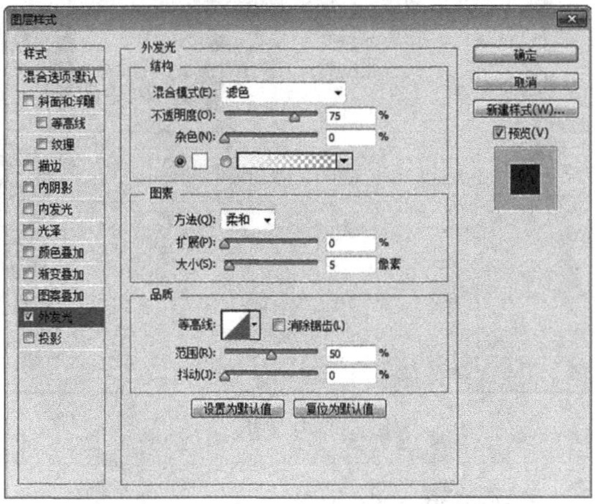

图 6-73

图 6-74

“外发光”样式包括“结构”“图像”和“品质”3 个选项组，其中很多和“投影”样式参数相同，这里介绍不同的参数。

● 发光方式：可选择两种不同的发光方式，一种为纯色，一种为渐变。

● 方法：可通过下拉菜单选择发光方法，如图 6-75 所示。

图 6-75

❖ 柔和：发出的光线边缘会产生柔和效果。

❖ 精确：光线会按实际大小及扩展度显示。

● 范围：控制在发光中作为等高线目标的部分或范围。

6.4.5　内发光

“内发光”效果可以在图像边缘以内添加一个发光效果。内发光参数与外发光基本一致，只是在“图素”选项组中多了对光源位置的选择。“居中”是发光从中心开始，“边缘”是发光从边缘向内进行，效果如图 6-76 所示。

图 6-76

6.4.6　斜面和浮雕

“斜面和浮雕”效果，可以制作出具有立体感的图像，斜面和浮雕还包括了“等高线”和“纹理”两个子选项卡，它们的作用是对图层效果应用等高线和透明纹理效果。“斜面和浮雕”选项卡如图 6-77 所示，其子选项卡，如图 6-78 和图 6-79 所示。

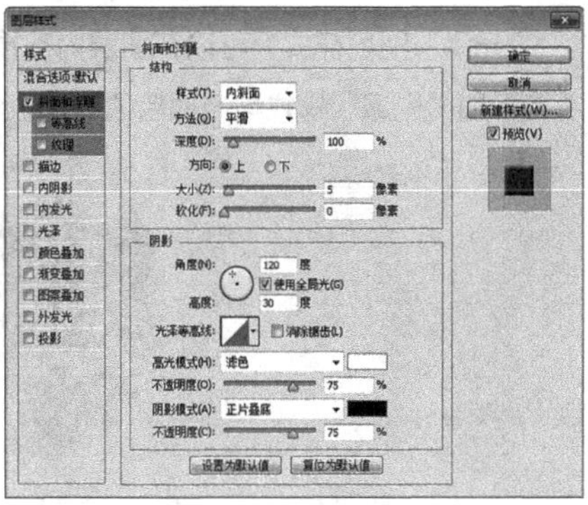

图 6-77

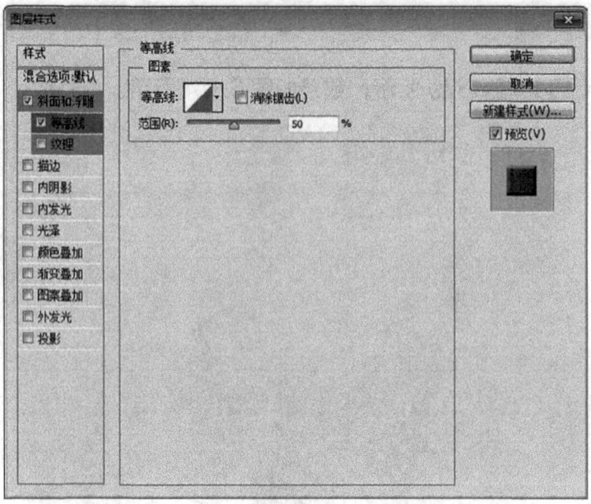

图 6-78

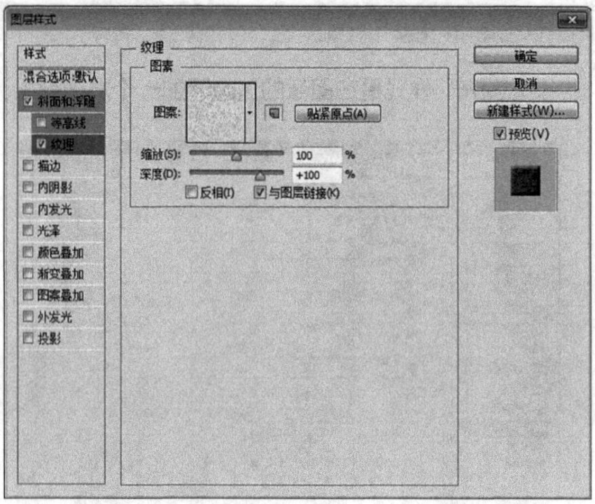

图 6-79

“斜面和浮雕”选项卡主要包含了“结构”和“阴影”两个选项组，其重要参数如下。

● 样式：可以设置效果的样式，共有“外斜面”“内斜面”“浮雕效果”“枕状浮雕”和“描边浮雕”5 个选项，如图 6-80 所示。

● 方法：可以设置斜面和浮雕的方法，共有“平滑”“雕刻清晰”和“雕刻柔和”3 种不同的方法，如图 6-81 所示。

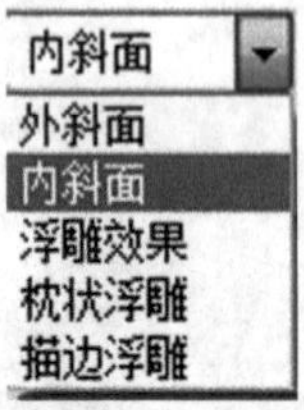

图 6-80

图 6-81

● 深度：控制斜面和浮雕效果的深度，数值越大，效果越明显。

● 方向：控制斜面和浮雕效果的方向，共有上、下两个方向。选择“上”，呈凸起效果；选择“下”，呈凹陷效果。

● 软化：控制斜面和浮雕效果的亮部区域和暗部区域的柔和程度。

● 高光模式 / 阴影模式：可以为高光和阴影部分选择不同的混合模式，从而得到不同的效果。此外，还可以单击右侧的色块，为高光和阴影部分选择颜色。

● 光泽等高线：可以选择预设的很多等高线中选择一种，从而获得特别的效果。

● 等高线：该子选项卡包含了当前所有可用的等高线类型。

● 纹理：该子选项卡包含了为图层内容添加透明纹理。

6.4.7 光泽

“光泽”图层样式，可以在图层内部根据图层的形状应用投射，通常用于创建光滑的金属效果，如图 6-82 是没有添加“光泽”样式与添加后的对比。

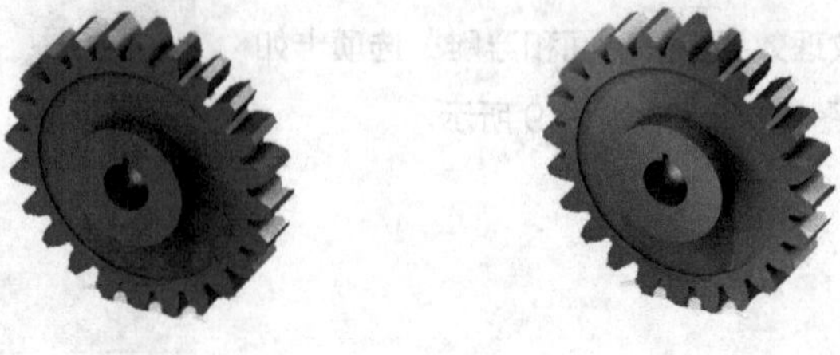

图 6-82

6.4.8　叠加图层样式

“颜色叠加”“渐变叠加”和“图案叠加”都是为图像添加一种叠加效果。虽然都是叠加，但形式和效果都完全不同。

“颜色叠加”对比效果如图 6-83 所示。

图 6-83

“渐变叠加”对比效果如图 6-84 所示。

图 6-84

“图案叠加”对比效果如图 6-85 所示。

图 6-85

6.4.9 描边

“描边”样式，是沿着图像边缘，使用颜色、渐变和图案 3 种方式对图像的轮廓进行勾画。

“颜色”方式效果对比如图 6-86 所示。

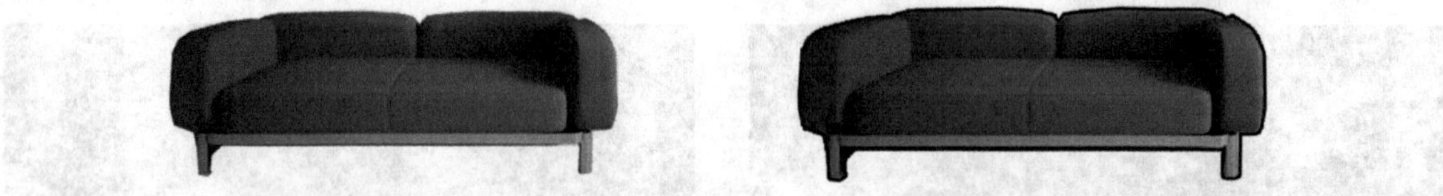

图 6-86

“渐变”方式效果如图 6-87 所示。

图 6-87

“图案”方式效果如图 6-88 所示。

图 6-88

6.4.10 复制、粘贴、删除图层样式

图层样式和图层一样，也是可以复制、粘贴和删除的。添加了图层样式的图层右侧会出现按钮，鼠标右键单击该按钮，弹出如图 6-89 所示的菜单。

通过该菜单，可以拷贝图层样式、清除图层样式、复制图层样式和添加新的图层样式等。图层样式前的“眼睛”图标，可以控制该样式是否在图层中可见，如图 6-90 所示。

6.4.11 样式面板

在 Photoshop 的样式面板中，有很多预设好的样式可以任意调用，通过执行“窗口 > 样式”菜单命令，即可打开样式面板，如图 6-91 所示。

单击样式面板右侧的按钮，弹出的菜单可以选择各种样式命令，如图 6-92 所示。该菜单都是预设好的样式组，可以从中任意选取一组样式，应用于图层上。

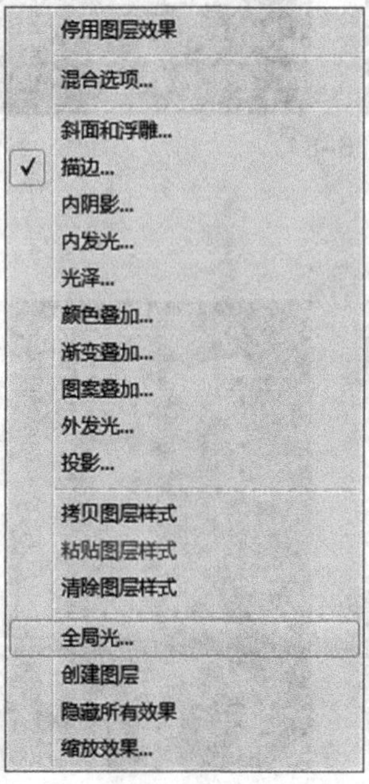

图 6-89

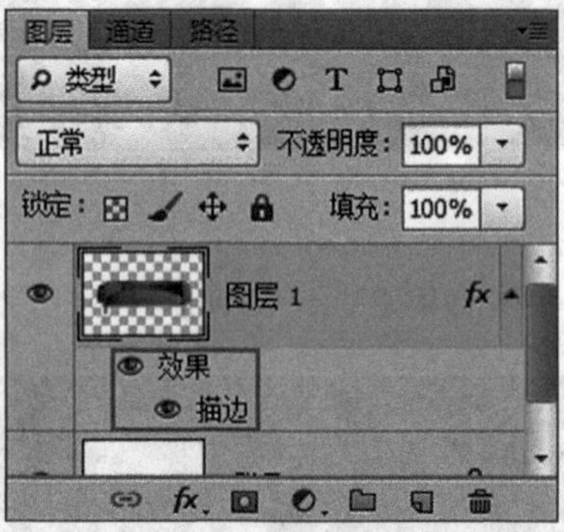

图 6-90

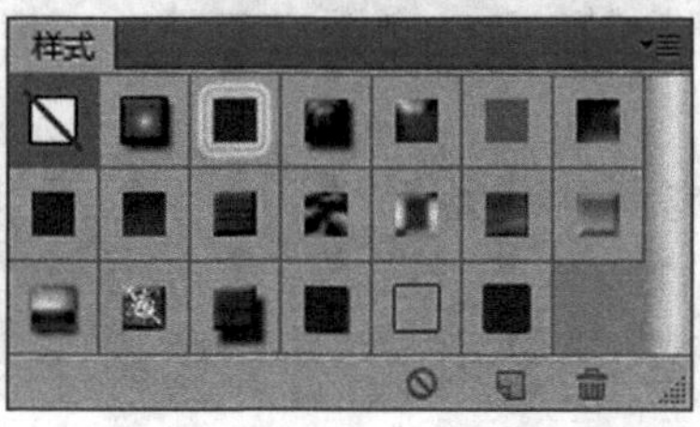

图 6-91

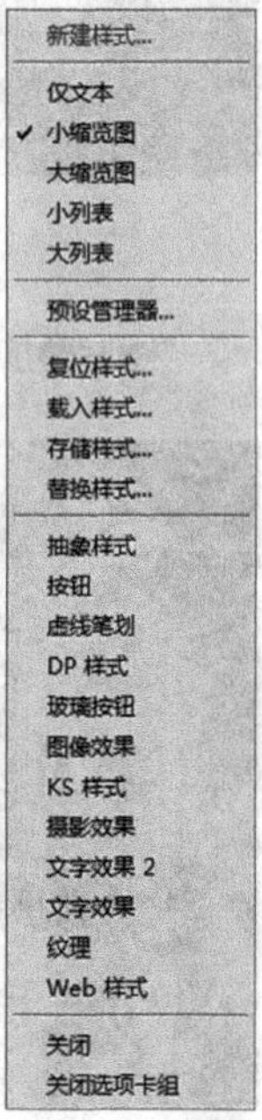

图 6-92

几种默认的样式效果分别如图 6-93 所示。

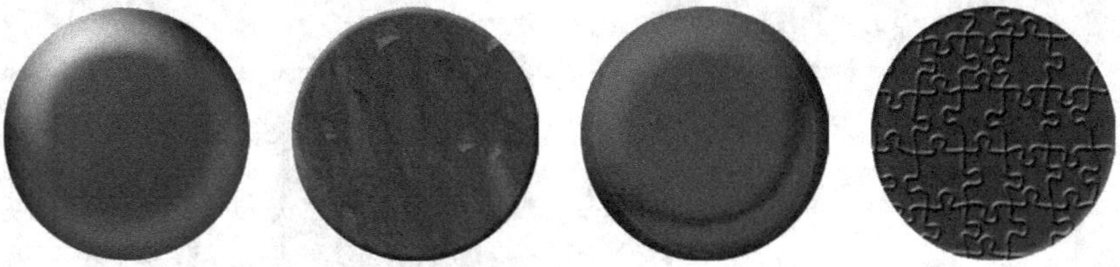

图 6-93

课后习题——给效果图添加氛围

素材位置	素材文件 >CH06>04.jpg、05.jpg	扫码观看视频！
实例位置	实例文件 >CH06> 给效果图添加氛围 .psd	
学习目标	练习混合模式及图层操作添加氛围	

课后习题——更换墙面颜色

素材位置	素材文件 >CH06>06.jpg	扫码观看视频！
实例位置	实例文件 >CH06> 更换墙面颜色 .psd	
学习目标	练习用图层样式更换材质	

第 7 章

效果图的通道和蒙版应用

本章主要讲解效果图的蒙版和通道的应用方法。通过本章的学习，可以掌握图层蒙版、剪贴蒙版、快速蒙版和 Alpha 通道的使用方法与应用技巧。

本章学习要点：

- 掌握图层蒙版的使用方法
- 掌握剪贴蒙版的使用方法
- 掌握快速蒙版的使用方法
- 掌握 Alpha 通道的使用方法

7.1 蒙版

蒙版可以控制显示或者隐藏图像内容，使用蒙版可以将图层中不同区域隐藏或者显示。此外，通过蒙版可以制作出各种特殊效果。

Photoshop 中有 4 种蒙版方式，分别是图层蒙版、矢量蒙版、剪贴蒙版和快速蒙版。

7.1.1 图层蒙版

图层蒙版是一种灰度图像，其效果与分辨率相关。蒙版中的黑色区域代表完全透明，白色代表完全不透明，灰色代表半透明，灰度越高，透明度也越高。在蒙版中绘制黑白灰即可得到相应的效果。

单击图层面板下的“添加蒙版”按钮，可以为当前图层添加蒙版，如图 7-1 所示。

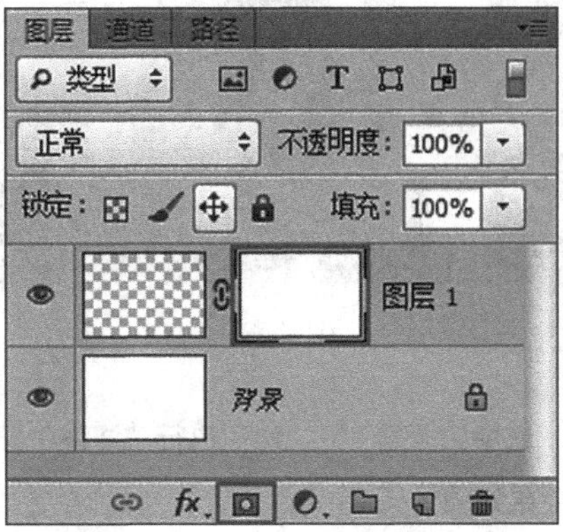

图 7-1

Tips

工具箱中的前景色和背景色不论之前是什么颜色，当添加图层蒙版之后，前景色和背景色就只有黑、白两色。

执行“图层 > 图层蒙版 > 显示全部 / 隐藏全部”菜单命令，也可以为当前图层添加图层蒙版。“显示全部”是为当前图层添加白色蒙版，“隐藏全部”是为当前图层添加黑色蒙版。

课堂案例：用图层蒙版制作景深

素材位置	素材文件 >CH07>01.jpg	扫码观看视频！
实例位置	实例文件 >CH07> 用图层蒙版制作景深 .psd	
学习目标	学习图层蒙版的使用方法	

（1）打开本书学习资源“素材文件 >CH07>01.jpg”文件，如图 7-2 所示。

（2）按组合键 Ctrl + J 复制出“图层 1”，如图 7-3 所示。

图 7-2

图 7-3

（3）选中“图层 1”，然后执行“滤镜 > 模糊 > 高斯模糊”菜单命令，接着在弹出的窗口设置参数如图 7-4 所示，效果如图 7-5 所示。

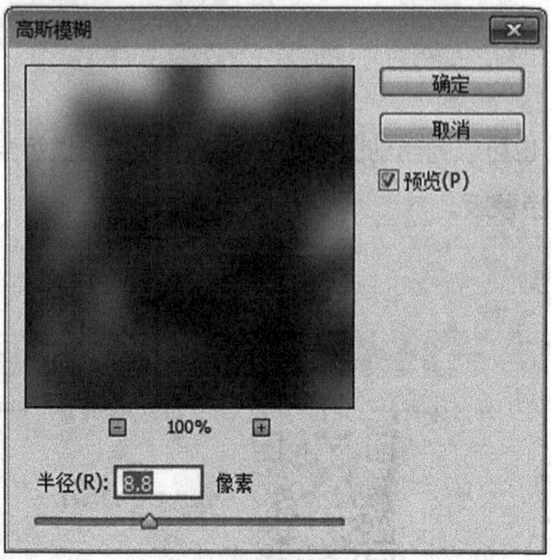

图 7-4

图 7-5

（4）选中“背景”图层。然后按组合键 Ctrl + J 复制出“背景　副本”图层，接着置于“图层 1”的上方，如图 7-6 所示。

图 7-6

（5）选中“背景副本”图层，然后单击下方的“添加蒙版”按钮，如图 7-7 所示。

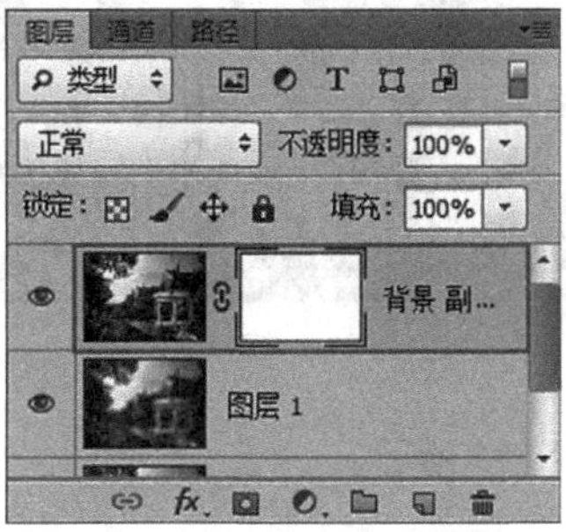

图 7-7

（6）选择“画笔”工具，然后将“前景色”设置为黑色、“画笔大小”设置为 70，接着在建筑远处部分涂抹，图片最终效果如图 7-8 所示。

图 7-8

Tips

在涂抹时，不小心把黑色部分涂抹到建筑物上，可以将“前景色”改为白色，再次涂抹即可复原。

7.1.2　矢量蒙版

“矢量蒙版”是依靠路径图形来定义图层中图像显示的区域。另外，使用矢量蒙版创建图层之后，还可以给该图层应用一个或多个图层样式，并且可以编辑这些图层样式。

创建矢量蒙版的方法与创建图层蒙版的方法基本相同，只是矢量蒙版使图层隐藏是依靠路径图形来定义图像的显示区域。创建矢量蒙版是使用“钢笔”工具组或“多边形”工具组队路径进行编辑。

矢量蒙版图层只有在栅格化处理后，才能对蒙版进行处理。

7.1.3　剪贴蒙版

剪贴蒙版，是通过使用处于下方图层的形状来限制上方图层的显示状态，达到一种剪贴画的效果。

执行“图层 > 创建剪贴蒙版”菜单命令，或按组合键 Alt + Ctrl + G，创建剪贴蒙版；也可以按住 Alt 键，在两图层中间出现向下箭头图标后单击左键，建立剪贴蒙版，上方图层缩略图会缩进，并且带有一个向下的箭头，如图 7-9 所示。

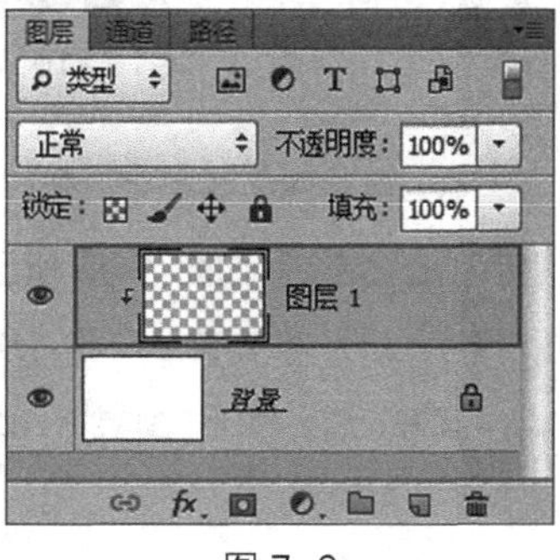

图 7-9

创建了剪贴蒙版以后，当不再需要时，执行“图层 > 释放剪贴蒙版”菜单命令，或按组合键 Shift + Ctrl + G。

Tips

剪贴蒙版是建筑设计中是经常用到的命令，尤其是替换材质非常方便，需要熟练掌握。

课堂案例：用剪贴蒙版替换材质

素材位置	素材文件 >CH07>02.jpg、03.jpg	扫码观看视频！
实例位置	实例文件 >CH07> 用剪贴蒙版替换材质 .psd	
学习目标	学习剪贴蒙版的使用方法	

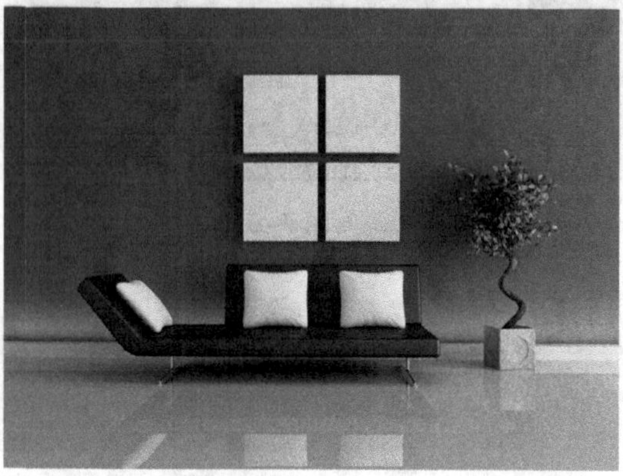

（1）打开本书学习资源“素材文件 >CH07>02.jpg”文件，如图 7-10 所示。

（2）使用“多边形套索工具”，勾选出地面瓷砖的选区，如图 7-11 所示。

图 7-10

图 7-11

（3）保持选中的部分，然后按组合键 Ctrl + J 复制出“图层 1”，如图 7-12 所示。

（4）打开本书学习资源“素材文件 >CH07>03.jpg”文件，然后置于“图层 1”上方，如图 7-13 所示。

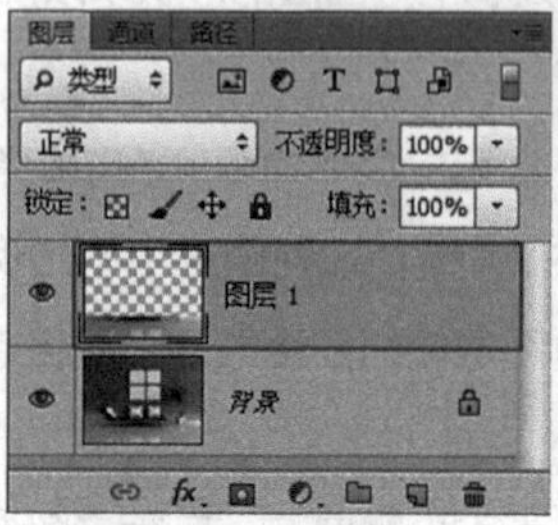

图 7-12

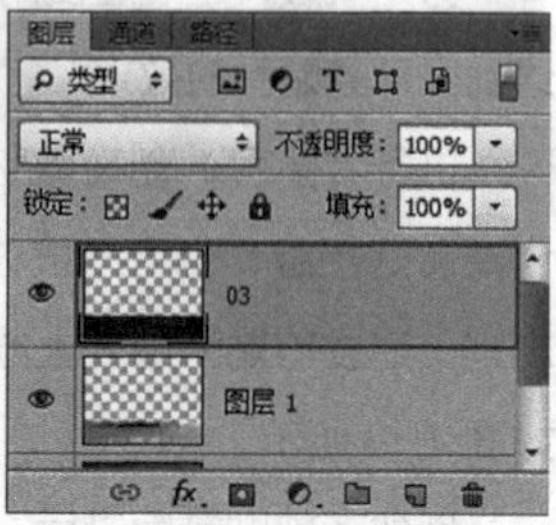

图 7-13

（5）按住 Alt 键，然后将光标移动到图层 03 和“图层 1”之间，当光标变成向下箭头时，单击鼠标，接着调整地板的透视，再设置图层 03 的混合模式为“正片叠底”，最后设置图层 03 的“不透明度”为 90%，如图 7-14 所示，最终效果如图 7-15 所示。

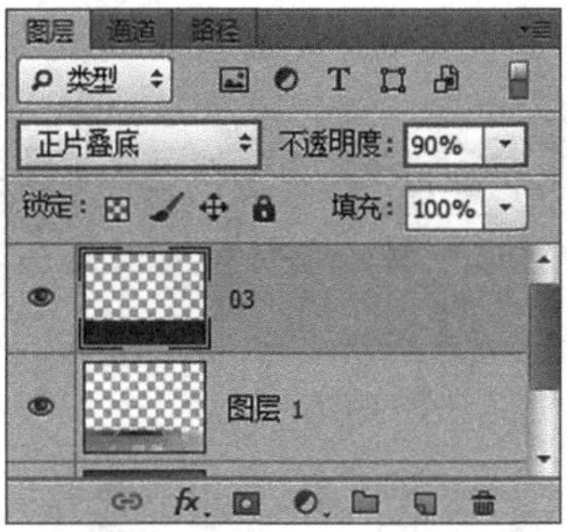

图 7-14

图 7-15

7.1.4　快速蒙版

“快速蒙版”是一个创建、编辑选区的临时环境，可以用于快速创建选区。快速蒙版不能保存所创建的选区，如果要永久保存选区的话，必须将选区储存为 Alpha 通道。

单击“工具栏”下方的“以快速蒙版模式编辑”按钮，或按 Q 键，便可创建快速蒙版。

默认情况下，快速蒙版受保护的区域为红色，不透明度为 50%，这些设置是可以更改的。双击“以快速蒙版模式编辑”按钮，会弹出“快速蒙版选项”对话框，如图 7-16 所示。在此对话框中，可以设置蒙版的颜色、不透明度和蒙版区域及所选区域等参数。

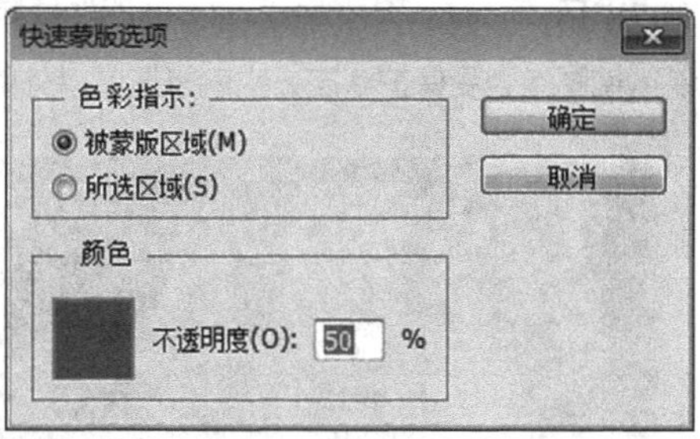

图 7-16

课堂案例：用快速蒙版替换天空

素材位置	素材文件 >CH07>04.jpg、05.jpg	扫码观看视频！
实例位置	实例文件 >CH07> 用快速蒙版替换天空 .psd	
学习目标	学习快速蒙版的使用方法	

（1）打开本书学习资源“素材文件 >CH07>04.jpg”文件，如图 7–17 所示。然后打开本书学习资源“素材文件 >CH07>05.jpg”文件，并将 05.jpg 文件置于 04.jpg 文件上方，如图 7–18 所示。

图 7–17

图 7–18

（2）单击工具箱底部的“以快速蒙版模式编辑”按钮，进入快速蒙版模式的编辑状态。将“前景色”设置为黑色，并将“图层 1”的“不透明度”设置为 50%，然后用“画笔”工具在“图层 1”建筑之外的天空上涂抹，如图 7–19 所示。此时涂抹的颜色显示为红色，该区域图像为受保护状态，也就是选区以外的区域。

Tips

用画笔工具涂抹天空部分时，若不小心涂抹到建筑，将画笔的前景色设置为白色，再次涂抹便可擦除。

（3）单击“以标准模式编辑”按钮，此时出现浮动选区，如图 7–20 所示。可以观察到，图中涂抹区域为选区以外区域。

图 7–19

图 7–20

（4）按 Delete 键删除选区以内的区域，然后取消选区，效果如图 7–21 所示。

（5）设置“图层 1”的混合模式为“柔光”，然后设置“不透明度”为 90%，如图 7–22 所示，图片最终效果如图 7–23 所示。

图 7–21

图 7-22

图 7-23

7.2　通道

通道是 Photoshop 的一个很重要的概念，通俗来说，就是用来保存颜色信息和选区的载体。通道可以选择一些较为复杂的物体并保存选区，此外还可以管理各种单色通道并对单色通道进行调整。

Photoshop 中包含 4 种类型的通道，分别为“颜色通道”“Alpha 通道”“专色通道”和“临时通道”。

7.2.1　颜色通道

在 Photoshop 中颜色通道十分重要，颜色通道可以保存和管理图像中的颜色信息，每幅图像都有自己单独一套颜色通道，在打开新图像时会自动创建。图像颜色模式决定创建颜色通道的数目和类型。

单击“通道”面板中任意一个通道，可以选中该通道，此时被选择的通道变为蓝色，成为当前通道。如果单击 RGB 通道，则除了 RGB 通道外，其余的红、绿、蓝各个通道会被同时选中。按住 Shift 键，可以同时选中多个通道。

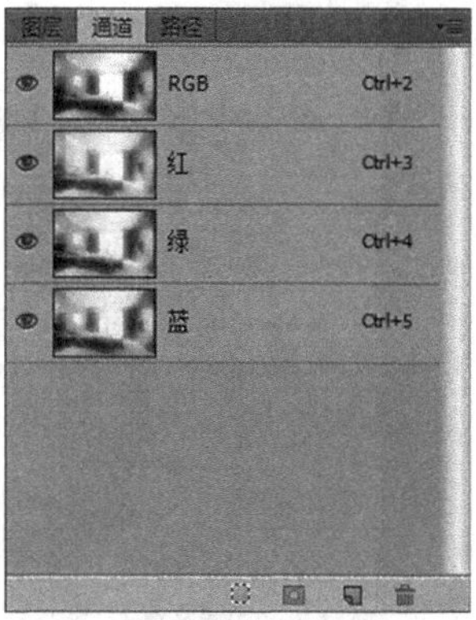

图 7-24

“通道”面板如图 7-24 所示。

- “眼睛”按钮：可以显示或隐藏图标。
- “将通道作为选区载入”按钮：可以将所选通道内的选择区域载入图像窗口。
- “将选区存储为通道”按钮：将选择区域保存到 Alpha 通道内。
- “创建新通道”按钮：可以新建一个 Alpha 通道。
- “删除”按钮：删除所选择的通道。

7.2.2　Alpha 通道

Alpha 通道用来储存和编辑选择区域，在后期处理中经常用到 Alpha 通道来创建选择区域和保存区域。

Alpha 通道除了可以快速制作外景，还可以建立选区保存并反复使用，也可以配合利用黑白渐变制作一些渐隐效果。

课堂案例：用 Alpha 通道添加外景

素材位置	素材文件 >CH07>06.tga、07.jpg	扫码观看视频！
实例位置	实例文件 >CH07> 用 Alpha 通道添加外景 .psd	
学习目标	学习 Alpha 通道的使用方法	

（1）在 Photoshop 中打开本书学习资源“素材文件 >CH07>06.tga”文件，如图 7-25 所示。

图 7-25

（2）切换到“通道”面板，可以看到自动带了一个 Alpha1 通道，如图 7-26 所示，单击该通道，显示窗口，如图 7-27 所示。

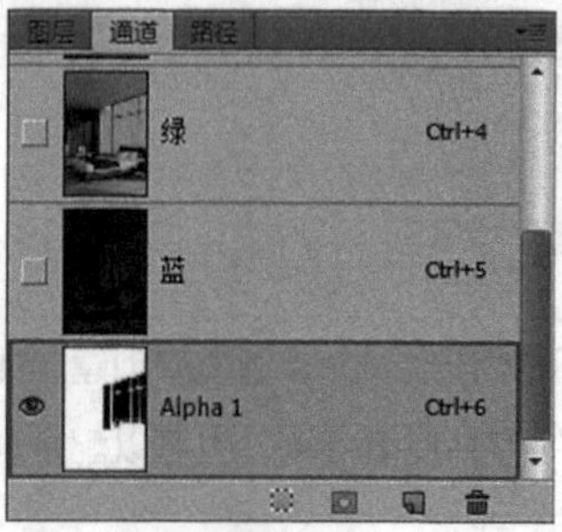

图 7-26

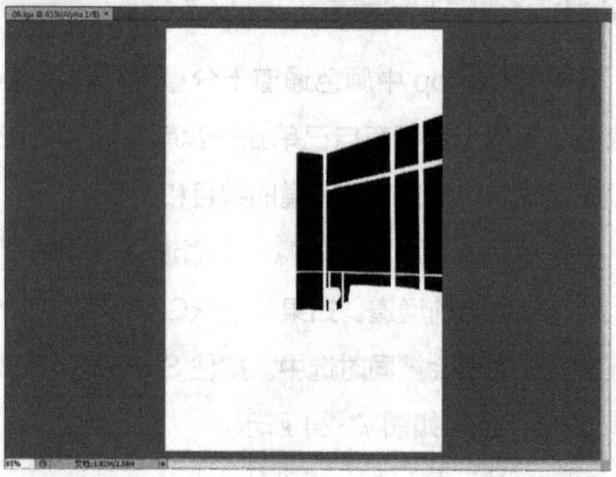

图 7-27

（3）按住 Ctrl 键，单击 Alpha1 通道，载入选区，如图 7-28 所示。

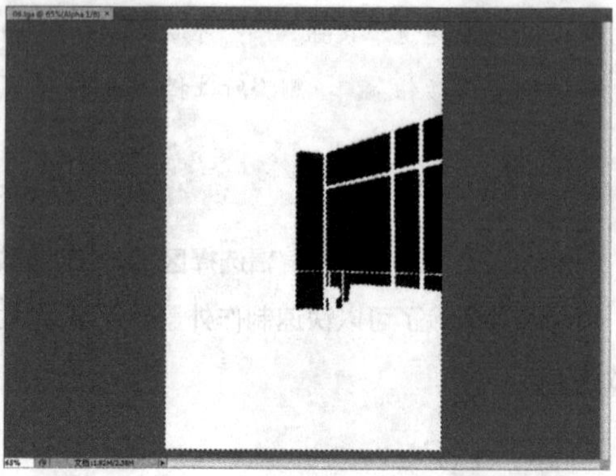

图 7-28

（4）单击 RGB 通道，回到“图层”面板，然后双击“背景”图层解锁，此时“背景”图层变为“图层 0”，如图 7-29 所示，图片效果如图 7-30 所示。

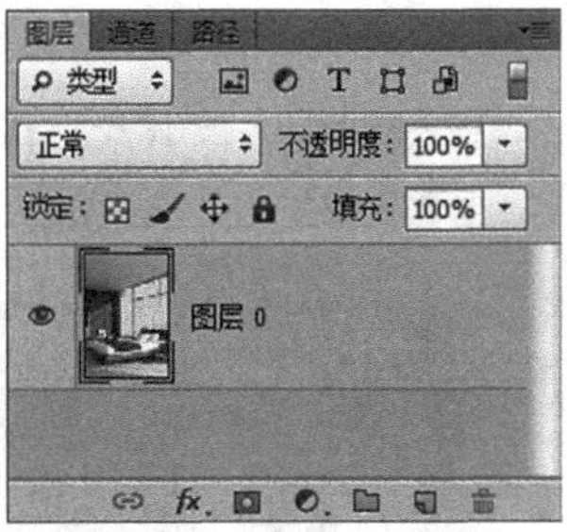

图 7-29

图 7-30

（5）按组合键 Ctrl + Shift + I 反选，然后删除窗外背景，接着按组合键 Ctrl + D 取消选区，如图 7-31 所示。

（6）将本书学习资源中“素材文件 >CH07>07.jpg”文件载入 Photoshop 中，并调整好其位置，如图 7-32 所示。

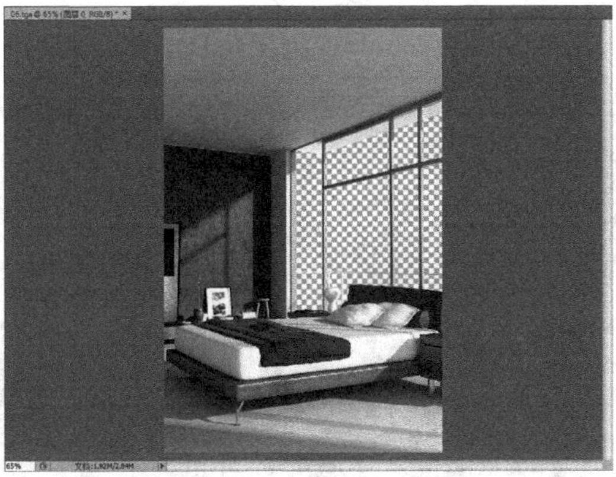
图 7-31

图 7-32

（7）在图层面板选中图层 07，然后单击鼠标右键，在弹出的菜单中选择“栅格化图层”选项，接着选中“图层 0”，并切换到“通道”面板，再按住 Ctrl 键单击 Alpha1 通道，载入选区，最后回到“图层”面板，效果如图 7-33 所示。

（8）选中图层 07，然后按 Delete 键删除，此时外景便添加在窗户外，如图 7-34 所示。

图 7-33

图 7-34

（9）选中图层 07，然后单击“创建新的填充或调整图层”按钮 ，接着选择“色阶”选项，参数设置如图 7-35 所示，图片效果如图 7-36 所示。

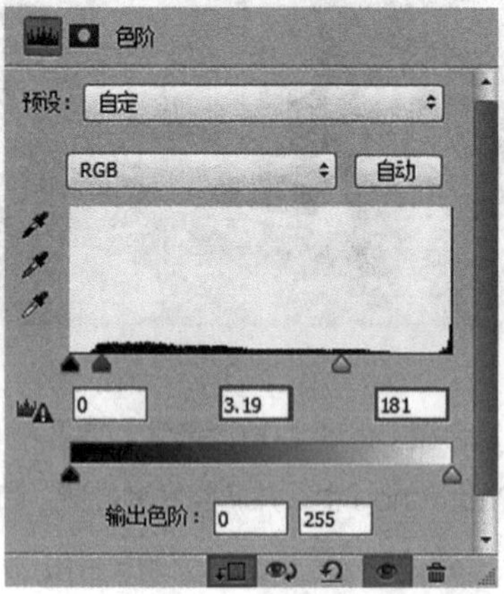

图 7-35

（10）继续选中图层 07，然后单击“创建新的填充或调整图层”按钮 ，接着选择“色相 / 饱和度”选项，参数设置如图 7-37 所示，图片效果如图 7-38 所示。

图 7-36

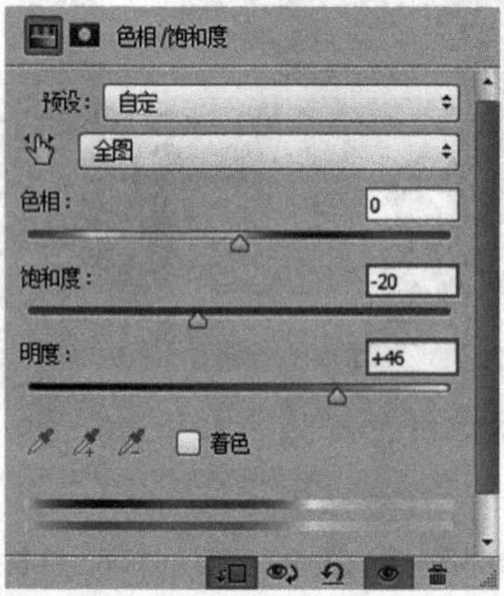

图 7-37

图 7-38

Tips

在效果图后期制作中，需要注意外景与室内的曝光效果有所不同。日景的外景曝光会远远大于室内，呈现曝白状态；而夜景的外景曝光会小于室内，呈现曝光不足。这样制作出来的效果图才更接近于真实效果。

7.2.3 专色通道

专色通道，主要运用于印刷行业，是用于一些特殊的技术工艺，如烫金、烫银和凹凸效果，采用通道进行标明。对于建筑及室内效果图而言，用处较小。这里不进行详细说明。

7.2.4 临时通道

临时通道，是一种临时存在的通道，只是暂时记录一些临时的信息。比如，在选择一个带有图层蒙版的图层时，就会在通道中出现一个对应的临时通道。当选择其他没有带图层蒙版的图层时，该通道会自动消失。此外，在使用快速蒙版时，也会同样产生一个相对应的临时通道，当退出快速蒙版时，该临时通道也会自动消失。

7.2.5　应用图像与计算

“通道”面板中没有混合模式命令，如果需要将各个通道像图层一样采用混合模式，就必须使用“计算”和“应用图像”命令。使用这两个命令要求两个打开的文件必须是同样的像素。

“计算”和“应用图像”命令都可以混合通道，但是两者之间还是有所区别。“计算”命令可以从两个独立的通道中创建新的通道，而“应用图像”命令只能改变现有通道，不能创建新通道。如果图像中有选区，则选区会限制应用图像的范围，但是计算则不受选区影响。

课后习题——用 Alpha 通道更换天空

素材位置	素材文件 >CH07>08.tga、09.jpg	扫码观看视频！
实例位置	实例文件 >CH07> 用 Alpha 通道更换天空 .psd	
学习目标	练习用 Alpha 通道更换天空	

课后习题——用剪贴蒙版更换材质

素材位置	素材文件 >CH07>10.jpg、11.jpg	扫码观看视频！
实例位置	实例文件 >CH07> 用剪贴蒙版更换材质 .psd	
学习目标	练习用剪贴蒙版更换材质	

第 8 章

效果图的滤镜应用

本章主要讲解效果图的滤镜应用方法。通过本章学习，可以掌握效果图修改中常用滤镜的作用，以及其他滤镜的基本作用。

本章学习要点：

- 掌握常用滤镜的使用方法
- 掌握各个滤镜组的使用方法
- 了解外挂滤镜安装方法

8.1 给效果图添加滤镜

Photoshop 内置的滤镜种类很多，但是在效果图制作中能够用到的不多。本章将重点讲解几种在效果图中常用的滤镜，其余只做简要介绍。

8.1.1 滤镜库

“滤镜库”将 Photoshop 中提供的部分滤镜整合在一起，通过单击相应的滤镜命令图标，可以在对话框的“预览”窗口中查看图像应用该滤镜后的效果。使用“滤镜库”可以同时使用不同的滤镜，也可以多次应用单个滤镜。

- 画笔描边：“画笔描边”滤镜组中包含“成角的线条”“墨水轮廓”“喷溅”“喷色描边”“强化的边缘”“深色线条”“烟灰墨”和“阴影线”共 8 种滤镜效果。这些滤镜主要采用不同的画笔和油墨笔触效果重新描绘图像，可以得到具有绘画感觉的画面效果。此外，有些滤镜还可以创建出点状化效果。效果如图 8-1 所示。

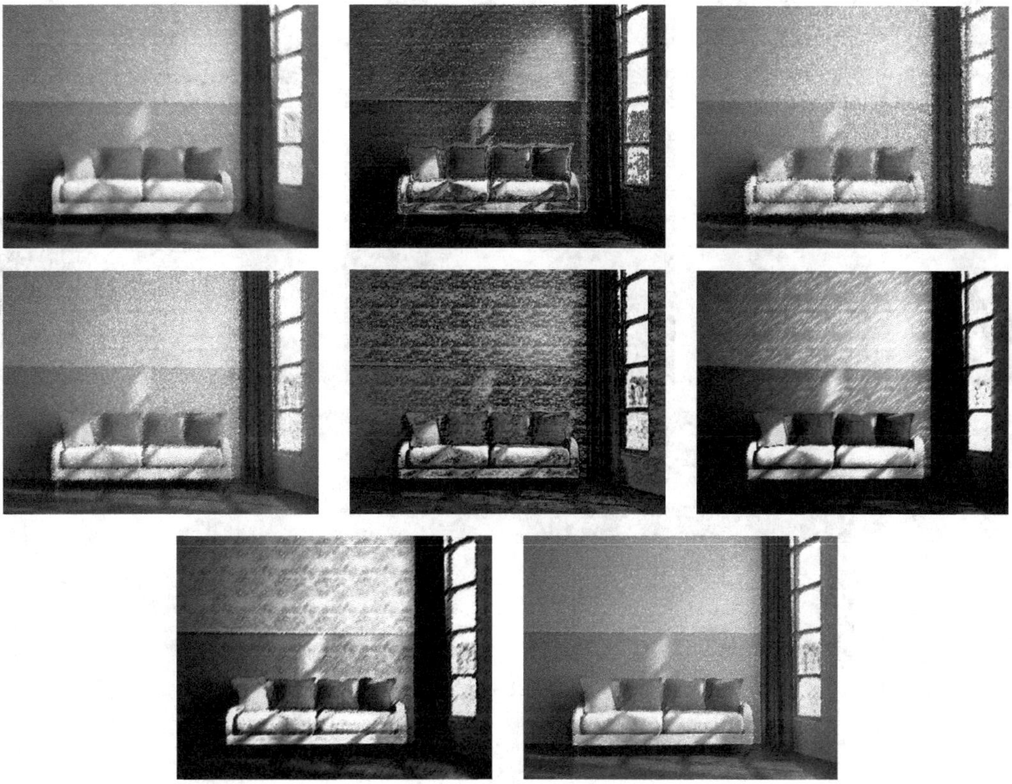

图 8-1

● 素描滤镜组："素描"滤镜组的大多数滤镜使用前景色和背景色将原图色彩置换，可以创建出炭笔、粉笔等素描化效果。"素描"滤镜组包括了"半调图案""便条纸""粉笔和炭笔""铬黄渐变""绘图笔""基底凸现""石膏效果""水彩画纸""撕边""炭笔""炭精笔""图章""网状"和"影印"14 个滤镜命令，各种滤镜效果如图 8-2 所示。

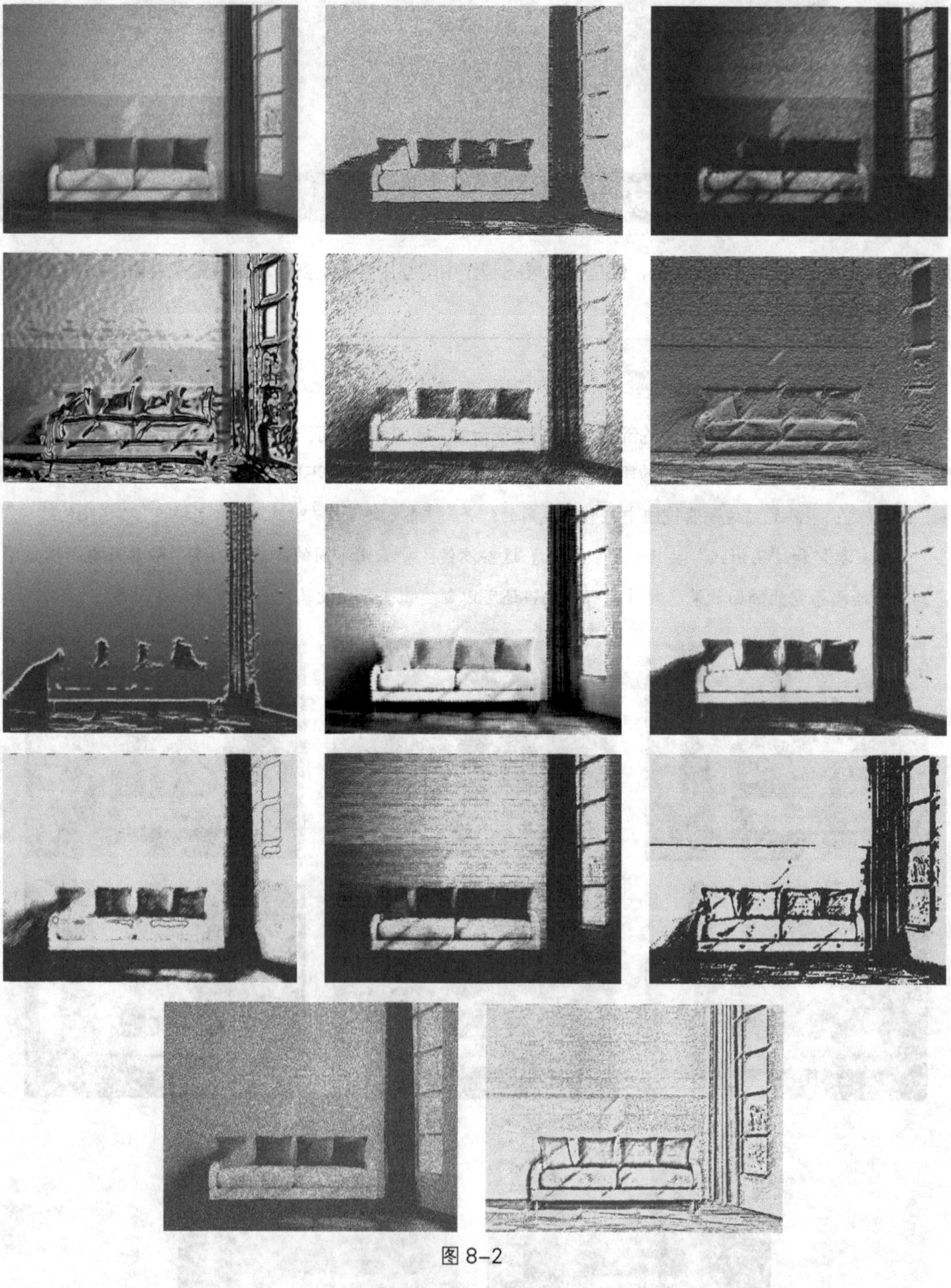

图 8-2

● 纹理滤镜组:"纹理"滤镜组中的滤镜,可以使图像生成各种纹理效果,包括"龟裂纹""颗粒""马赛克拼贴""拼缀图""染色玻璃"和"纹理化"6 种滤镜,各种滤镜效果如图 8-3 所示。

图 8-3

● 艺术效果滤镜组:"艺术效果"滤镜组,可以将图片制作成各种绘画效果和艺术效果,主要包括"壁画""彩色铅笔""粗糙蜡笔""底纹效果""调色刀""干画笔""海报边缘""海绵""绘画抹布""胶片颗粒""木刻""霓虹灯光""水彩""塑料包装"和"涂抹棒"共 15 种效果,各种滤镜效果如图 8-4 所示。

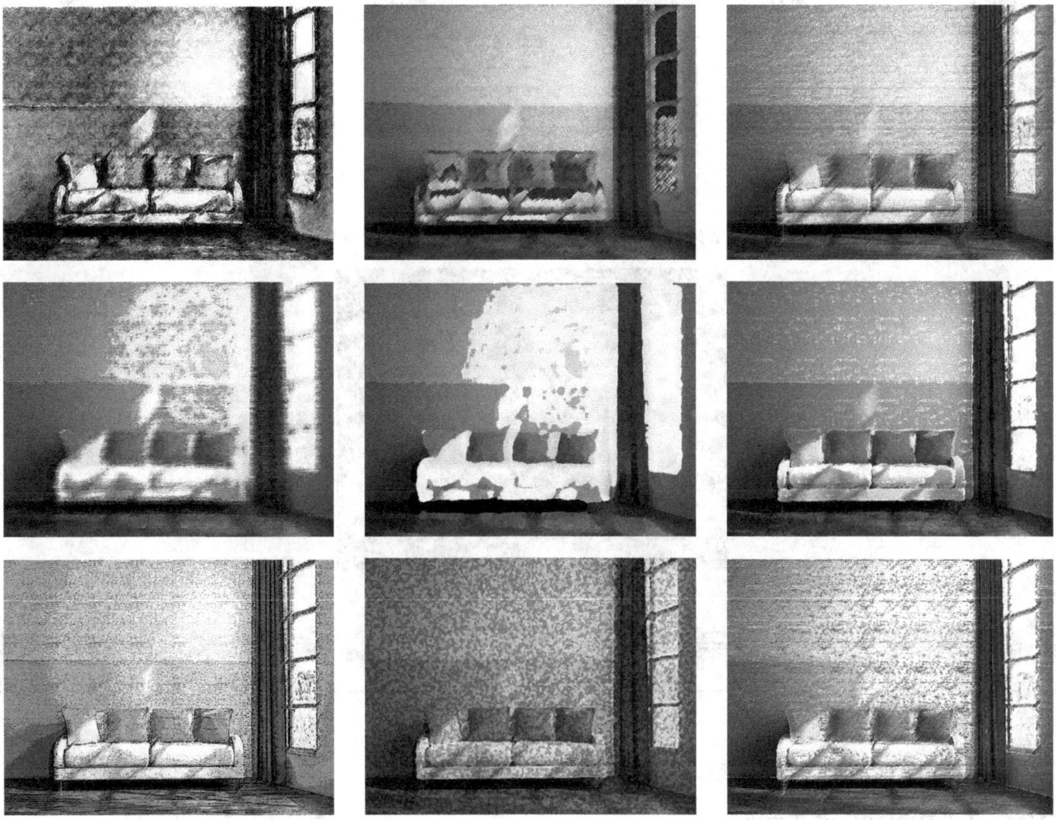

图 8-4

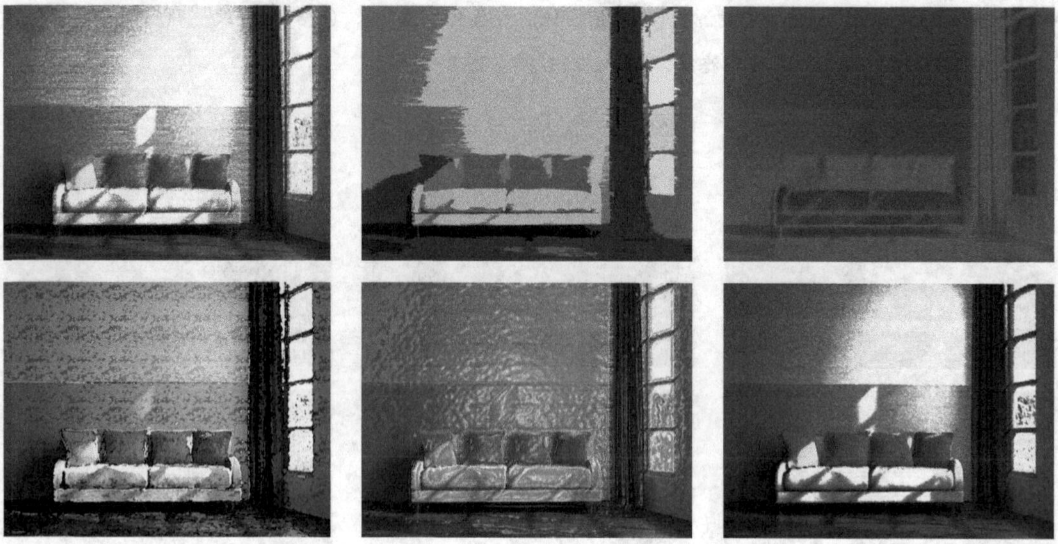

图 8-4（续）

● 扭曲滤镜组：“扭曲”滤镜组可以将图片制作成各种带扭曲的效果，包括“玻璃”“海洋波纹”和“扩散亮光”3种效果，分别如图 8-5 所示。

图 8-5

● 风格化滤镜组：“风格化”滤镜组只包含“照亮边缘”1 种效果，如图 8-6 所示。

图 8-6

课堂案例：用滤镜库添加效果

素材位置	素材文件 >CH08>01.jpg	扫码观看视频！
实例位置	实例文件 >CH08> 用滤镜库添加效果 .psd	
学习目标	学习滤镜库的使用方法	

（1）打开本书学习资源“素材文件 >CH08>01.jpg”文件，如图 8-7 所示。

（2）执行“滤镜 > 滤镜库”菜单命令，然后打开“滤镜库”对话框，单击“画笔描边 > 成角的线条”命令，如图 8-8 所示。

图 8-7

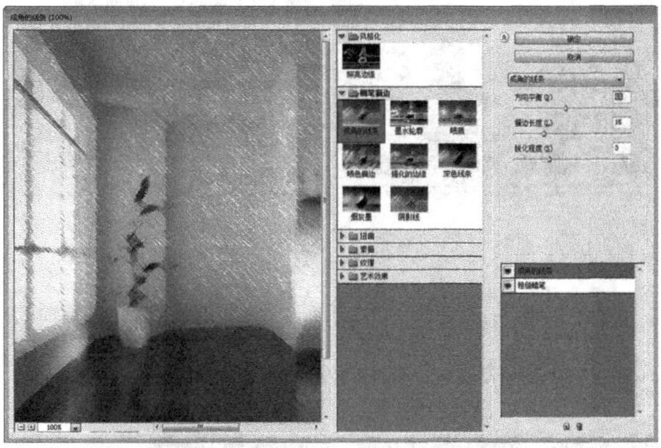

图 8-8

Tips

“滤镜库”对话框左侧为“预览”窗口，中间为滤镜类型，右侧为选择滤镜的选项参数和应用滤镜效果列表。

（3）在预览窗口上单击鼠标右键，然后在弹出的菜单中选择 25%，如图 8-9 所示。可以查看整个预览效果，如图 8-10 所示。

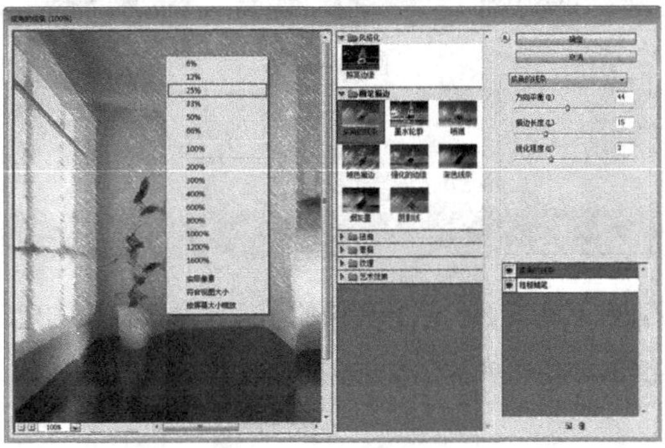

图 8-9

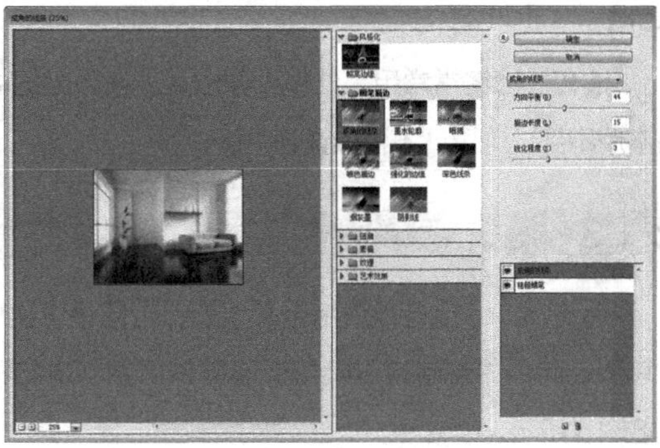

图 8-10

Tips

除了在菜单中选择缩放比例以外，还可以在预览窗口下方 25% 单击“+”放大显示，单击“–”缩小显示，也可以直接在“数值栏”输入数值确定大小。

（4）单击“新建效果图层”按钮，添加一个“滤镜”图层，然后单击“纹理 > 纹理化”命令，此时新建的“滤镜”图层自动变为纹理化，图片效果在原来成角的线条基础上又增加一个纹理化效果，如图 8-11 所示。

（5）再次单击“新建效果图层”按钮，添加一个“滤镜”图层，然后单击“素描 > 水彩画纸”命令，此时新建的“滤镜”图层自动变为水彩画纸，图片效果在原来的基础上又增加一个水彩画纸效果，如图 8-12 所示。

Tips

如果需要删除某个滤镜效果，可以将该滤镜图层直接拖到“删除”按钮即可。

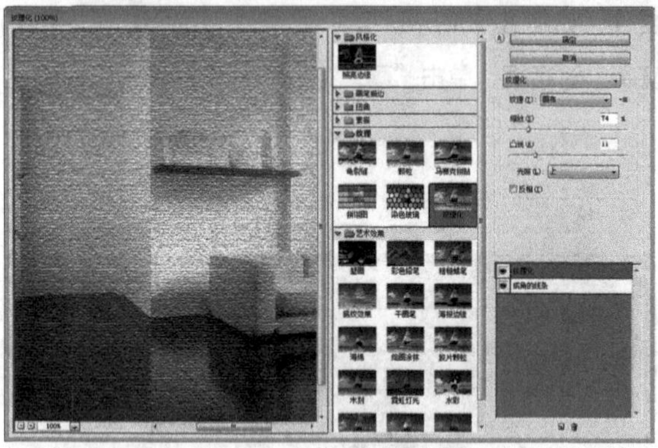

图 8-11

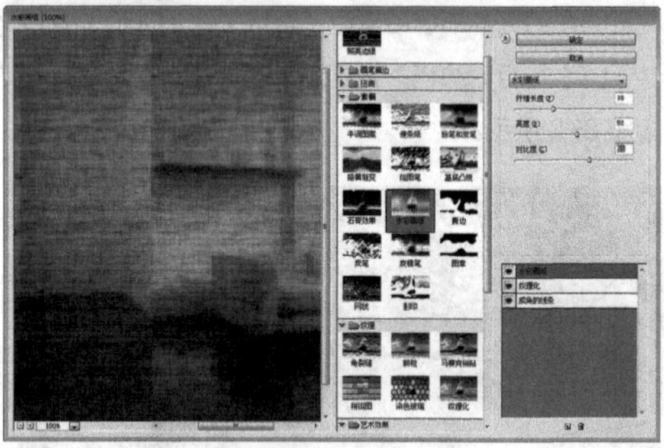

图 8-12

（6）单击“确定”按钮后，增加的 3 个滤镜效果如图 8-13 所示。

图 8-13

8.1.2 液化滤镜

“液化”滤镜可以将图像内容像液体一样产生扭曲变形，在“液化”滤镜对话框中使用相应的工具，可以采用推、拉、旋转等效果处理图像任意区域，从而使图像画面产生特殊的艺术效果。需要注意的是，“液化”滤镜在“索引颜色”“位图”和“多通道”模式下不可用。

“液化”滤镜常常用来处理人像图片，在效果图中基本用不到，这里就不再做详细讲解。

8.1.3 消失点滤镜

“消失点”滤镜可以根据透视原理，在图像中生成带有透视效果的图像，较为简单的创建出效果逼真的建筑物墙面。另外该滤镜可以根据透视原理对图像进行校正，是图像产生正确的透视变形效果，分别如图 8-14 和图 8-15 所示。

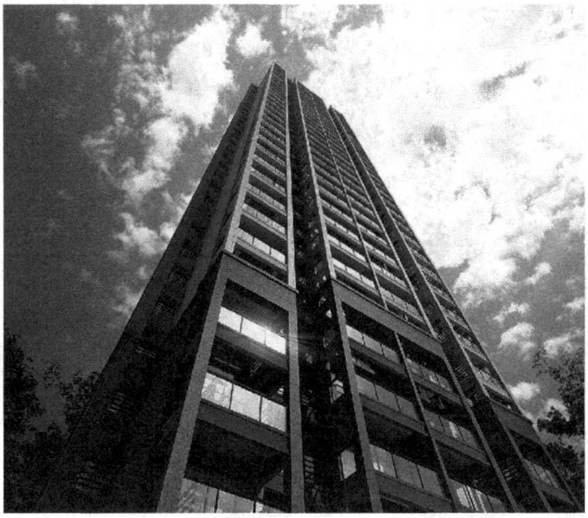

图 8–14

图 8–15

8.1.4　风格化滤镜组

“风格化”滤镜组共有 8 种滤镜命令，这些滤镜可以通过置换像素和增加像素对比度，是图像产生手绘或印象派绘画效果。这些滤镜应用较少，且效果非常直观，这里简单展示一下效果。

- 查找边缘：“查找边缘”滤镜，能自动搜索画面中对比强烈的边界，将高反差区变亮，低反差区变暗，同时将硬边变为线条，将柔边变粗，形成一个清晰的轮廓，如图 8–16 所示。

- 等高线：“等高线”滤镜，可以自动查找颜色通道，同时在主要亮度区域勾画线条，效果如图 8–17 所示。

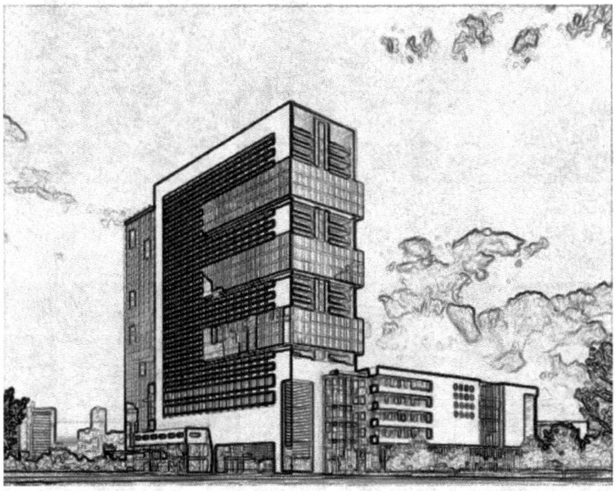

图 8–16

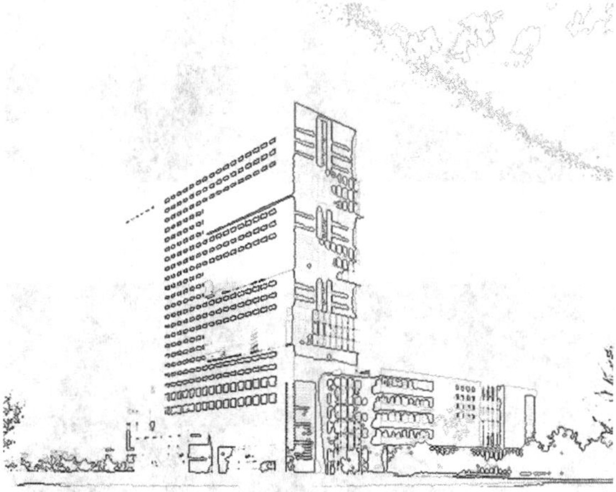

图 8–17

- 风：“风”滤镜，通过增加一些细小的水平线来模拟风吹效果，风吹方向主要有“向左吹”和“向右吹”两种。如果需要不同方向的风，要先将图像旋转到需要的方向，再应用风滤镜，效果如图 8–18 所示。

- 浮雕效果：“浮雕效果”滤镜，会自动勾画出图像轮廓，以及降低图像周边的色值来生成凹凸的浮雕效果，效果如图 8–19 所示。

图 8-18

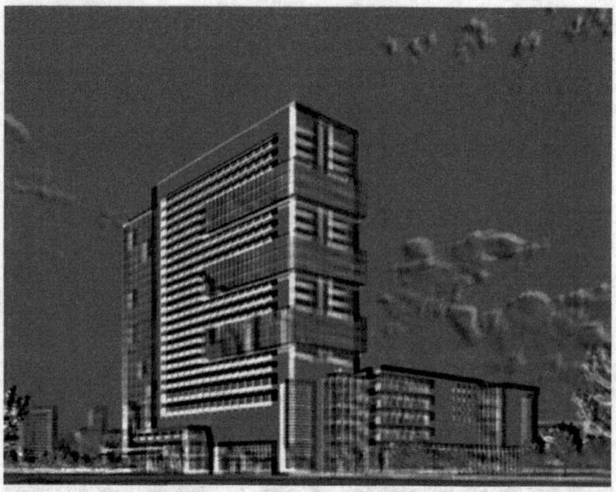

图 8-19

● 扩散：“扩散”滤镜，可以使图像扩散，形成一种分离模糊的效果。“扩散”滤镜模式为“正常”，像素将随机移动；为“变暗优先”，较暗的像素会替换亮的像素；为“变亮优先”，较亮的像素会替换暗的像素；为“各向异性”，则在颜色变化最小的方向上搅乱像素，如图 8-20~ 图 8-23 所示。

图 8-20

图 8-21

图 8-22

图 8-23

● 拼贴："拼贴"滤镜是根据设定的拼贴数值将图像分成块状，生成不规则的瓷砖效果，如图 8-24 所示。

图 8-24

● 曝光过度："曝光过度"滤镜是产生类似照片短暂曝光的负片效果，如图 8-25 所示。

图 8-25

● 凸出："凸出"滤镜可以产生特殊的三维效果。其类型为"块"时，可以创建一个方形的正面和四个侧面的对象；其类型为"金字塔"时，可以创建相交于一点的 4 个三角形侧面的对象，如图 8-26 和图 8-27 所示。

图 8-26

图 8-27

8.1.5　模糊镜组

"模糊"滤镜组中包括 14 种滤镜。这些滤镜可以使图像产生不同的模糊效果。在效果图修改中，常用到"高斯模糊""径向模糊"和"镜头模糊"等少数几种滤镜。"模糊"滤镜组使用较为简单，非常直观，在效果上也是大同小异，这里就不做详细说明。

● 表面模糊："表面模糊"滤镜，能够在保留图像边缘的同时模糊图像。该滤镜的"半径"决定了模糊取样区域的大小，"阈值"则控制模糊的范围，如图 8-28 所示。

● 动感模糊："动感模糊"滤镜可以沿着指定方向以指定的强度模糊图像，产生给移动的对象拍照的效果，在表现对象的速度感时经常会用到该滤镜，如图 8-29 所示。

图 8-28

图 8-29

● 方框模糊："方框模糊"滤镜是基于相邻像素的平均颜色来模糊图像，如图 8-30 所示。

● 高斯模糊："高斯模糊"滤镜是较为常用的模糊滤镜，可以使图像产生一种朦胧感，如图 8-31 所示。

图 8-30

图 8-31

● 进一步模糊："进一步模糊"滤镜是在图像明显颜色变化的地方消除杂色，其模糊效果比较强烈，如图 8-32 所示。

● 径向模糊："径向模糊"滤镜是模拟缩放和旋转的相机所产生的模糊现象。选择"旋转"，可以沿着同心圆环线模糊；选择"缩放"，可以沿径向线模糊，图像产生放射状模糊效果。选择"中心模糊"，可以单击点设置为模糊的原点，原点位置不同，模糊效果也不同，如图 8-33 和图 8-34 所示。

图 8-32

图 8-33

● 镜头模糊："镜头模糊"滤镜可以产生带有镜头景深效果的模糊效果，如图 8-35 所示。

图 8-34

图 8-35

● 模糊："模糊"滤镜能产生轻微的模糊效果，如图 8-36 所示。

● 平均："平均"滤镜是以图像的平均颜色填充图像，创建平滑的效果，如图 8-37 所示。

图 8-36

图 8-37

● 特殊模糊："特殊模糊"滤镜是通过设置"半径""阈值"和"模糊品质"等参数，精确定义模糊图像。"正常"模式，不会添加任何效果；"仅限边缘"则会以黑色显示图像，以白色描绘图像边缘；"叠加边缘"则以白色描绘图像边缘亮度值变化强烈的区域，如图 8-38~ 图 8-40 所示。

图 8-38

图 8-39

图 8-40

● 形状模糊："形状模糊"滤镜是使用指定的形状创建特殊的模糊效果，如图 8-41 所示。

● 场景模糊："场景模糊"滤镜是 Photoshop CS6 新加入的滤镜，可以制作出图像的景深效果。通过控制面板的"模糊"控制模糊的大小，移动图像上的控制点，可以控制模糊的位置，如图 8-42 所示。

图 8-41

图 8-42

● 光圈模糊："光圈模糊"滤镜是 Photoshop CS6 新加入的滤镜，同"场景模糊"一样，也可以制作出景深效果，在控制上，比"场景模糊"要简单，效果如图 8-43 所示。

● 倾斜偏移："倾斜偏移"滤镜是 Photoshop CS6 新加入的滤镜，这个滤镜是用来模拟移轴效果，效果如图 8-44 所示。

图 8-43

图 8-44

课堂案例：用场景模糊制作景深

素材位置	素材文件 >CH08>02.jpg	扫码观看视频！
实例位置	实例文件 >CH08> 用场景模糊制作景深 .psd	
学习目标	学习场景模糊的使用方法	

（1）打开本书学习资源“素材文件 >CH08>02.jpg”文件，如图 8-45 所示。

（2）执行“滤镜 > 模糊 > 场景模糊”菜单命令，然后在弹出的窗口中，从左到右依次为 15 像素、5 像素和 0 像素，如图 8-46 所示。

图 8-45

图 8-46

（3）单击“确定”按钮，退出对话框，最终效果如图 8-47 所示。

图 8-47

Tips

制作景深时需要注意物体的前后关系，以及模糊的强度值。

8.1.6　扭曲滤镜组

“扭曲”滤镜组可以将当前图层或者选区图形进行各种各样的扭曲变化，从而创建出类似于波纹、波浪等效果。“扭曲”滤镜组包含 9 种滤镜效果。

● 波浪：“波浪”滤镜可以在图像上产生类似波浪的效果。其“生成器数”用于控制产生波浪效果的震源总数；“波长”是指从一个波峰到下一个波峰的距离；“波幅”是指最大和最小的波浪幅度；“比例”用于控制水平和垂直方向的波动幅度，其效果如图 8-48 所示。

● 波纹：“波纹”滤镜与“波浪”滤镜的工作方式相同，单提供的选项较少，只能控制波纹的数量和大小，如图 8-49 所示。

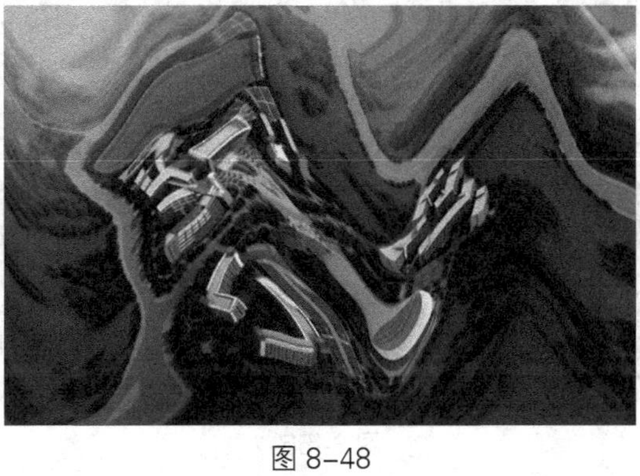

图 8-48

图 8-49

● 极坐标："极坐标"滤镜可以通过转换坐标的方式，创建一种图像变形效果，如图 8-50 所示。

● 挤压："挤压"滤镜可以得出一种挤压图像的效果，当"数值"为正值时，图像向内凹；当"数值"为负值时，图像向外凸，分别如图 8-51 和图 8-52 所示。

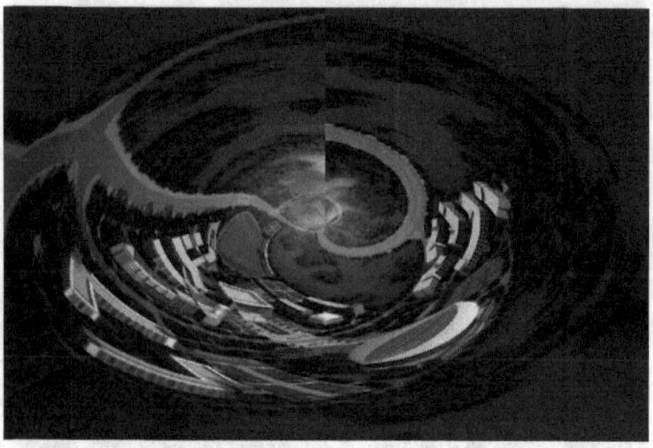

图 8-50

图 8-51

● 切边："切边"滤镜可以通过曲线控制来扭曲图像，在曲线上单击可以添加控制点，通过拖曳控制点改变曲线形状，即可改变图像扭曲，操作和调整中的曲线命令一样，效果如图 8-53 所示。

图 8-52

图 8-53

● 球面化："球面化"滤镜可以将画面扭曲成球形效果，如图 8-54 所示。

● 水波："水波"滤镜可以产生类似于水面涟漪的效果，如图 8-55 所示。

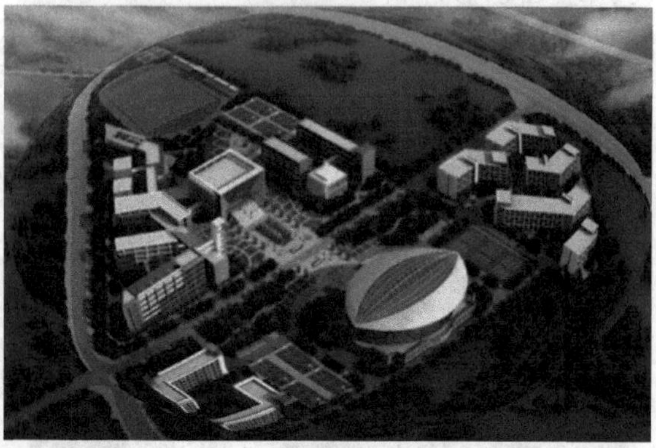

图 8-54

图 8-55

● 旋转扭曲：“旋转扭曲”滤镜可以使图像围绕图像中心进行旋转，当“角度”为正数时，沿顺时针方向旋转；当“角度”为负数时，沿逆时针方向旋转，分别如图 8–56 和图 8–57 所示。

图 8–56

图 8–57

● 置换：“置换”滤镜可以将一张图片的亮度值，按现有图像的像素重新排列并产生位移。置换时需要使用到 PSD 格式，如图 8–58 所示。

图 8–58

8.1.7 锐化滤镜组

“锐化”滤镜组包含 5 种滤镜，“锐化”滤镜组的各种滤镜，可以使图像产生不同程度的锐化，其中“USM 锐化”是最常用到的锐化滤镜，将重点讲解。

● USM 锐化：“USM 锐化”滤镜会查找图像颜色发生变化最显著的区域，然后将其锐化。在效果图的修改中，能够起到使画面变得精致的效果，如图 8–59 所示。

● 进一步锐化：“进一步锐化”滤镜是通过增加像素间的对比度使图像变得清晰，且锐化效果较为明显，如图 8–60 所示。

图 8–59

图 8–60

● 锐化：“锐化”滤镜在原理上和“进一步锐化”滤镜一样，但锐化效果不明显，如图 8–61 所示。

● 锐化边缘：“锐化边缘”滤镜，作用原理和“USM 锐化”滤镜一样，位移的区别就是“USM 锐化”滤镜可以提供调整的参数较多，更适用于复杂的效果制作，因此在修改效果中“USM 锐化”滤镜更为常用。“锐化边缘”滤镜，效果如图 8-62 所示。

图 8-61

图 8-62

- 智能锐化：“智能锐化”滤镜与“USM 锐化”滤镜比较相似，但它具有的参数控制更多，甚至可以控制高光和阴影区域中的锐化数值，效果如图 8-63 所示。

图 8-63

课堂案例：用 USM 锐化修饰图片

素材位置	素材文件 >CH08>03.jpg	扫码观看视频！
实例位置	实例文件 >CH08> 用 USM 锐化修饰图片 .psd	
学习目标	学习 USM 锐化的使用方法	

（1）打开本书学习资源“素材文件 >CH08>03.jpg”文件，如图 8-64 所示。

（2）执行“滤镜 > 锐化 >USM 锐化”菜单命令，然后在弹出的对话框中设置“数量”为 138%、“半径”为 144.2 像素、“阈值”为 124 色阶，如图 8-65 所示。

图 8-64

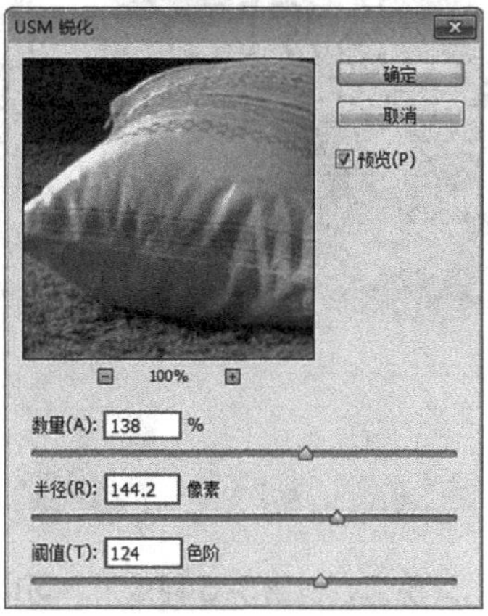

图 8-65

（3）单击“确定”按钮，图片最终效果如图 8-66 所示。

图 8-66

8.1.8 像素化滤镜组

“像素化”滤镜组中的滤镜，可以将图像中颜色相近的像素结成块来定义一个选区，可以创建出抽象派油画和版画的效果。像素化滤镜组包括“彩块化”“色彩半调”“点状化”“晶格化”“马赛克”“碎片”和“铜版雕刻”7 种效果，原图和效果如图 8-67 所示。

图 8-67

8.1.9 渲染滤镜组

“渲染”滤镜组，包含了 5 种效果，可以制作出云彩和各种光效果。

● 云彩、分层云彩：“云彩”滤镜可以生成云彩效果，其颜色由前景色和背景色决定。分层云彩则会将云彩数据与现有像素混合，如果多次采用“分层云彩”滤镜，可以得出类似大理石的纹理效果。

● 光照效果：光照效果可以产生十几种光照样式，创建出诸如射灯、泛光灯、手电筒等灯光效果，如图 8-68 所示。

图 8-67（续）

图 8-68

Tips

某些情况下，当我们需要执行“光照效果”滤镜时，发现菜单中这一选项是灰色，无法使用，如图 8-69 所示。

当出现这种情况，有两种解决办法。

第 1 种：执行“编辑 > 首选项 > 性能”菜单命令，然后在弹出的对话框中，勾选右下角的“使用图形处理器”选项。

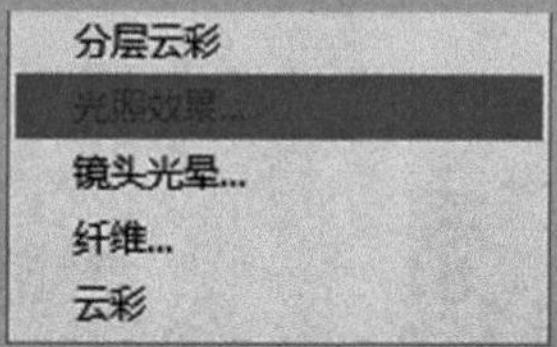

图 8-69

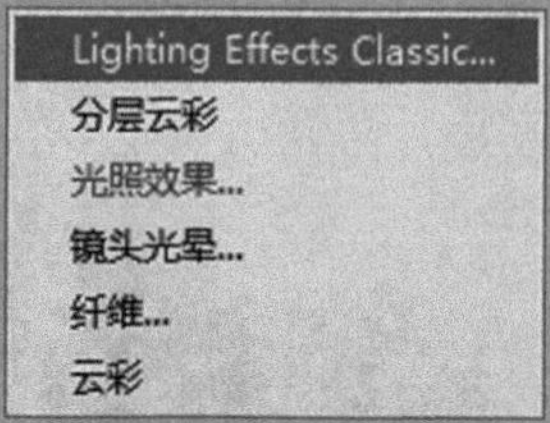

图 8-70

第 2 种：在网上下载 Lighting Effcts.8BF 文件，然后将其移动到 Photoshop CS6 安装目录下的 Plug-Ins>Filters 文件夹中，接着重启软件，再打开时，就会在菜单中看到一个 Lighting Effcts Clssic 选项，这就是安装后的“光照效果”滤镜，如图 8-70 所示。

● 纤维：“纤维”滤镜可以使用前景色和背景色创建编织纤维效果，如图 8-71 所示。

● 镜头光晕：“镜头光晕”滤镜可以模拟相机镜头产生的折射，多用于表现钻石、车灯等效果。

图 8-71

课堂案例：为图片添加镜头光晕

素材位置	素材文件 >CH08>04.jpg	扫码观看视频！
实例位置	实例文件 >CH08> 为图片添加镜头光晕 .psd	
学习目标	学习镜头光晕滤镜的使用方法	

（1）打开本书学习资源“素材文件 >CH08>04.jpg”文件，如图 8-72 所示。

（2）单击“创建新图层”工具，创建“图层 1”，如图 8-73 所示。

图 8-72

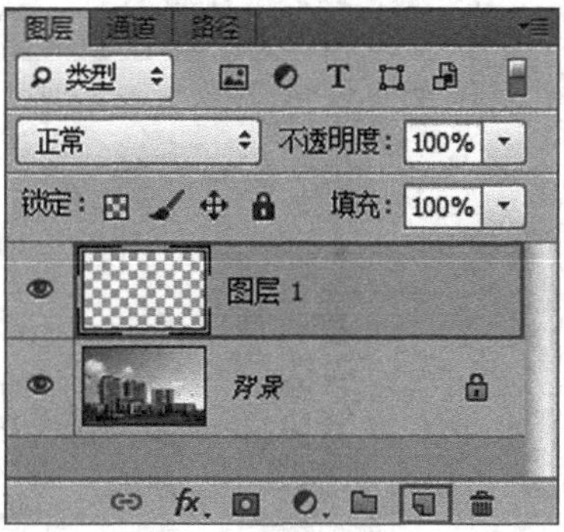

图 8-73

（3）选中“图层 1”，然后设置“前景色”为黑色，接着按组合键 Alt + Delete 填充“图层 1”，如图 8-74 所示。

图 8-74

（4）选中“图层 1”，然后执行“滤镜 > 渲染 > 镜头光晕”菜单命令，接着设置参数如图 8-75 所示。

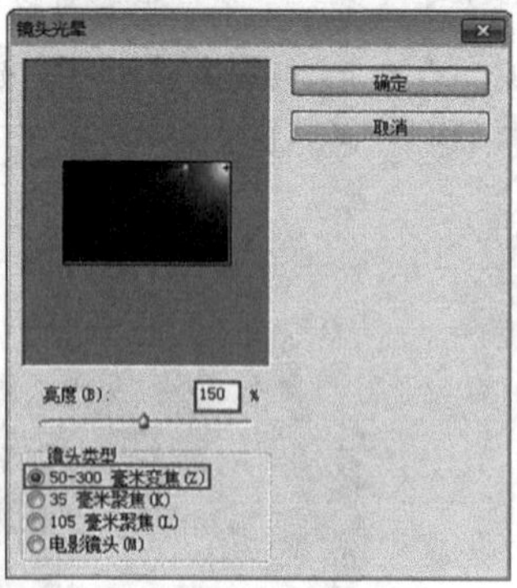

图 8-75

（5）单击“确定”按钮退出，效果如图 8-76 所示，然后设置“图层 1”的混合模式为“滤色”，效果如图 8-77 所示。

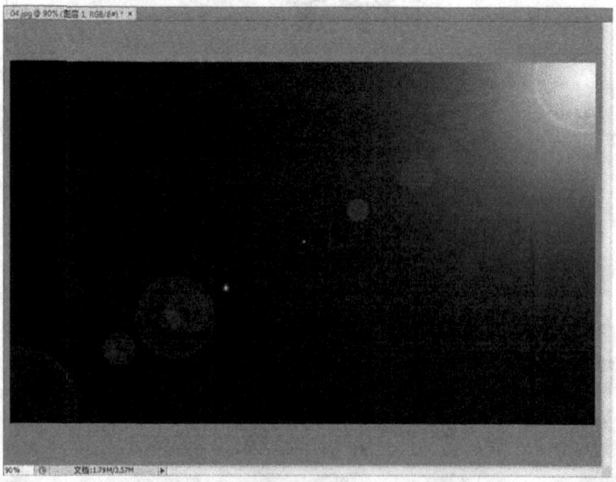

图 8-76

图 8-77

（6）选中“图层 1”，然后按组合键 Ctrl + J 复制两次，增加光晕效果，最终效果如图 8-78 所示。

图 8-78

Tips

若要精确定位“光晕中心”的位置，按住组合键 Ctrl + Alt，并在“光晕中心”预览框中单击，就会弹出“精确光晕中心”对话框，输入数值，便可以定位，如图 8-79 所示。

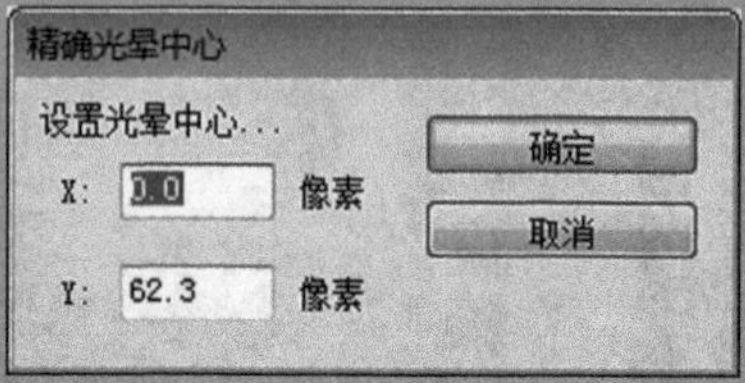

图 8-79

8.1.10　杂色滤镜组

“杂色”滤镜组中的滤镜，可以为图像添加或者去除杂色或者杂点，在一定程度上可以优化图像。此外，还可以通过蒙尘与划痕，在一定程度上去除扫描仪扫描图片中的灰尘和划痕。“杂色”滤镜组中的滤镜，如图 8-80 所示。

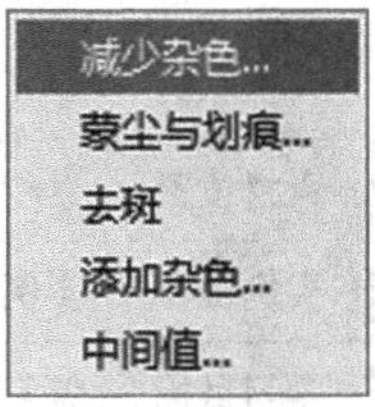

图 8-80

8.1.11　其他滤镜组

“其他”滤镜组中的滤镜，可以改变图像像素的排列，也可以在图像中使图像发生位移和快速调整颜色。“其他”滤镜组中的滤镜，如图 8-81 所示。

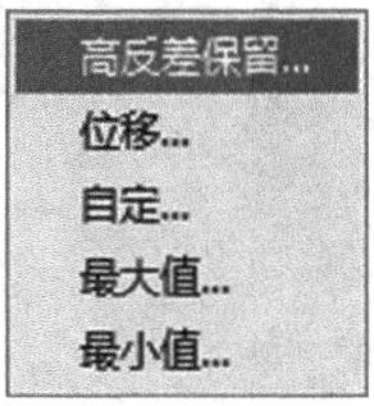

图 8-81

8.2　效果图的外挂滤镜

上文中所讲的都是 Photoshop 软件自带的滤镜，此外，Photoshop 还有数量众多的外挂滤镜。这些外挂滤镜由公司或个人开发，可以在 Photoshop 上使用。除了外挂滤镜以外，网上还有很多画笔等外挂插件，可以安装或复制粘贴到 Photoshop 的安装目录下使用。

下载好的外挂滤镜，有些是直接安装，然后重启 Photoshop 即可在“滤镜”菜单中找到使用；还有一些是将其复制到 Photoshop 的安装目录下的 Plus-ins 文件夹中，然后再重启软件，即可在“滤镜”菜单中找到，如图 8-82 所示。

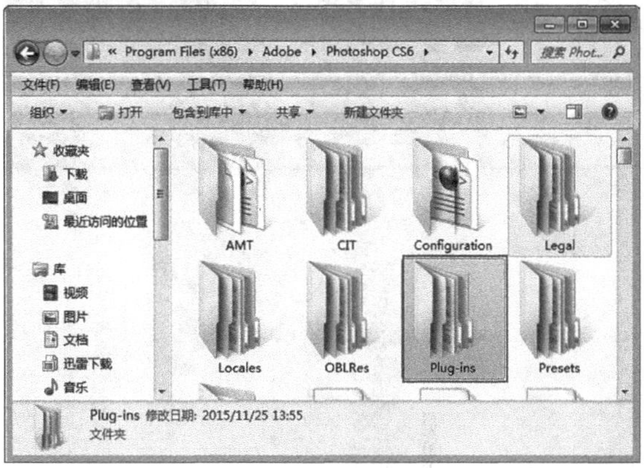

图 8-82

课后习题——制作景深效果

素材位置	素材文件 >CH08>05.jpg	扫码观看视频！
实例位置	实例文件 >CH08> 制作景深效果 .psd	
学习目标	练习场景模糊制作景深效果	

课后习题——添加镜头光晕

素材位置	素材文件 >CH08>06.jpg	扫码观看视频！
实例位置	实例文件 >CH08> 添加镜头光晕 .psd	
学习目标	练习添加镜头光晕	

第 9 章

效果图后期基础技法

本章将讲解 Photoshop 在效果图表现后期中的操作技法。从最基础的技法入手，由浅入深，让读者逐渐熟悉 Photoshop 技法在效果图表现中的运用。

本章学习要点：

- 掌握基本的建筑表现后期的调整技巧
- 掌握 Photoshop 各种技巧及运用
- 掌握色调的调整与把控

9.1 合成图像

通过 Photoshop 打开文件以及合成图像的方法有很多，可以根据个人的操作习惯来选择。

9.1.1 打开图像

在 Photoshop 中打开图像的方法有如下 2 种。

第 1 种：执行"文件 > 打开"菜单命令（或按组合键 Ctrl+O），打开图 9-1 所示的对话框，找到图像文件并单击"打开"按钮即可。

第 2 种：在图像所在文件夹中选中图像，并按住鼠标左键不放，将其拖至任务栏中 Photoshop 的图标上，然后把图像拖入弹开的 Photoshop 的空白工作区域即可。

图 9-1

9.1.2 图像类型

一般效果图后期人员接手的仅有一张主体大图和一张场景大图，并会附带好几张彩色通道图像。首先来认识一下渲染出来的这几种不同类型的图像。

1. 主体图

图 9-2 中只有主体建筑，而周边几乎没有配景植物，一般称这种图为无场景大图，这样渲染的好处是，避免因为甲方修改，而给效果图后期人员带来额外的工作量。

图 9-2

2. 场景图

图 9-3 所示为无建筑的场景大图，可以看到底色为黑色。后期要将配景从黑色背景中抠出来，可以切换到"通道"面板，从图 9-4 中可以看到，场景图像自身的 Alpha 通道中，白色位置正好是配景部分，这样可以通过将 Alpha 通道载入选区，从而把配景选出来。

图 9-3

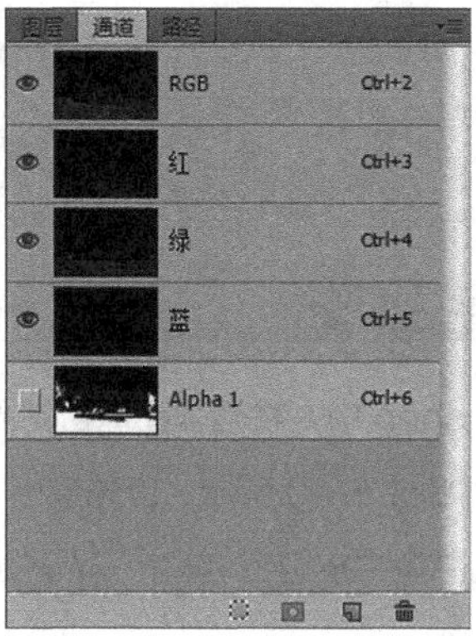

图 9-4

3. 通道图

一般渲染师除了渲染大图外，还会渲几张颜色通道图，如图 9-5 所示为对比之前的无场景大图和场景大图，会发现图中，几种单色图分别对应大图的几栋建筑，就像给建筑做的剪影一样。

在图 9-6 中可以看到色块组成的图像，这种图就是常规的颜色通道，此通道也是颜色通道中必备的。仔细观察会发现，无场景图和场景图中的每一个材质对应到图中就是一个颜色，这样方便我们随后在 Photoshop 中对某个材质进行选择及调整。

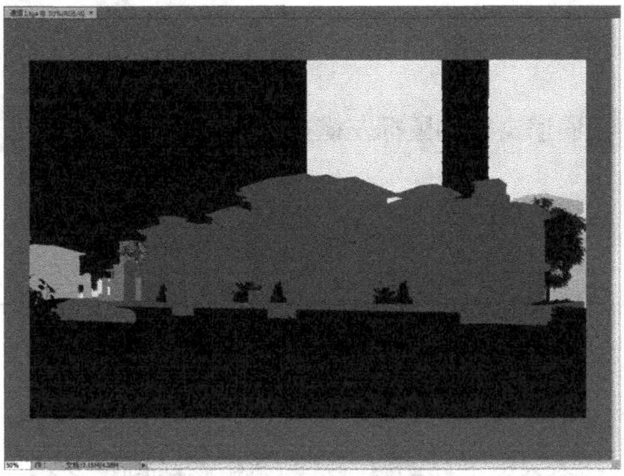

图 9-5

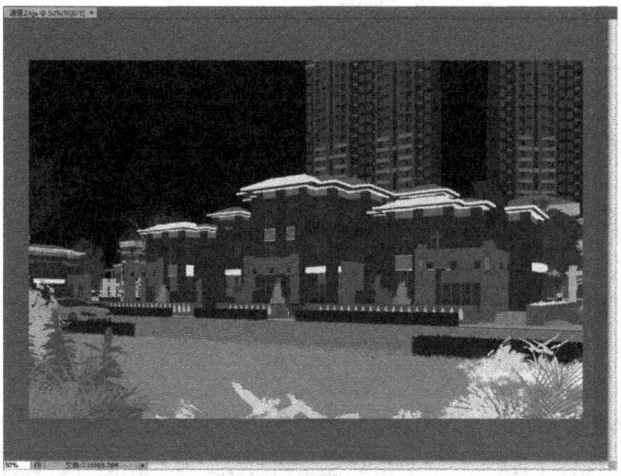

图 9-6

除了常规的颜色通道外，还有一部分比较特别的 RGB 颜色通道。图 9-7 所示的 RGB 颜色通道中，只有红、绿、蓝三种颜色。切换到通道面板，从图 9-8 中可以看到，红、绿、蓝三个通道的白色分别对应的就是图中红、绿、蓝三个颜色所在的区域。所以，可通过将红、绿、蓝三个颜色通道载入选区，来选中某个区域。图 9-9 就是将玻璃和玻璃框以红色和绿色表示，以方便后期选择。

图 9-7

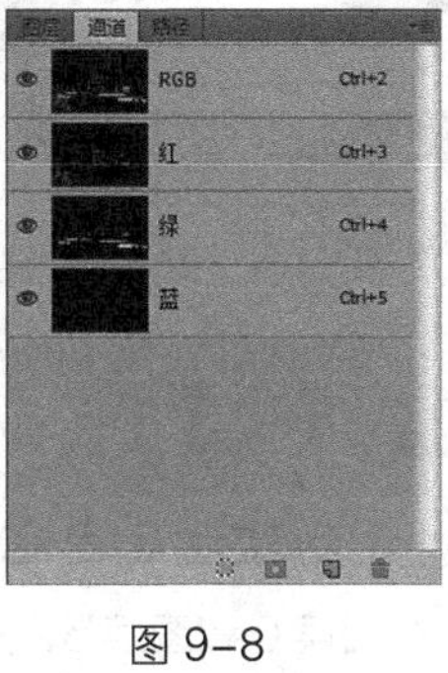

图 9-8

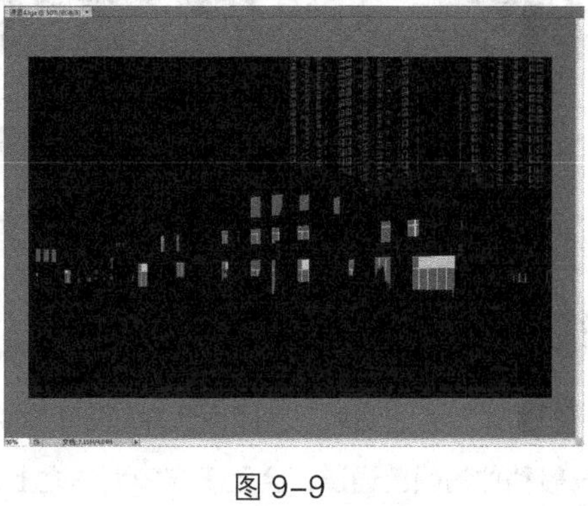

图 9-9

Tips

在 RGB 颜色通道中除了红、绿、蓝 3 种颜色外，不能出现其他颜色，否则利用红、绿、蓝通道做出的选区将不准确。

9.1.3 合并图像

在 Photoshop 中，将两张图像合并到一个图像上的方法一般有两种。

第 1 种：如图 9-10 所示，首先选中“通道 1”图像文件按组合键 Ctrl+A 全选，然后按组合键 Ctrl+C 拷贝，接着在主建筑图像中按组合键 Ctrl+V 粘贴操作即可，此时“通道”面板如图 9-11 所示。

图 9-10

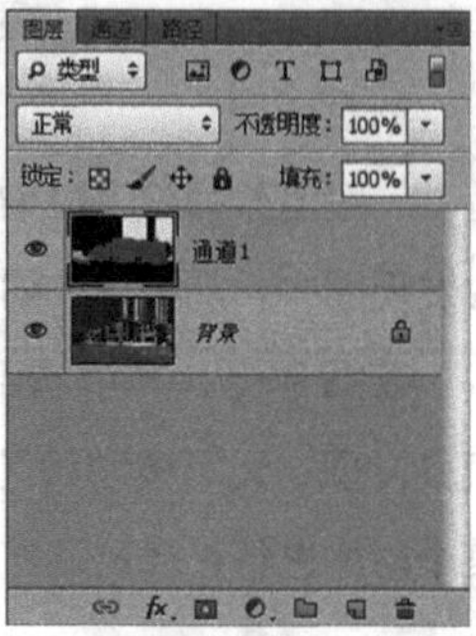

图 9-11

第 2 种：使用“移动工具”，然后按住 Shift 键不放，直接将通道文件用鼠标左键拖到主建筑图像上即可。

9.1.4 抠取图像

要将配景文件从黑色背景中抠出来可以通过 Alpha 通道来实现，常规方法是切换到“通道”面板，如图 9-12 所示，选中 Alpha 通道，并单击“将通道作为选区载入”按钮 即可把配景作为选区载入，或按住 Ctrl 键的同时单击 Alpha 通道也可将配景载入选区。载入的选区如图 9-13 所示。

然后切换到“通道”面板，并执行“图层 > 新建 > 图层”菜单命令即可把配景单独抠出来，如图 9-14 所示。

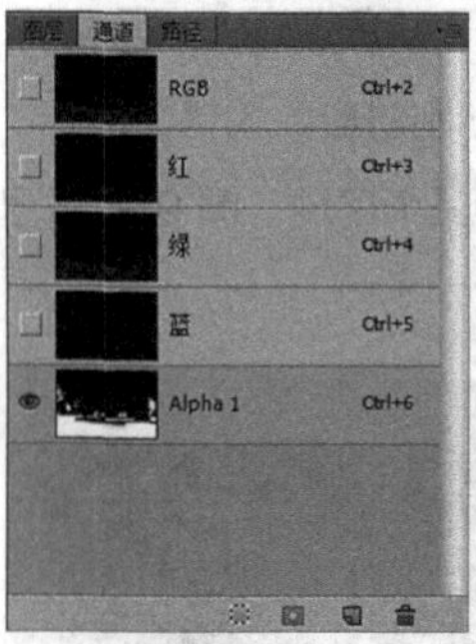

图 9-12

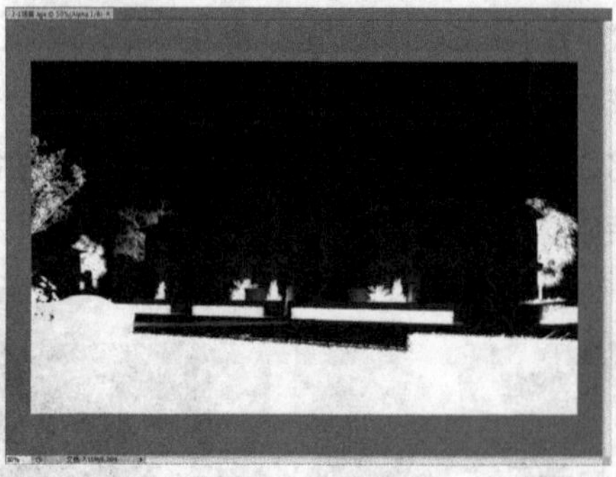

图 9-13

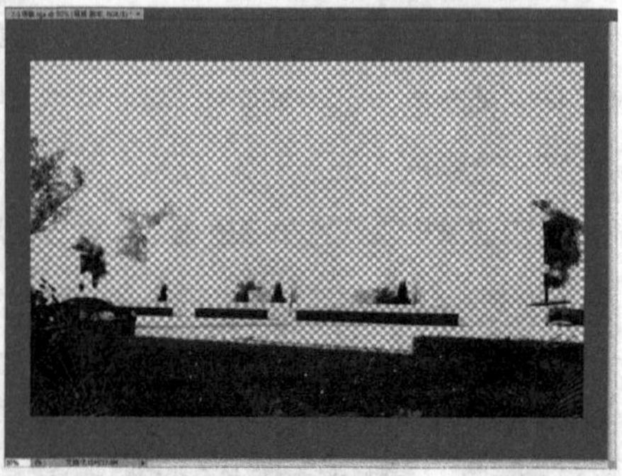

图 9-14

9.1.5 图层顺序

通过上述方法将几张图像合并到一个文件中，合成后的效果如图 9-15 所示，“图层”面板如图 9-16 所示。一般整体的颜色通道，会置于渲染大图之上，如图层 0 和图层 5，然后是建筑体块通道以及玻璃 RGB 这些颜色的通道，这样排列是因为整体的颜色通道是最常用的，以便实际操作。

Tips

图层前后顺序的移动，可以用鼠标左键上下拖动，也可按组合键 Ctrl+] 上移图层和组合键 Ctrl+[下移图层来实现。另外背景图层不能移动，只能对其进行双击变成 0 图层后，才可以上下移动。

图 9-15

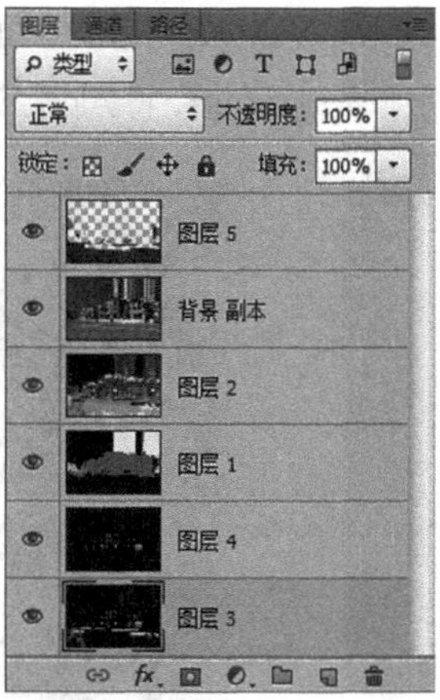

图 9-16

9.2　更换背景天空

一般渲染出来的天空不会很合适，所以需要通过后期对天空进行调整或更换。更换背景天空不是一蹴而就，要多次尝试，要找到一个适合建筑以及整体环境的天空图（平时多注意收集天空图像素材）。一般的效果图中，天空几乎占据画面的 50%的面积，所以一个好的天空能给整张图加分不少。

课堂案例：更换背景天空

素材位置	素材文件 >CH09> 素材 01	扫码观看视频！
实例位置	实例文件 >CH09> 更换背景天空 .psd	
学习目标	掌握更换背景天空的方法	

（1）打开本书学习资源“素材文件 >CH09> 素材 01>01.tga”文件，这是一张渲染好的 tga 图像文件，如图 9-17 所示。要更换可以通过 Alpha 通道扣取原来的天空以进行更换。

Tips

一般渲染出来的图像有 tga、tiff 和 png 3 种格式。这些图像格式可包含 Alpha 通道。

图 9-17

（2）切换到“通道”面板，通过单击“将通道作为选区载入”按钮，或者按住 Ctrl 键的同时在 Alpha 通道上单击鼠标左键，将 Alpha 通道载入选区，如图 9-18 所示。载入通道后的天空部分会有一圈虚线，如图 9-19 所示。

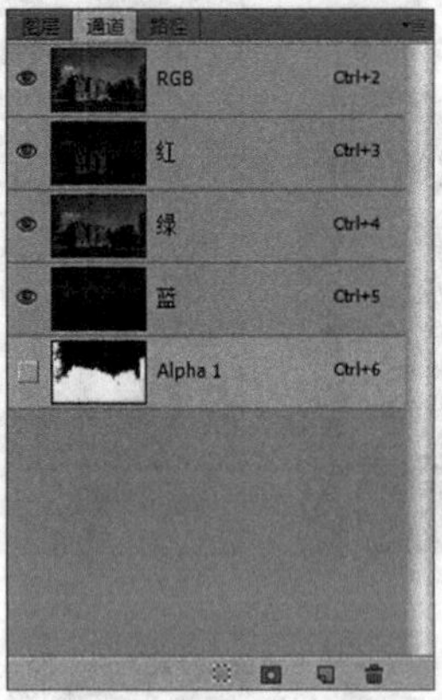

图 9-18

图 9-19

（3）单击“图层”面板下面的“添加图层蒙版”按钮，为图层添加图层蒙版，如图 9-20 所示。执行后的效果如图 9-21 所示，可以看到天空部分已经变成透明。

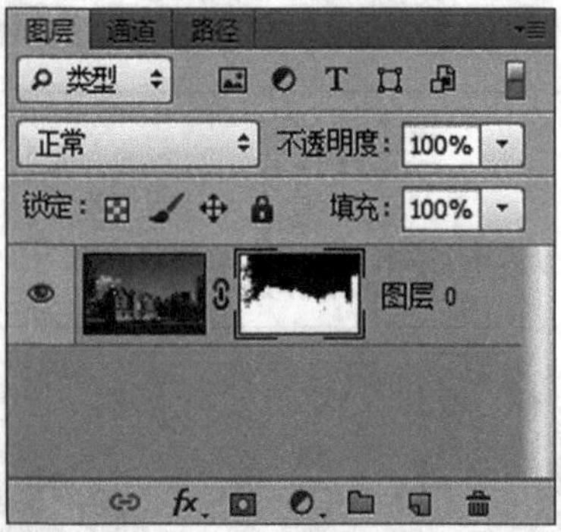

图 9-20

图 9-21

（4）打开学习资源“素材文件 >CH09> 素材 01> 天空 .jpg”文件，并合成到该场景文件中，“图层”面板如图 9-22 所示，最终效果如图 9-23 所示。

图 9-22

图 9-23

9.3 添加植物配景

后期在添加植物配景时，既要遵循一定的规律和章法，也要注意整体环境色调的影响以及光感。

9.3.1 植物与植物的搭配

作为后期表现人员，需要在植物配景这方面有所了解。一般种植植物三五成团、高低错落有致，且色彩搭配和谐，分别如图 9-24 和图 9-25 所示。

图 9-24

图 9-25

若是大面积的植被，一般要有一个主色调，图 9-26 中整体植物都偏重绿色。

下面便针对植物颜色的组合应用进行讲解。

● 单色应用：以一种色彩布置于园林中，如果面积较大，则会使景观显得大气，给人以视野开阔之感。所以，现代园林中常采用单种花卉群体大面积栽植的方式，形成大色块的景观。但是，单一色彩一般显得单调，若在大小、姿态上取得对比，景观效果会更好。

● 双色配合：采用补色配合，如红与绿，会给人醒目的感觉。例如在大面积的草坪上配置少量红色的花卉，在浅绿色落叶树前栽植大红的花灌木或花卉，如红花碧桃、红花紫薇和红花美人蕉等，可以得到鲜明的对比。其他两种互补颜色的配合还有玉簪与萱草、桔梗与黄波斯菊、黄色郁金香与紫色郁金香等。互补色配合可以得到活跃的色彩效果。金黄色与大红色、青色与大红色、橙色与紫色的配合等均属此类型。

● 多色配合：多种色彩的植物配置在一起，会给人生动、欢快和活泼的感觉。如布置节日花坛时，常用多种颜色的花卉配置在花坛中，创造欢快的节日气氛。

图 9-26

● 类似色配合：类似色植物的配合，用于从一个空间向另一个空间过渡的位置，给人柔和、安静的感觉。园林植物栽植时，如果选用同种植物且颜色相同，则没有对比和节奏的变化。因此，常用同种植物不同色彩的栽植在一起，如金盏菊的橙色与金黄色、月季的深红色与浅红色搭配，可以使色彩显得活跃。许多住宅小区整个色调以大片的草地为主，中央有碧绿的水面，草地上点缀着造型各异的深绿、浅绿色植物，结合白色的园林设施，显得宁静和高雅。花坛中，色彩从中央向外依次变深变淡，具有层次感。

9.3.2 植物与建筑的搭配

后期植物应依据建筑来进行配置，从而更好的突显建筑的主题，丰富建筑的意境，凸显出建筑的风格与特色。

1. 古典园林中的建筑

我国历史悠久、文化灿烂，古典园林众多。由于园主人身份不同，以及园林功能和地理位置的差异，导致园林建筑风格各异，故对植物配植的要求也有所不同。常用观赏花木，如松、竹、梅、樟、兰、菊、柳、荷、玫瑰、茶花、迎春和牡丹等。中国传统的树种，如海棠、银杏、国槐、芍药以及松柏等植物本身具有姿态苍劲，意境深远、气势庞大的特点，因此成为布置园林建筑的最佳选择。且一般多采用规则式种植，与色彩浓重的建筑物相映衬，形成庄严雄浑的园林特色。

2. 现代建筑

现代景观建筑造型较灵活，形式多样。因此，树种选择范围较宽，应根据具体环境条件、功能和景观要求选择适当树种，且栽植形式亦多样。可根据景观建筑的功能、性质和风格等因素，采用不同的搭配方法和排列方法进行配置，体现出整个景观的特点。

3. 欧洲风格的建筑

欧洲风格的建筑一般多采用造型丰富、耐修剪的树种，如圆柏、侧柏、冬青、枸骨等，修剪造型时应和整个建筑的造型相协调。同时各种造型的花坛和花池也是必不可少的，花坛和花池中的植物则根据所需要的造型进行选择。

> **Tips**
> 在后期制作中，一般现代建筑比较常见，其次就是欧式住宅建筑。

课堂案例：处理灌木

素材位置	素材文件 >CH09> 素材 02	扫码观看视频！
实例位置	实例文件 >CH09> 处理灌木 .psd	
学习目标	掌握处理灌木的方法	

下面要制作的是一个广场花池里的绿化组团。一般组团式的绿化最少要有高、中、低三个层次，高一点的如乔木，稍低一点的灌木如黄杨球、紫叶小檗等，最低的如草花、草地等。

（1）打开学习资源“素材文件 >CH09> 素材 02>02.tga”文件，如图 9-27 所示，接下来要在该文件的几个花坛中添加绿植。

（2）打开学习资源“素材文件 >CH09> 素材 02> 配景 .psd”文件，然后将合适的配景素材合并到图中，如图 9-28 所示，接着按组合键 Ctrl+T，拖曳控制点改变灌木丛的外形使其与花坛形状贴合，调整后的效果如图 9-29 所示。

图 9-27

图 9-28

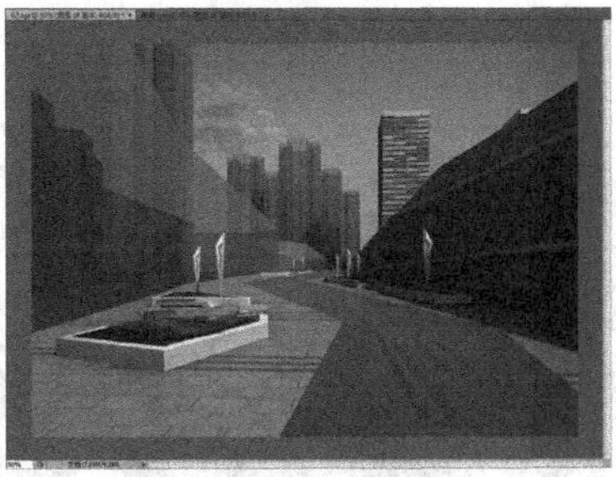

图 9-29

（3）继续从“配景 .psd”文件中选择合适的素材合并到图中，如图 9-30 所示。

（4）继续添加高一些的草花，将它们放到合适的位置，如图 9-31 所示。

Tips

使用“橡皮擦工具”，并调整画笔的硬度和透明度，可以将多余的灌木边擦除掉。

图 9-30

图 9-31

（5）从“配景 .psd”中合并入一个稍高点的桂花树，然后将桂花树以及影子移动到合适的位置，如图 9-32 所示。

（6）选择合适的灌木球和苏铁素材合并到图中，并调整大小、位置，效果如图 9-33 所示。

Tips

树影是将桂花树素材复制变形，再通过“色相 / 饱和度”调整颜色。

Tips

摆放植物素材时，需要注意植物的受光方向和前后顺序。

图 9-32

图 9-33

（7）继续使用同样的方法将制作好其他几个组团放入图中，如图 9-34 所示。越远的植物饱和度越低，对比度也越低。近景的组团视情况而定，不宜放较高的乔木以免遮挡画面。

（8）合并一个樱花树，稍微漏出半个角作为挂角树，顿时给场景增色不少，图片最终如图 9-35 所示。

图 9-34

图 9-35

9.4 摆放人物

后期摆放人物时，要注意其大小比例、透视关系及明暗关系。还要根据实际场景来考虑数量、类型等，如商业街人物要多、住宅相对要少、公共建筑要以商务人士为主。

9.4.1 调整人物高度

图 9-36 是一个住宅日景，人物摆放不宜过多，不能像商场、步行街人很多，住宅小区要体现幽静、和谐及温馨的特色。一般情况下，摆三五个人即可。

> **技巧与提示**
>
> 一般小轿车高度在 1.5~1.7m，而 SUV 的高度在 1.7~1.9m。

一般人视角度和相机高度在 1.2~2m 之间，这时人物在图中的高度，一般比普通轿车高一个头。而人物在图中由于透视的关系，一般头部的位置由远及近基本都在一条水平线上，如图 9-37 所示。

图 9-36

图 9-37

9.4.2 制作人物影子

下面为人物制作影子，与树影的制作方法相同。先调整形状，如图 9-38 所示，然后执行“图像 > 调整 > 色

相 / 饱和度”菜单命令，在打开的“色相 / 饱和度”对话框中将“明度”设置为 -100，如图 9-39 所示，接着执行“滤镜 > 模糊 > 高斯模糊”菜单命令，在“高斯模糊”对话框中将“半径”设置为 2 像素，如图 9-40 所示，最终效果如图 9-41 所示。

图 9-38

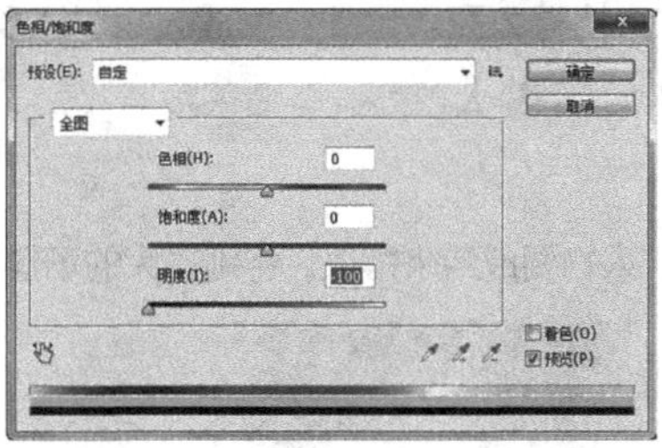

图 9-39

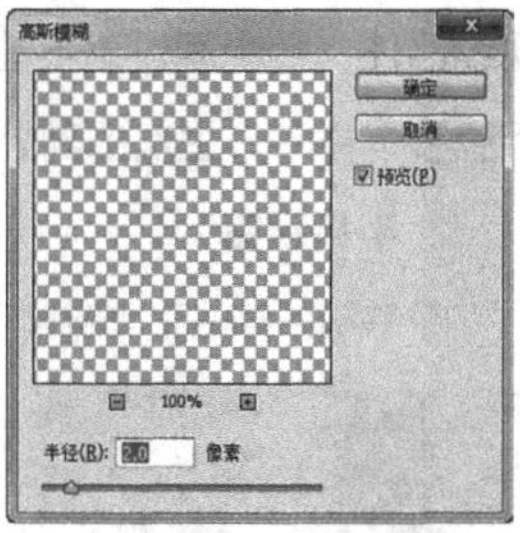

图 9-40

继续使用同样的方法在入口处添加一个人物，如图 9-42 所示。

图 9-41

图 9-42

9.4.3　调整人物前后关系

在图像右侧再加一组人物，需注意，人物要在前景植物的后边。除了可以前后移动图层，还可以为人物图层添加一个蒙版。如图 9-43 把前景植物载入选区，然后单击“图层”面板中的“添加图层蒙版”按钮即可为图层添加图层蒙版，效果如图 9-44 所示。

图 9-43

图 9-44

9.4.4 人物的摆放规律

1. 商业街图

图 9-45 是一个商业街的效果图，可以看到人物比较多。一般像这种一点透视的商业街，摆放人物时不能将视线挡住，即中间过道不能被人挡得太死。另外，摆放人物时还要注意要有组团感，即三五个人为一组，不能像洒豆子一样不分主次的到处都是，一般入口处人会多一些。

2. 半鸟瞰图

图 9-46 是一张半鸟瞰图，人物要成组来摆放，特别是大的场景，且入口活动范围等重点地方多摆放一些人即可。

图 9-45

图 9-46

9.5 制作夜景车流线

夜景车流线一般是在夜景中的大马路中，用来增加夜间氛围。

9.5.1 车流线特点

夜景的车流线是由于相机拍摄照片时，长时间曝光造成的。观察图 9-47 可以看到，相机长时间曝光将汽车驶过时前后车灯的轨迹记录了下来。车流线也可以渲染出来，但是渲染出的车流线比较生硬，且可控程度不高，所以一般需要后期来进行添加。同样图 9-48 是一张夜景半鸟瞰照片，可以多观察照片，为制作效果图找灵感和思路。

Tips

渲染出来的车流线和在 Photoshop 中用钢笔路径描边的效果差不多，缺乏真实性。

图 9-47

图 9-48

9.5.2　夜景车流线的做法

1. 抠取夜景素材

用“多边形套索工具”将车行线素材其勾出一个图 9-49 所示的选区。

将上图选区中的图形合并到夜景图像中，如图 9-50 所示。

图 9-49

图 9-50

2. 调整形状与混合模式

执行“编辑 > 自由变换”菜单命令，然后拖曳控制点，达到图 9-51 中的效果，接着将车流线图层的混合模式改为“滤色”，如图 9-52 所示。

图 9-51

图 9-52

可以看到图中车流线的边缘较生硬，这时可以执行“图像 > 调整 > 色阶”菜单命令来使边缘平滑，具体操作在“色阶”对话框中拖曳滑块或者直接设置 RGB 为（0、0.59、232），其参数如图 9-53 所示，最终效果如图 9-54 所示。

Tips

夜景车流线的图层混合模式还可以设置为“颜色减淡”，其效果会更加强烈锐利。

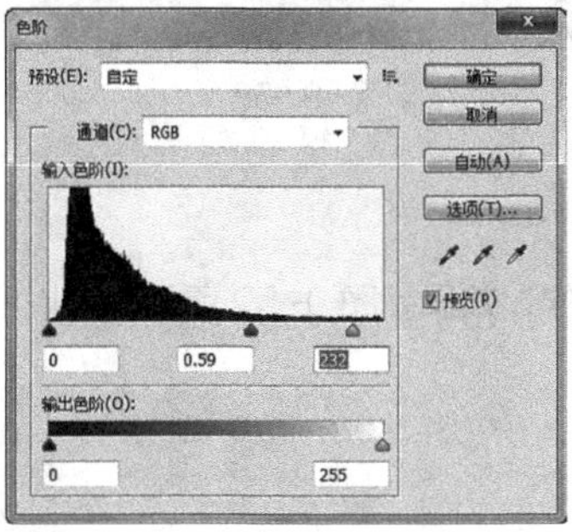

图 9-53

图 9-54

9.5.3 鸟瞰夜景车行线

1. 选择素材

首先观察实际中夜景鸟瞰图车流线的效果，如图 9-55 所示。

将车流线素材合成到鸟瞰夜景中，并将车流线素材图层的混合模式设置为“滤色”，如图 9-56 所示。需注意道路拐弯位置的摆放。

图 9-55

图 9-56

2. 拉长车流线

可以看到素材长度不合适，这时可以用“矩形选框工具”框出图 9-57 所示的选区，然后执行“编辑 > 自由变换”菜单命令，接着拖曳上方的控制点进行调整，如图 9-58 所示。

图 9-57

图 9-58

3. 利用蒙版调整细节

复制一个车流线图层，然后通过对其进行移动、旋转和变形等操作，效果如图 9-59 所示。可以看到，有些车行线出现在了建筑上面，如图 9-60 红色部分所示。

图 9-59

图 9-60

使用“多边形套索工具”将上图中箭头所指的多余部分选中，然后按下键盘的 Delete 键删除多余部分，最后进行完善调整，效果如图 9-61 所示。

图 9-61

9.6　夜景灯光的添加

夜景灯光的添加主要是为了增加夜景的氛围，起到点缀作用。

9.6.1　夜景灯特点

要在效果图中模拟灯光效果，就需要在实际生活中多观察，并且思考通过什么方法可以在效果图中实现。观察图 9-62 可以看到，草坪灯在夜景中，特别是近景的灯光，会照亮一定范围的草地。而图 9-63 是夜晚时路灯的效果，可以看到路灯则是一个个明亮的光点。

图 9-62

图 9-63

9.6.2 透视草坪灯

1. 合成草坪灯

为图 9-64 加上草坪灯，可以直接从图 9-62 中抠取相应部分，然后使用“滤色”混合模式来实现，具体操作如下。

使用“套索工具”从图 9-62 中抠取草坪灯部分，合成到图 9-64 中，效果如图 9-65 所示，然后执行“图像 > 调整 > 色阶”菜单命令调整色阶，具体参数如图 9-66 所示。

图 9-64

图 9-65

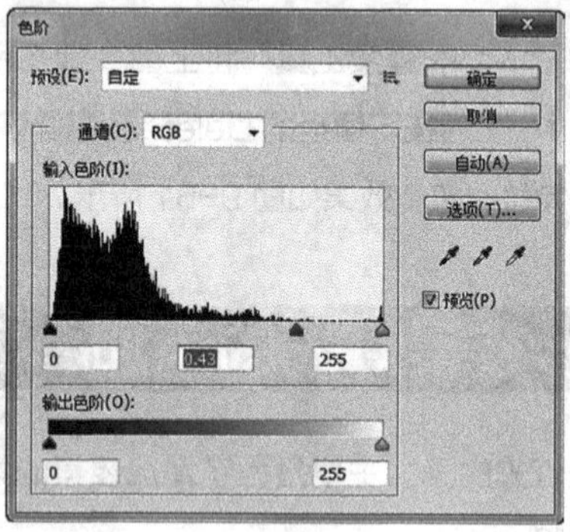

图 9-66

2. 复制草坪灯

调整后的效果如图 9-67 所示，此时需要复制多个草坪灯，沿马路旁依次摆放，一般有 2 种方法。

第 1 种：选择“移动工具”，然后按住 Alt 键不放，接着用鼠标左键拖动对象一一复制，此时会形成多个图层，调整完成后将所有草坪灯图层合并即可。

第 2 种：用选区工具框选出草坪灯，然后按 Alt 键不放，接着选择“移动工具”拖动草坪灯即可复制，注意，此时复制出来的所有对象已经在一个图层上面了。完成后的效果如图 9-68 所示。

图 9-67

Tips

添加草坪时要注意近大远小的透视关系，且近处的草坪灯摆放要稀疏，远处的摆放要稍微稠密。

图 9-68

9.6.3　鸟瞰路灯

图 9-69 所示为一个鸟瞰场景，然后为该夜景鸟瞰图选择一个合适的路灯素材，如图 9-70 所示。

图 9-69

图 9-70

使用“移动工具”配合 Alt 键，将路灯沿着马路旁进行复制，如图 9-71 所示，完成后的效果如图 9-72 所示。一般路灯间隔为 50 米，但是在效果图中不能按照实际标准放置，否则就会显得过于密集，所以在距离上要以实际效果为准，放置路灯不宜过密也不宜过疏。

Tips

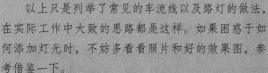

以上只是列举了常见的车流线以及路灯的做法，在实际工作中大致的思路都是这样。如果困惑于如何添加灯光时，不妨多看看照片和好的效果图，参考借鉴一下。

图 9-71

图 9-72

9.7　水面处理技巧

在后期处理水面时，一般是调用合适的素材，然后再根据图面效果进行细致的调整。

9.7.1　水面特点

图 9-73 和图 9-74 是两张照片，通过观察可以发现，水面都有一些相同的特性，即倒影（水面的反射）、

波纹和高光。在制作时可以从以上几方面来分析。

图 9-73

图 9-74

9.7.2 透视水景的处理

从图 9-75 中可以看到，初始渲染出来的水，存在颜色不够饱和、泛白、缺少植物及倒影等细节问题。下面针对这些问题对其进行处理。

首先使用“魔棒工具”在对应色块通道中选中水区域，如图 9-76 所示，然后按组合键 Ctrl+J 复制，接着按组合键 Ctrl+G 将其成组，并将图层组命名为“水”，再在该图层组上添加水区域的图层蒙版。“图层”面板如图 9-77 所示。

图 9-75

图 9-76

Tips

为组添加蒙版，与为图层添加蒙版的方法类似。例如，要为“水”图层组添加一个水区域的蒙版，先按住 Ctrl 键，然后用鼠标左键单击“图层 46”，即可将其载入选区，接着选中“水”图层组，再单击“图层”面板下面的“添加图层蒙版”按钮。

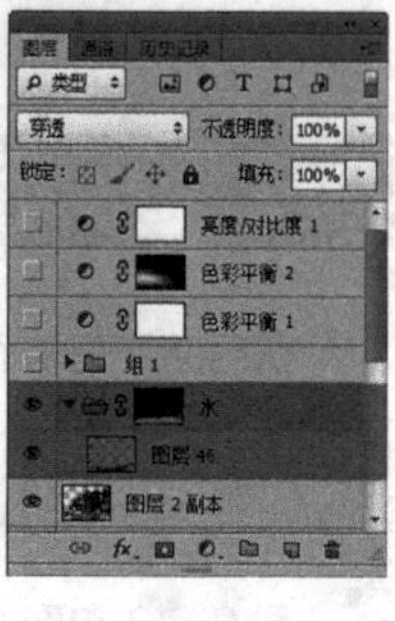

图 9-77

使用“套索工具”在湖面素材中勾画出图 9-78 所示的区域，然后使用“移动工具”将该选区拖曳到“水”图层组中，如图 9-79 所示。

图 9-78

图 9-79

Tips

在存在选区的情况下，使用“移动工具”可以将选区中的内容拖曳到另一个图像文件中。

从图 9-80 中可以看到，图像右侧还有部分素材没有将水池填充完整，可以使用“仿制图章工具”或通过选区与“移动工具”配合使用将其进行填补，如图 9-81 所示。调整好的效果如图 9-82 所示。

图 9-80

图 9-81

图 9-82

添加完水面后，原来在水面的建筑投影却没有了。这时可以通过图层的混合模式来改进。复制一个“图层 46 副本”，并将其放置于水面素材上面，然后把图层混合模式改为“柔光”或“叠加”，如图 9-83 所示。最终效果如图 9-84 所示。

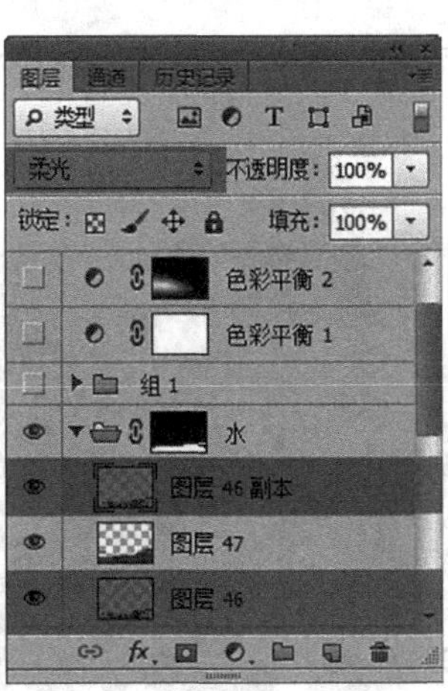

图 9-83

图 9-84

9.7.3 鸟瞰水景的处理

从图 9-85 的鸟瞰图中可以看到，图中的水没有波纹，且只在岸边有一些树的倒影。下面找一张合适的水素材合成到图中就行。

使用“魔棒工具”找到对应的颜色通道层，选中水区域，如图 9-86 所示，然后按组合键 Ctrl+J 复制，接着执行按组合键 Ctrl+G 成组，再为图层添加水区域的图层蒙版，如图 9-87 所示。

图 9-85

图 9-86

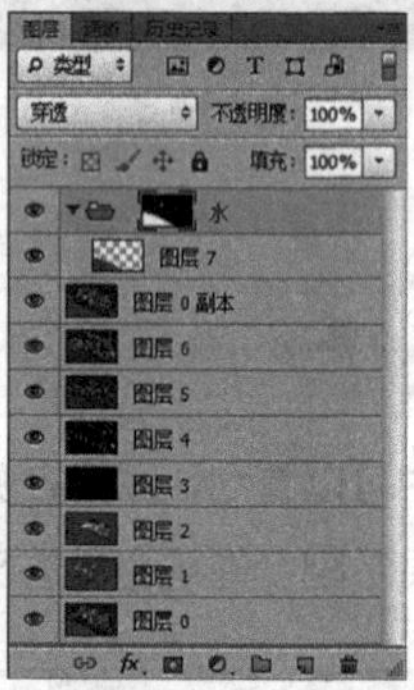

图 9-87

打开合适的睡眠素材，如图 9-88 所示，然后将其合成到鸟瞰图中，如图 9-89 所示。

图 9-88

图 9-89

复制一个“图层 7 副本”，并将其置于水素材图层上面，然后将混合模式改为“柔光”，如图 9-90 所示。图 9-91 是细部展示，最终完整效果如图 9-92 所示。

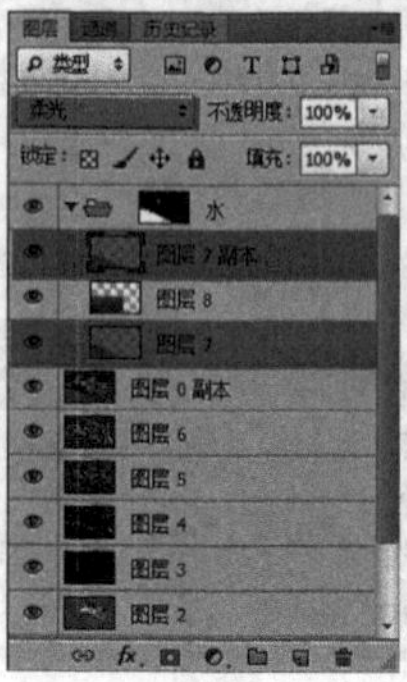

图 9-90

图 9-91

图 9-92

9.8　水岸的处理

水岸的种类有很多，但是处理方法大同小异。近景水岸的细节较多，故处理较为麻烦；而海岸及堤岸的处理就相对简单一些。

9.8.1　水岸特点

图 9-93 所示的是比较常见的水岸，即石头和水生植物交错布置。而图 9-94 所示是典型的湿地类型水岸，主要以水生植物为主。

图 9-93

图 9-94

9.8.2　制作水岸

给水岸添加石头和水草，添加过程如图 9-95~ 图 9-97 所示。处理岸边主要使用“移动工具”和“橡皮擦工具”来组合素材。

Tips

在水岸处理中，一个好的素材能省去很多事，所以平时要有收集素材的习惯。

图 9-95

图 9-96

图 9-97

水岸边素材合成后可在选几处位置再添加上一些水草，如图 9-98 所示。

将树的素材合并到水岸边，如图 9-99 所示，并为其添加倒影。

图 9-98

图 9-99

9.8.3 其他常见的水岸

图 9-100 是一个河边的堤岸，这种岸边有一个明显的收边，在效果图中也会遇到。图 9-101 是小池塘的水岸，水中还需要加一些荷花水草做点缀。而图 9-102 则是一个海岸，可以看到白色沙滩，一般做海边项目时，可以找一些海滩的素材来合成，而岸边的浪花，也可以通过这种方法合成。

图 9-100

图 9-101

图 9-102

9.9 挂角树的选择及添加

前面已经简单提到过挂角树，它在图中一般作为前景使用，可以增加画面前后的空间层次，也能起到框景的作用。挂角树的选择要根据场景而定。

图 9-103 是一张冬日雪景图，可以看到前景的枯枝残叶挂角树，增加了前景的层次。而图 9-104 中的挂角树能拉开整张图的前后关系，若将前景挂角去掉，整张图便会缺乏层次感。在实际情况中，挂角树的种类还有很多，可以多看看好的摄影作品，从中吸取精华、为己所用。

图 9-103

图 9-104

课堂案例：添加挂角树

素材位置	素材文件 >CH09> 素材 03	扫码观看视频！
实例位置	实例文件 >CH09> 添加挂角树 .psd	
学习目标	掌握添加挂角树的方法	

（1）打开本书学习资源中的“素材文件 >CH09> 素材 03>03.tga”文件，如图 9-105 所示，这是一张临河的住宅。现在整张图的右侧略显突兀、单调。

图 9-105

（2）此时可以为其添加一颗挂角树。打开本书学习资源“素材文件 >CH09> 素材 03> 挂角树 .psd”文件，如图 9-106 所示，然后将其合并到场景图中，如图 9-107 所示。这样既可以增加画面的层次，又可以破除画面的突兀感。

图 9-106

图 9-107

（3）接下来调整挂角树的大小及位置，注意要稍微漏出一点树干，效果如图 9-108 所示。

（4）最后在图的左边添加柳枝来平衡画面，最终效果如图 9-109 所示。

Tips

在实际工作中需要不断调整与更换素材，直到找到合适画面的。

图 9-108

图 9-109

9.10 草地处理技法

在建筑效果图表现中，草地在很多图中都能见到。其中大面积的前景草地及大型鸟瞰的草地，是草地处理中的难点，但两者的处理方法大同小异。

9.10.1 实景草地特点

图 9-110 是一张前景草地，可以看到草地的肌理感很明显，并有一块树影。而图 9-111 这样荒野般的草地比较适合文化类的建筑，如图书馆、博物馆等。而鸟瞰的草地肌理不宜过于多变，但也不能千篇一律，如图 9-112

所示。而在建筑效果图表现中，大面积的草地要有光影或明暗、色彩的变化，如图 9-113 所示。

图 9-110

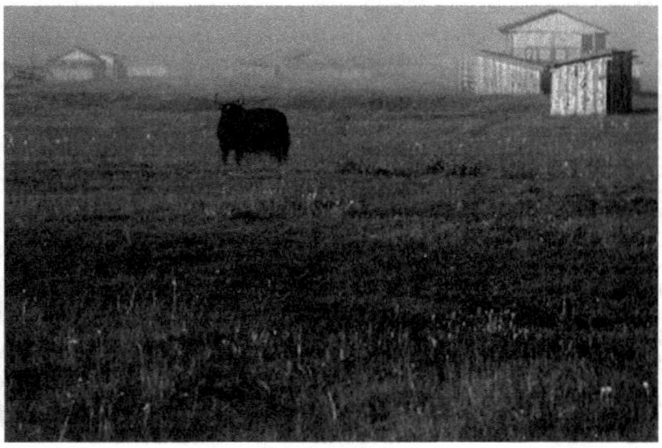

图 9-111

图 9-112

图 9-113

9.10.2　透视前景草地

图 9-114

如图 9-114 所示，下面对该图中的大片草地进行更换。

通过颜色通道选中草地部分，如图 9-115 所示，然后添加草地选区的蒙版，“图层”面板如图 9-116 所示。

图 9-115

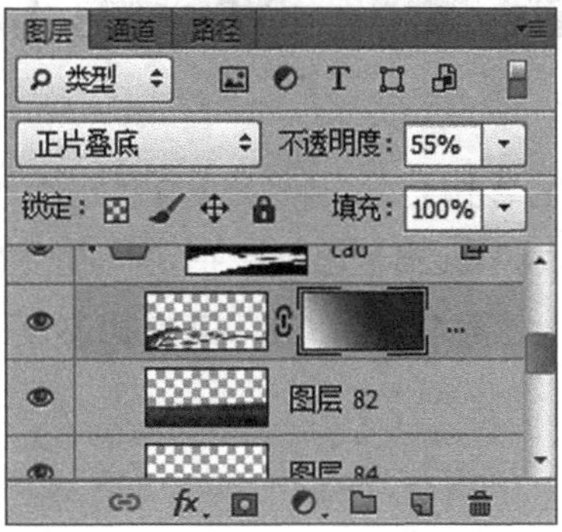

图 9-116

选择一张与整体色调吻合的枯黄草地，如图 9–117 所示。然后将其合并到大图中，并调整大小和位置，如图 9–118 所示。

图 9–117

图 9–118

接着调整素材的颜色使其更加贴合场景。执行“图像 > 调整 > 色相 / 饱和度”菜单命令，然后在弹出的“色相 / 饱和度”对话框中设置“色相”为 10，具体参数如图 9–119 所示，效果如图 9–120 所示。

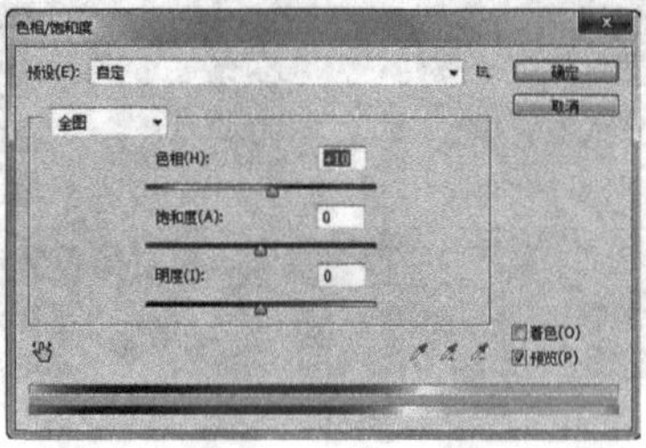

图 9–119

图 9–120

放大图像可以看到，在路牙边缘本应该有草地覆盖生长处，现在却有一条生硬的边，如图 9–121 所示。此时，可以通过使用 Photoshop 自带的草地笔刷，来处理这种硬化的边缘。按住 Alt 键，并单击草地图层的蒙版，可以看到如图 9–122 所示的黑白蒙版图像。

图 9–121

图 9–122

在“画笔工具” 中选择图 9–123 中红色标记的笔刷，然后在图层蒙版中沿着边缘绘出如图 9–124 所示的图像，最后再按 Alt 键，并单击草地图层的蒙版，切换到正常显示效果如图 9–125 所示。

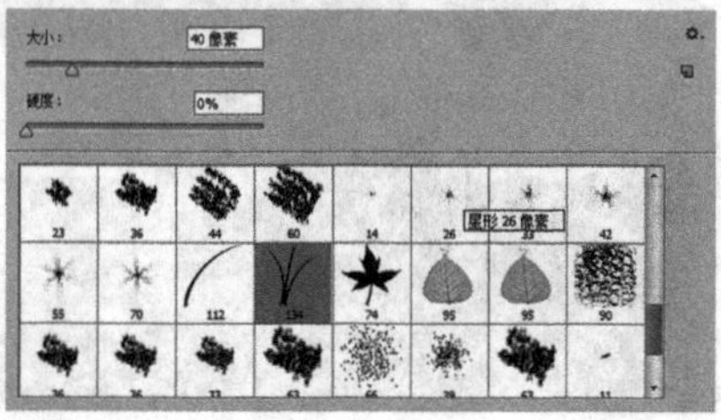

图 9–123

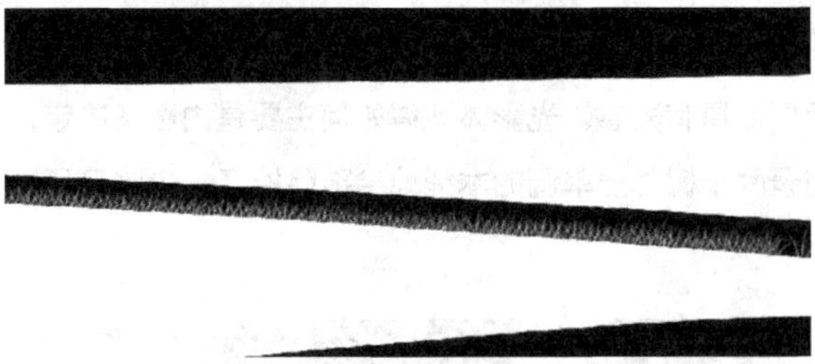

图 9-124

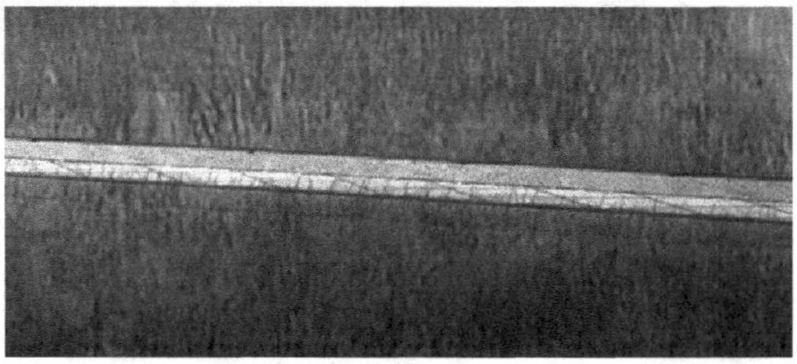

图 9-125

图 9-126 是渲染出来的草地，可以看到草地上有长廊投射下来的阴影。

使用“多边形套索工具” 将阴影部分勾选出来，如图 9-127 所示，然后在草地图层中新建一个空白图层，并填充选区为黑色，接着设置图层的混合模式为“正片叠底”“不透明度”为 56%，“图层”面板如图 9-128 所示，最终效果如图 9-129 所示。

图 9-126

Tips

鸟瞰草地很少直接用草地素材来叠加，但其操作步骤和上述操作类似。

图 9-127

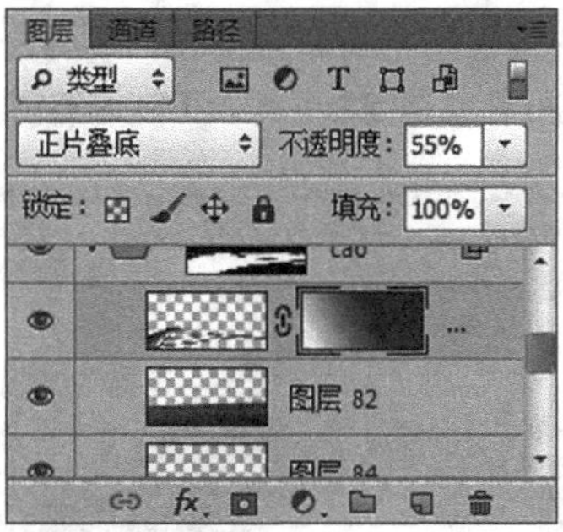

图 9-128

图 9-129

9.11 前景阴影的添加

很多建筑效果图的前景都添加了阴影，它既可以增加画面的前后关系，使画面更加稳重，也可增加画面的细节。

9.11.1 实景阴影赏析

在图 9-130 中可以看到，光影铺洒的草地使整个画面更加具有光感。光影体现得如何主要是由影子决定，能做好影子，那么光感自然也就做好了。而图 9-131 中前景两个树影把单调的木铺地给破除掉了，由此又压深了前景。

图 9-130

图 9-131

9.11.2 添加阴影

下面为图 9-132 中的前景草地添加一块树的阴影。首先挑选一张阴影素材，尽量选择对比强烈、阴影接近黑色，而投射阴影的地面接近白色或已经处理好的阴影文件，如图 9-133 所示。这里选择的是一张雪景阴影图，这种素材的好处就是自然，比人工制作的树影更具变化。

图 9-132

图 9-133

将雪景阴影素材图稍微调整色阶，然后使用“套索工具” 抠取阴影部分，然后合并到场景中，如图 9-134 所示，接着将阴影素材的混合模式设置为“正片叠底”，如图 9-135 所示，效果如图 9-136 所示。

图 9-134

图 9-135

图 9-136

可以看到设置为“正片叠底”模式后，素材图中的亮色部分被自动过滤掉了，但还有一些明显的边缘存在。这时可以用“橡皮擦工具”将边缘擦得柔和一点，也可直接调整色阶将较硬边缘进行弱化。打开“色阶”对话框，然后进行设置，具体参数图 9-137 所示。最终效果如图 9-138 所示。

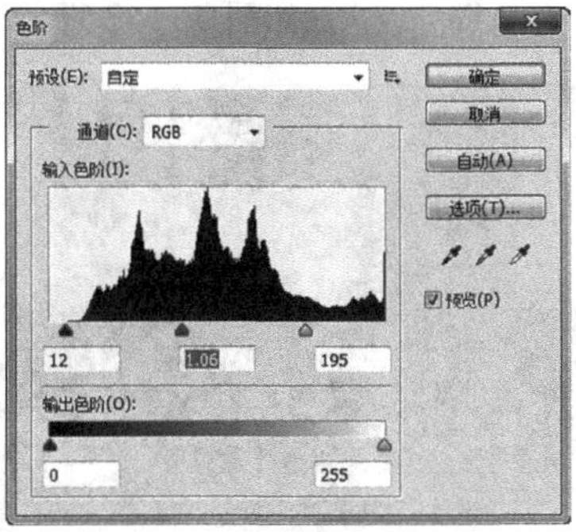

图 9-137

图 9-138

9.12　叠水喷泉的处理技法

可以通过观察实际中的叠水喷泉，来了解喷泉叠水的性质。下面通过后期处理手法来完善叠水喷泉效果。

9.12.1　实景喷泉叠水特点

图 9-139 所示为一个叠水的实景照片。从图中可以看到，水像一道幕帘由上往下、由聚到散地流下来。上层会反射一些环境，到了下层变成水珠或者水花反射环境更加厉害，显得更加晶莹透亮；图 9-140 则是一组喷泉，喷泉由于水量大，水珠反射环境范围大，从而显得更加明亮，从图中可以看到，在水珠的细节上表达不是很足，所以在后期处理喷泉时，主要注重的是形体；而图 9-141 则是一个吐水水景，和喷泉类似，除非是近景，一般看不到太多细节。

图 9-139

图 9–140

图 9–141

9.12.2 喷水池的处理

1. 制作吐水

下面要为图中几个水景点添加喷泉以及吐水效果，如图 9–142 所示，细部放大后如图 9–143 所示。

图 9–142

图 9–143

从素材库中选取合适的素材，如图 9–144 所示是常见的喷泉水景素材。将素材中合适的素材合并到场景中，图层的混合模式设置为“正常”或“滤色”，如图 9–145 所示，合并后会发现在吐水落到水池中并没有出现应有的水花。

图 9–144

图 9–145

2. 添加水花

图 9-146 是一个喷泉素材，可以看到在喷泉的底部有一圈水花。我们可以抠取这部分水花素材合并到场景中，如图 9-147 所示，然后使用“自由变换”命令调整素材的形状、大小及位置，最后将水花素材图层的混合模式改为“滤色”，最终效果如图 9-148 所示。

图 9-146

图 9-147

图 9-148

3. 制作喷泉

从素材中把图 9-149 所示的上下两层喷泉素材合并到场景中，然后将图层混合模式改为“滤色”，如图 9-150 所示，最终效果如图 9-151 所示。

图 9-149

图 9-150

图 9-151

9.13 夜景中的室内灯光效果处理

在制作夜景表现图时，经常会遇到给玻璃墙面添加室内灯光效果的情况。添加这些灯光时应像音符一样富有变化。注意不要太散乱，否则会显得整个画面乱七八糟，也不能太聚集，会显得整个画面死板不活泼。建议多看看实景照片，从中找寻规律。

9.13.1 夜景室内灯光实景赏析

从图 9-152 和图 9-153 可以看到，塔楼中的灯光效果是由楼中办公室或者是住户玻璃窗户中透出的灯光，通过图片可以看到有的楼层开了灯，有的楼层没开灯。在后期处理中要去模拟这种现象，就要从照片中寻找素材，进行拼合处理。

图 9-152

图 9-153

9.13.2 夜景室内灯光合成

1. 前期准备

图 9-154 所示，是一个夜景渲染图，可以看到玻璃的质感渲染得不错，整个塔楼的玻璃很整洁，从上到下有一个细微的渐变。

图 9-155 是一个 RGB 颜色通道，通过它可以把整个塔楼的玻璃抠取出来，然后抠取出来的玻璃图层单独列到一个组里，并为该组添加玻璃选区的蒙版，如图 9-156 所示。

图 9-154

图 9-155

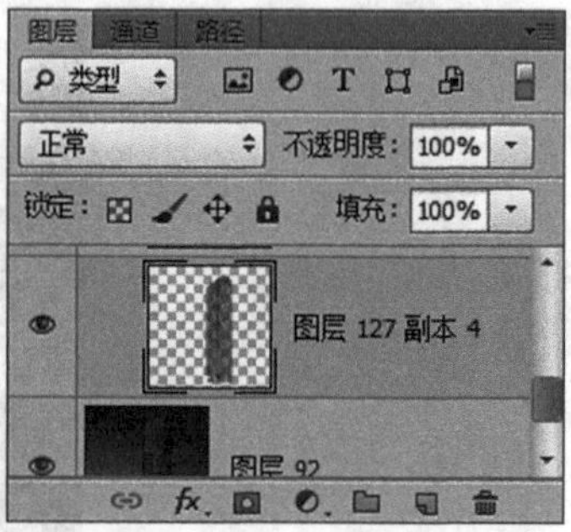

图 9-156

2. 添加素材

在选取素材时，建议选用某些部分较暗、接近纯黑的素材，这样的素材易于后期的处理加工，另外，选取的素材要有变化，不论是颜色或是排列上要尽量不失自然，如图 9-157 所示。

图 9-157

将素材放置于玻璃图层的上方，然后使用“自由变换”命令调整素材的大小和位置，如图 9-158 所示。接着将素材图层的混合模式改为“滤色”，如图 9-159 所示，效果如图 9-160 所示。

图 9-158

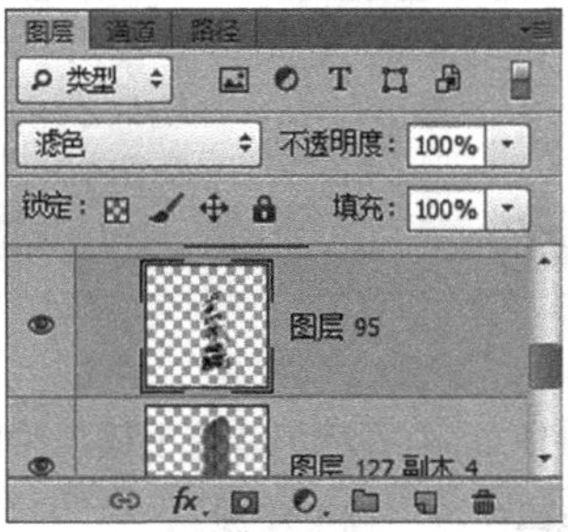

图 9-159

图 9-160

继续以上操作，完成从底部到顶部的玻璃墙室内灯光的添加，最终效果如图 9-161 所示。

Tips

在叠加室内灯光效果时，应该遵循在建筑的黄金分割部位多一点，下部和上部少一点，特别是上部。点状的室内灯光效果不宜过多，要一片或者一条的去叠加。

图 9-161

9.14 夜景中的高楼顶光处理

在现实中，经常会看到高楼顶层有一个冲顶光。本节就来介绍如何在效果图中模拟这种灯光效果。

9.14.1 高楼顶光的实景赏析

如图 9-162 和图 9-163 所示为常见的楼顶冲顶光。

图 9-162

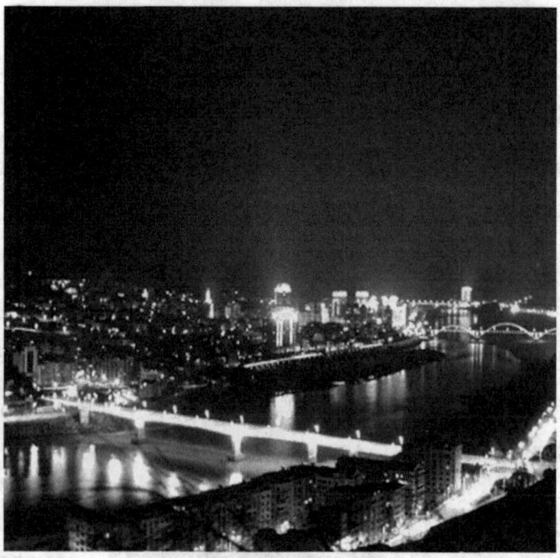

图 9-163

9.14.2 高楼顶光的后期制作

1. 绘制选区

接下来要为塔楼制作顶光，如图 9-164 所示。首先根据塔楼的形状，使用“多边形套索工具”绘制如图 9-165 所示的选区，然后填充颜色再执行模糊来实现。

图 9-164

图 9-165

2. 模糊顶光

新建一个空白图层，然后填充选区颜色为白色，接着执行“滤镜 > 模糊 > 动感模糊”菜单命令，在弹出的“动感模糊”对话框中设置“角度”为 -90 度，“距离”为 969 像素，具体参数设置如图 9-166 所示，模糊后的效果如图 9-167 所示。

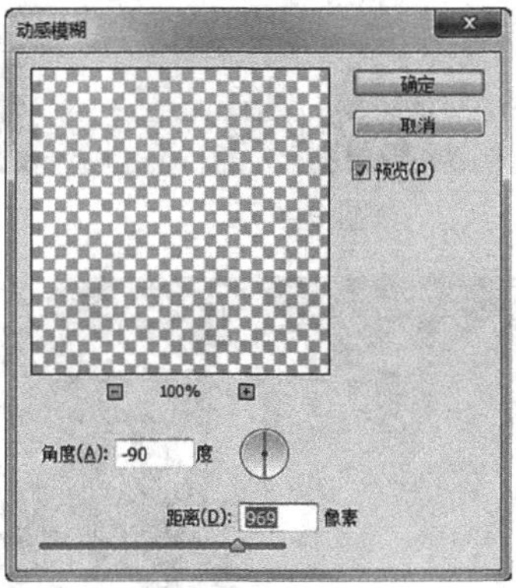

图 9-166

图 9-167

3. 为顶光添加蒙版

为做好的顶光图层添加图层蒙版，蒙版区域为塔楼建筑，使用多边形套索工具选中整个塔楼然后为其添加图层蒙版。可以看到蒙版和层之间已经解除链接了，即移动图层时蒙版不移动，移动蒙版时图层不移动，这样就可以上下移动图层来控制顶光的强弱，最终效果如图 9-168 所示。

Tips

图层与图层蒙版的链接锁，可以通过在图层与蒙版之间单击鼠标左键，来实现开关操作。

图 9-168

9.15　云雾效果的处理

虚无缥缈的云以及烟雾缭绕的建筑，往往能给图面增添神秘的色彩。雾化还能起到虚化景物的效果，只是简简单单的雾化效果就能使普通效果图瞬间提升一个档次。

9.15.1　云雾实景效果赏析

图 9-169 中建筑底层弥漫的氤氲水汽，使整张图显得格外的宁静安详；远处虚化了远景的雾化效果，又使图面耐人寻味。图 9-170 中被云雾缭绕的若隐若现的远山和近处的几座白房子，使图中这个静谧的早晨充满生活气息，使人看后心旷神怡。

图 9-169

图 9-170

9.15.2 鸟瞰图的雾化处理

下面为鸟瞰图进行雾化处理，如图 9-171 所示。

图 9-171

双击“设置前景色”按钮，在弹出如图 9-172 所示的对话框中选择一个接近天空、纯度适中的颜色。然后单击“渐变工具”，并打开“渐变编辑器”对话框，接着在“预设”选项组中选择“前景色到透明渐变”，如图 9-173 所示。

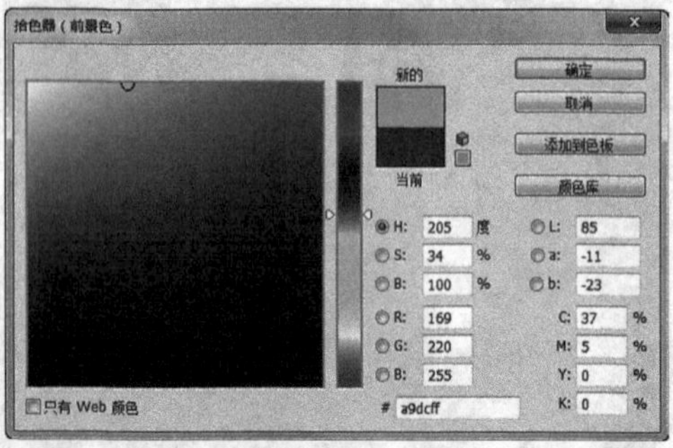

图 9-172

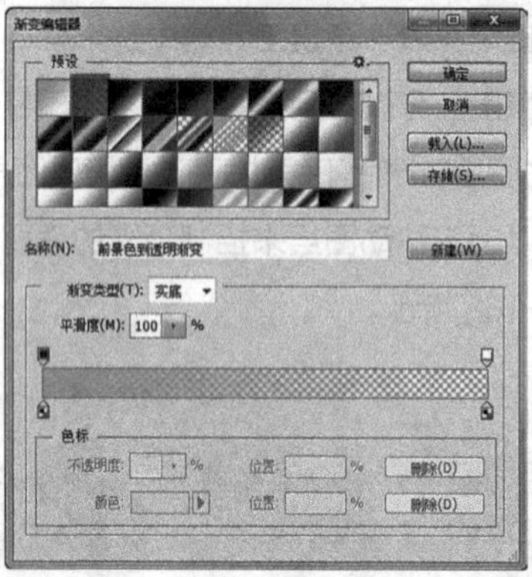

图 9-173

新建一个空白图层，然后从图上方到下方拉一个渐变效果，如图 9-174 所示。

调整渐变的位置及大小，最终效果如图 9-175 所示。

Tips

在雾化颜色选择时，应尽量选择比较干净的颜色。

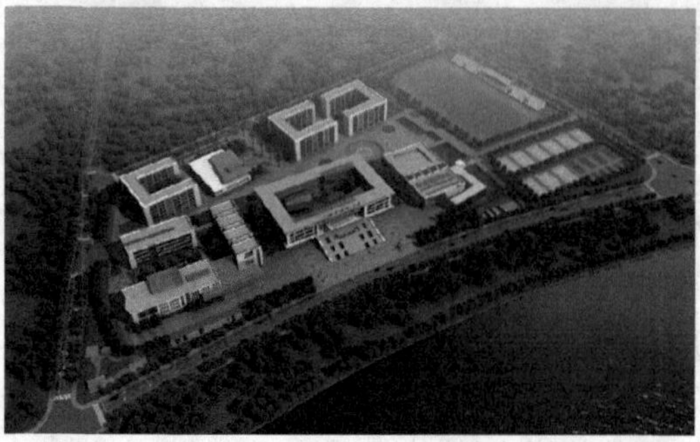

图 9-174

图 9-175

添加周边云朵时，可以选取合适的素材，如图 9-176 所示，也可使用 Photoshop 中的笔刷来制作云朵效果。

如图 9-177 所示，新建一个空白图层，并将前景色设置为白色，然后合并选中的云朵素材，接着使用“自由变换”命令调整云朵的大小及位置。最终效果如图 9-178 所示。

Tips

绘制云朵时，应一个图层绘制一个云朵，这样方便对云朵进行缩放及位置的调整。

图 9-176

图 9-177

图 9-178

9.16　雨景和雪景的特效制作

在实际工作中，会遇到某些建筑或场景特别适合做雨景或雪景，接下来便介绍如何制作这些场景。

9.16.1　雨景和雪景的实景效果赏析

图 9-179 是一张雨景的照片，由于雨滴下落的速度很快，所以相机捕捉到的基本是雨滴的轨迹。图 9-180 则是雨滴落在玻璃上的效果。图 9-181 是一张夜晚的雪景照片，可以看到雪花漫天飞舞。无论是雨景还是雪景，都能通过雨滴或雪花观察到它们的前后关系，在制作时应注意这点。

图 9-179

图 9-180

图 9-181

9.16.2 雨景特效

1. 选择雨景素材

图 9-182 所示，是一张雨中的江南古街景。图 9-183 是一张雨景素材，在选区素材时间要注意雨滴要有大小及前后的区分。做雨景特效也可以直接找已有的素材，如图 9-184 是一张雨景特效素材。这里使用图 9-184 来制作一个雨景特效。

图 9-182

图 9-183

图 9-184

2. 制作下雨效果

将雨量素材合并到街景中，并将其变换至与街景图像一样大小，然后执行“滤镜 > 模糊 > 动感模糊”菜单命令，在弹出的“动感模糊”对话框中设置“角度”为 -90°、距离为 101 像素，具体参数如图 9-185 所示，效果如图 9-186 所示。

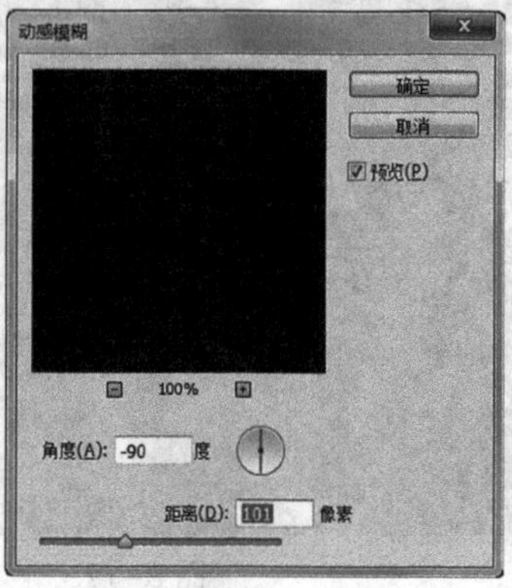

图 9- 185

接着将素材图层的混合模式设置为“滤色”，然后使用“橡皮擦工具” 擦除遮挡建筑过于严重的部分，最终效果如图 9-187 所示。

图 9-186

图 9-187

9.16.3 雨景玻璃特效

下面制作一个犹如从隔着玻璃看窗外雨景一样的效果。在选择素材时，应选择对比较强烈的素材，如图 9-188 所示。

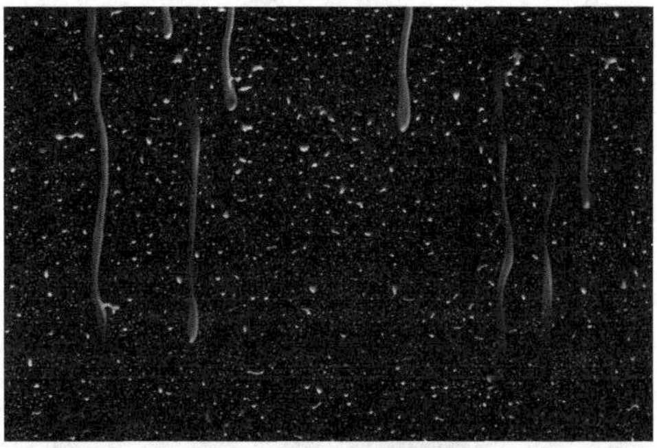

图 9-188

首先将素材合成到街景中，并变换素材大小及位置，然后更改素材图层的混合模式为“滤色”，效果如图 9-189 所示，接着使用“橡皮擦工具” 擦除遮挡建筑过于严重的部分，最终效果如图 9-190 所示。

Tips

制作时素材的选择相当重要，平时应多收集雨景、雪景的素材。

图 9-189

图 9-190

9.16.4 雪景特效

1. 选择雪花素材

图 9-191 所示，是一张雪景效果图。然后打开一张雪景的照片素材，如图 9-192 所示，可以看到雪花有大有小、有虚有实、有远有近，是一张不错的素材。

图 9-191

图 9-192

2. 合成雪景特效

同前面雨景特效的制作方法类似，首先将雪景素材合并到图中并变换其大小和位置，然后更改素材图层的混合模式为“滤色”，“图层”面板如图 9-193 所示，最终效果如图 9-194 所示。

图 9-193

图 9-194

课后习题——更换天空背景

素材位置	素材文件 >CH09> 素材 04	扫码观看视频!
实例位置	实例文件 >CH09> 更换天空背景 .psd	
学习目标	练习更换天空背景的方法	

课后习题——添加植物

素材位置	素材文件 >CH09> 素材 05	扫码观看视频！
实例位置	实例文件 >CH09> 添加植物 .psd	
学习目标	练习添加植物的方法	

第 10 章

效果图后期高级技法

本章主要讲解 Photoshop 在效果图表现中的高级运用操作技法，不仅讲解 Photoshop 的应用技巧，更加注重的是作图的思路和解决问题的思维方式。

本章学习要点：

- 掌握建筑表现后期高级合成的思路
- 掌握技巧之间的搭配使用
- 掌握高级技法的制作思路从而达到融会贯通

10.1 天空合成技巧

一张效果图（尤其是透视图）中，天空的面积几乎占整个图面的三分之一以上。一个好的天空能给图面增色不少，本节将介绍什么是好的天空，什么样的天空更加贴合场景。

10.1.1 判断天空优劣

好的建筑表现天空要具备以下 4 个条件。

第 1 个：天空具有纵深感。

第 2 个：天空的色彩要和整个场景搭配。

第 3 个：天空的云朵走势要和建筑相搭配。

第 4 个：天空不宜过于凸显而喧宾夺主。

在图 10-1 中一缕斜阳洒在水面，淡淡的云勾勒出天空的前后空间关系。天空的前后关系主要是通过颜色的微妙变化、云的近大远小透视关系和云的走势来凸显的。图 10-2 是一个黄昏景色，图上方的云和下面的水岸形成排比造势，更能增强画面纵深感；而天空由淡黄色到淡蓝色渐变的清淡色彩，与建筑上浓重的红黄色形成鲜明的对比。

图 10-1

图 10-2

图 10-3 虽然天空的纵深感很强，但由于颜色过于丰富而喧宾夺主，使建筑主体的表现力不够抢眼。图 10-4 是一张夜景图，其天空颜色单调、毫无变化，使空间纵深感明显不足。

> **Tips**
>
> 色彩在感官上是有前后关系的，可以通过简单的颜色渐变来凸显出天空的前后关系。

建筑表现中，常常需要将两张或多张天空素材进行合成以满足需求。合成方法的顺序一般先调整图层的混合模式，然后擦除多余部分调整细节。

图 10-3

图 10-4

10.1.2 后期天空的合成

1. 素材的选择

下面要为图 10-5 所示的效果图更换一个偏黄昏、且空中的云带有一定走势效果的天空。分别选择一张带有渐变色和一张带有云朵的天空素材，如图 10-6 和图 10-7 所示。

图 10-5

图 10-6

2. 天空的合成

首先将原场景中的天空抠除，如图 10-8 左图所示，然后将图 10-6 所示的天空图合并到建筑场景图中置于原场景的底层，效果如图 10-8 右图所示，接着将图 10-7 所示的天空图也合并到场景中，且置于已有图层的中层。合并后效果如图 10-9 所示。

图 10-7

图 10-8

图 10-9

将图层 2 的图层混合模式改为“叠加”，如图 10-10 所示。天空最终的合成效果如图 10-11 所示。

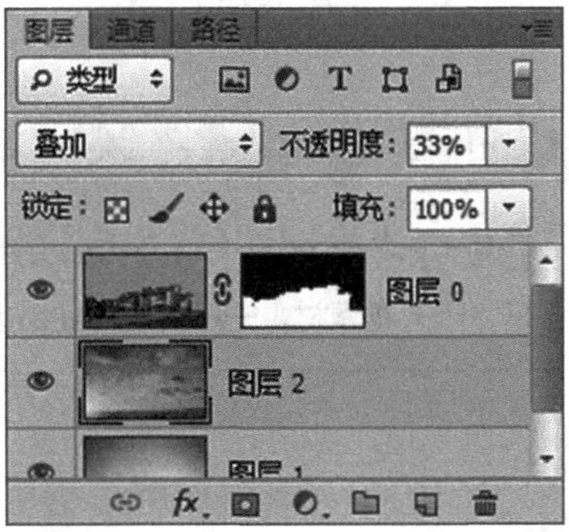

图 10-10

图 10-11

Tips

上述的天空图层混合模式只是诸多合成模式的一种，希望能启到抛砖引玉的作用。

10.2 人物的摆放规律及光感

后期人物的摆放是有一定规律的，并且人物的光感以及服饰是否合适也要注意。

10.2.1 人物摆放规律的探讨

图 10-13 是图 10-12 的人物摆放示意图，根据该示意图可以看出人物的前后透视关系。人物都是以成组方式摆放的，一般是前景人物稍微少一些，中远景的人物稍微多一些，呈倒 V 字形摆放其透视感会更强。

图 10-15 是图 10-14 的人物摆放示意图。可以看到人物摆放的成组感更强，且一组中的人物有前有后，这样更能突出图面的透视感，在出入口的地方会相应摆放得偏多一些。总的来说，人物的摆放不应像散花一样，应以组为中心向外发散。

图 10-12

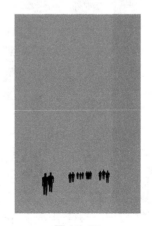

图 10-13

图 10-14

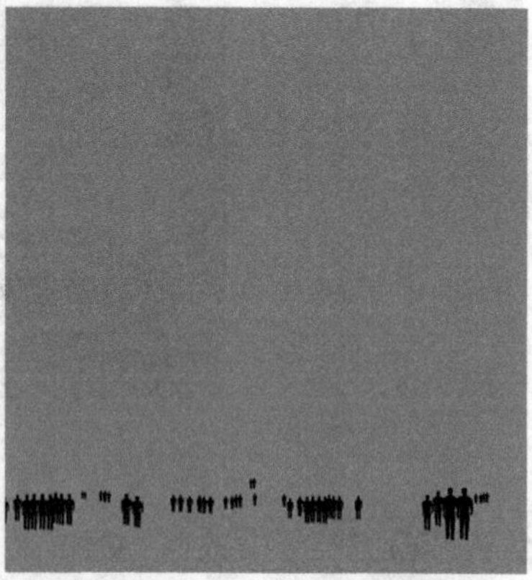

图 10-15

10.2.2 人物服饰和场景的搭配

图 10-16 是学生人物的素材，一般用于学校项目。图 10-17 是一些商务人物素材，一般用于办公类建筑项目。图 10-18 是中东人物，一般用于境外项目，如迪拜项目。图 10-19 是休闲人物素材，一般用于商业街项目。

图 10-16

图 10-17

图 10-18

图 10-19

10.2.3 后期人物的摆放

1. 人物摆放的前期分析

下面为这张街景图添加人物摆放，如图 10-20 所示。首先拉出一根人物标高线，如图 10-21 所示。

> **Tips**
>
> 在 Photoshop 中执行“视图 > 标尺”菜单命令，或按组合键 Ctrl + R 即可显示标尺，然后选择“移动工具” ，接着在标尺上按住鼠标左键向下拖动即可拉出一条参考线。

图 10-20

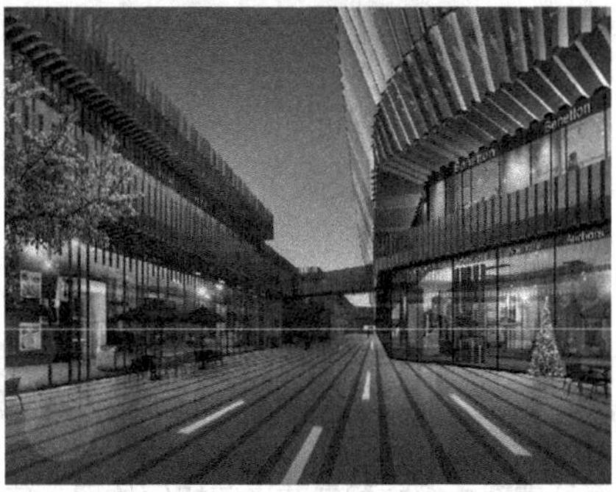

图 10-21

图 10-22 是人物摆放位置的分析图，按照成组的规律。选择合适的人物素材合成到场景中，然后使用“曲线”或“色彩平衡”命令调整人物的色彩及明度使其与场景相适合，最后制作出投影，如图 10-23 所示。

图 10-22

图 10-23

2. 人物软阴影的做法

新建一个空白图层，然后使用“椭圆选框工具” 画出一个椭圆选区，并填充为黑色，如图 10-24 所示。接着取消选区并执行“滤镜 > 模糊 > 高斯模糊”菜单命令，在弹出的“高斯模糊”对话框中设置模糊的半径为 34.6 像素，如图 10-25 所示。最后将制作好的软阴影复制到每个人物脚下，效果如图 10-26 所示。

图 10-24

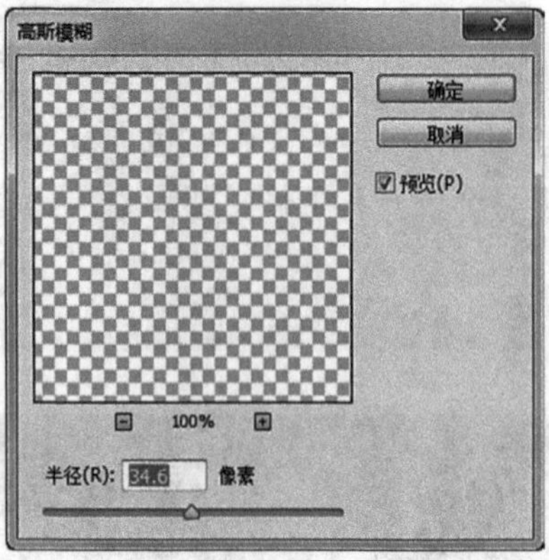

图 10-25

图 10-26

10.3 植物的光感处理

在建筑表现中植物配景的光感如何体现，应先去理解大自然中植物的光感。

10.3.1 植物光感的分析

从图 10-27 中光感十足的大树可以看出，好的光感就是植物向阳面的颜色偏亮、偏暖，而背阴面的颜色要稍微偏暗、偏冷。图 10-28 中的树木也是遵循这个原理。

图 10-27

图 10-28

课堂案例：植物光感的后期处理手法

素材位置	素材文件 >CH10> 素材 01	扫码观看视频！
实例位置	实例文件 >CH10> 植物光感的后期处理手法 .psd	
学习目标	掌握植物光感的后期处理的方法	

（1）打开学习资源“素材文件 >CH10> 素材 01>01.psd”文件，如图 10-29 所示，下面使用快速蒙版为该图中花坛的植物添加光感。

（2）选择素材层，然后按下 Q 键（快速蒙版按钮），所选中图层呈灰色显示，如图 10-30 所示。接着使用“渐变工具”从右向左拉一个渐变色，再按下 Q 键退出快速蒙版，即可将图 10-31 中的红色区域载入选区，如图 10-32 所示。

图 10-29

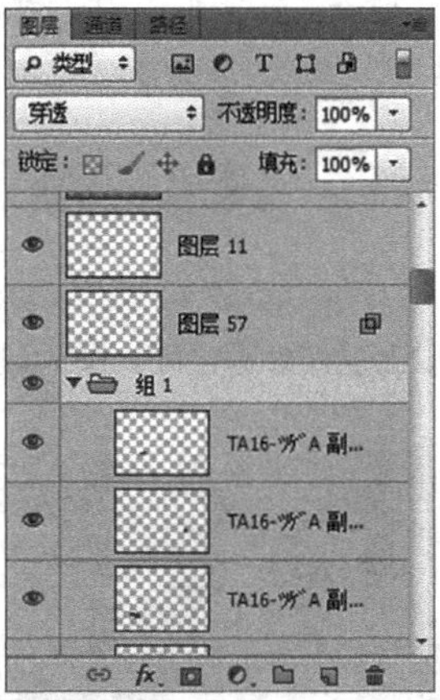

图 10-30

图 10-31

图 10-32

（3）执行“图像 > 调整 > 曲线”菜单命令，然后在弹出的“曲线”对话框中调整曲线形状来提亮选区，如图 10-33 所示。

（4）执行“图像 > 调整 > 色彩平衡”菜单命令，然后在弹出的“色彩平衡”对话框中将选区颜色调整为偏暖色，如图 10-34 所示。最终效果如图 10-35 所示。

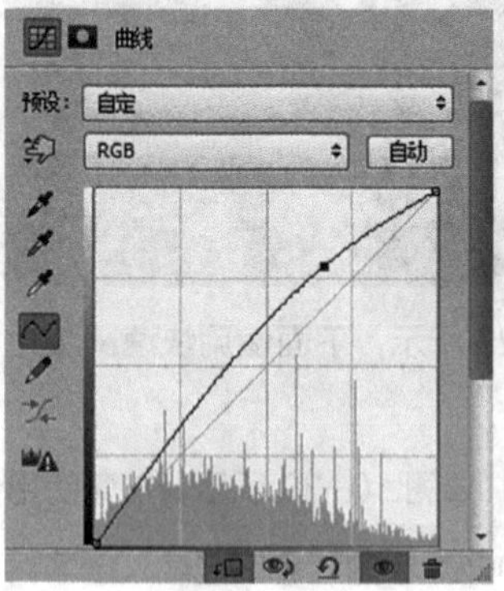

图 10-33

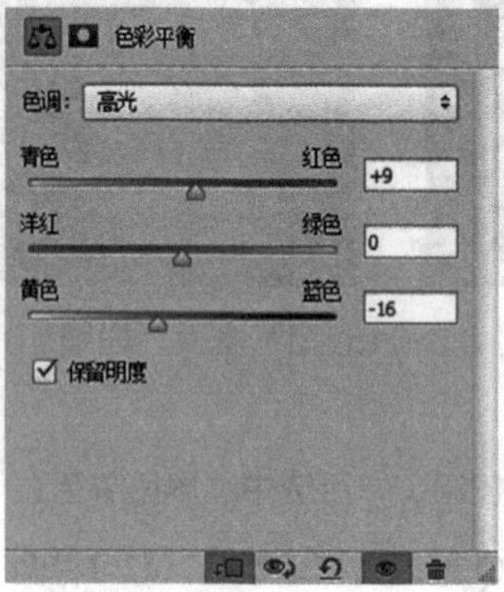

图 10-34

图 10-35

（5）选择“减淡工具”，并设置在选项栏中设置“范围”为“高光”“曝光度”为 22%，具体参数设置如图 10-36 所示，然后涂抹灌木球右侧，效果如图 10-37 所示。

图 10-36

（6）继续以上操作处理全图，图片最终效果如图 10-38 所示。

图 10-37

图 10-38

10.3.2 鸟瞰场景中植物的光感体现

鸟瞰场景中植物光感体现不像透视图那么明显，而是在很大的范围内有一个从明到暗、从冷到暖的变化，如图 10-39 所示。

图 10-39

10.4　近景马路的处理及车灯的添加手法

近景特别是雨后的马路，会反射车灯以及店铺橱窗中的光。路面还会有斑驳凹凸感。在建筑表现中近景的马路如果处理得当，也会为整幅作品增色不少。

10.4.1　夜景马路质感分析

图 10-40 由于长时间曝光，湿滑的路面反射路灯的光感，加上路面的凹凸颗粒感，使整幅图的细节更加丰富。在图 10-41 中可以看到，路面反射车灯在地上形成一个长长的反射效果。图 10-42 是一张步行街图，路面上反射的室内灯光，将本来单调的路面映射得多彩多姿。

图 10-40

图 10-41

图 10-42

10.4.2　路面质感的后期处理手法

1. 夜景路面的合成

图 10-43 所示，是一张夜景渲染图，可以看到前景路面的细节不是很多，下面用一张实景路面来进行合成以增加细节。

图 10-43

将马路通过通道图层选中，如图 10-44 所示，然后执行“图层 > 新建 > 通过拷贝的图层”菜单命令将原图中的马路复制出来，接着挑选一个含有马路的素材，使用“套索工具”将马路部分勾选出来并创建一个新图层，如图 10-45 所示。

图 10-44

图 10-45

将勾选出来的马路素材合成到夜景原图中，然后在新图层上单击鼠标右键，在弹出的快捷菜单中选择“创建剪贴蒙版”选项，并设置为“图层 15”的剪贴蒙版，最后将其混合模式设置为“叠加”，如图 10-46 所示。

合成后的效果如图 10-47 所示，合成后的细部如图 10-48 所示。

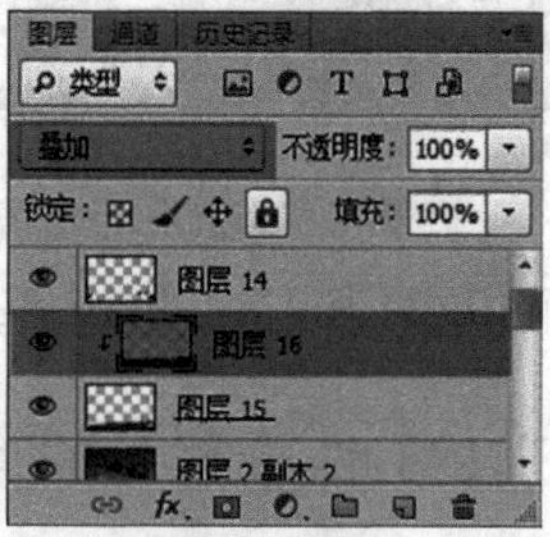

图 10-46

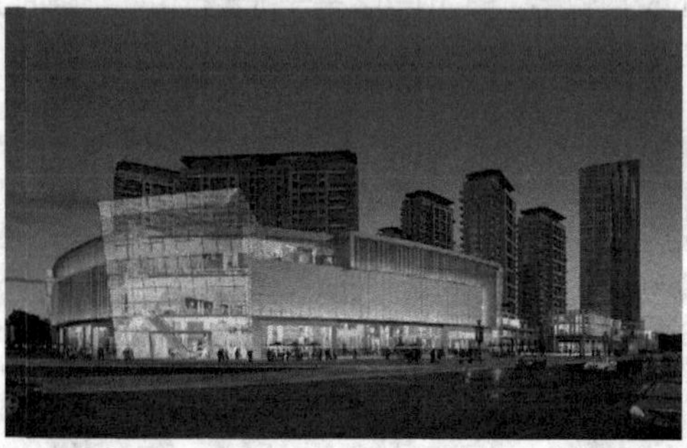

图 10-47

图 10-48

2. 车灯反射的添加

图 10-49 是一张路面车灯反射效果的素材，使用“椭圆选框工具” 选中一个路面车灯反射区域，如图 10-50 所示，然后将其拖曳到场景中，如图 10-51 所示。

图 10-49

图 10-50

图 10-51

接着将该素材图层的混合模式设置为“滤色”，效果如图 10-52 所示。

从图 10-52 可以观察到，拖入的素材边缘还比较生硬。执行“图像 > 调整 > 色阶”菜单命令调整色阶，然后用“橡皮擦工具” 进行涂抹修整。参照以上操作，添加其他车前后灯的反射效果，此时效果如图 10-53 所示。

图 10-52

图 10-53

3. 车灯添加

从素材中抠取图 10-54 所示的车灯合成到场景中，并设置图层的混合模式为“滤色”，最终效果如图 10-55 所示。

Tips

夜景车灯素材的图层混合模式常设置为“滤色”或“颜色减淡”。

图 10-54

图 10-55

10.5 远景的虚化处理手法

在建筑表现中经常会遇到远景的虚化处理，处理方法的正确与否直接关系到画面效果的好坏，若方法不当，容易造成画面不干净。

远景的虚化是由于空气的透视造成的，越远的地方所看的景物对比度就越弱，色彩饱和度也越低。在清晨和黄昏时这种虚化特别明显，在正午时会稍微减弱一些，如图 10-56 和图 10-57 所示。

图 10-56

图 10-57

Tips

大气透视亦称空气透视，表现在画面中形成明暗不同的阶调透视和鲜淡不同的色彩透视。因此空气透视也常被称为阶调透视。阶调透视和线条透视一样，也存在着一定的规律性。

课堂案例：远景虚化的后期处理

素材位置	素材文件 >CH10> 素材 02	扫码观看视频！
实例位置	实例文件 >CH10> 远景虚化的后期处理 .psd	
学习目标	掌握远景虚化的后期处理的方法	

（1）打开学习资源中的“素材文件 >CH10> 素材 02>02.psd”文件，并将建筑的体块图层中后面几栋住宅载入选区，如图 10-58 所示。

（2）新建一个空白图层，然后使用“渐变工具”吸取天空的颜色，接着从上到下拉一个从天空颜色到透明的渐变，如图 10-59 所示。

图 10-58

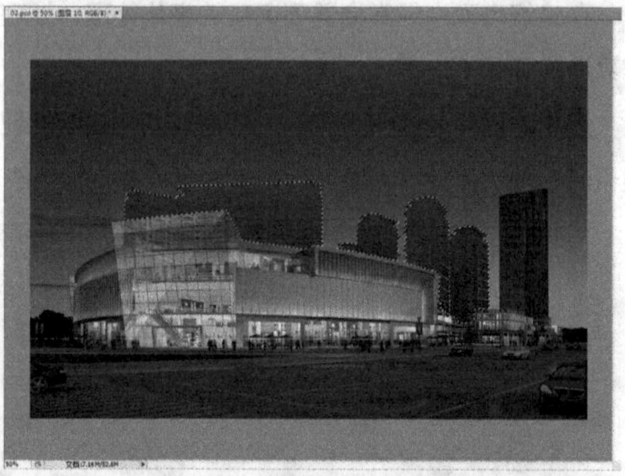

图 10-59

（3）调整新建图层的“不透明度”数值，可以使渐变更加融合，如图 10-60 所示。

图 10-60

10.6 草坡微地形的做法

在住宅和景观项目中经常会遇到微地形的制作，而草坡微差地形往往都是通过后期素材拼贴而成的。

10.6.1 微地形特点

一般在园林景观中，微地形是依照天然地貌或人为造出的仿丘陵似的起伏变化地势，如图 10-61 和图 10-62 所示。一般草坡微地形在后期制作中比较常见，其制作方法也是通过草坡素材的拼贴来进行合成的。

图 10-61

图 10-62

10.6.2 微地形的后期制作

图 10-63 所示为某小区的半鸟瞰图，下面为该小区的绿化区域制作微地形草坡。选择合适的草坡素材合成到场景中，并使用“自由变换”命令调整其位置及大小，如图 10-64 和图 10-65 所示。

图 10-63

图 10-64

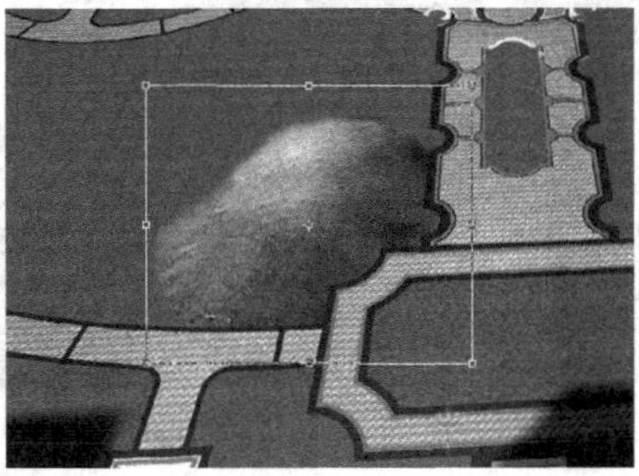

图 10-65

将草坡素材的图层通过执行“图层 > 新建 > 通过拷贝的图层”菜单命令拷贝一个出来，然后通过“自由变换”命令中的相关命令和“移动工具”来调整透视，并制作另一块草坡，通过调整后的效果如图 10-66 所示。

小区绿化最终效果如图 10-67 所示。

Tips

在草坡的拼贴时要注意素材的使用，一般可以通过对一个素材的多次变形来进行拼贴。

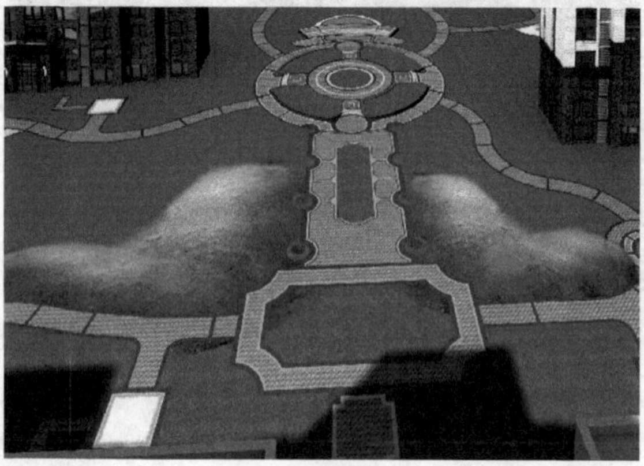

图 10-66

图 10-67

10.7 天际线的做法

在鸟瞰图或半鸟瞰图中，经常会遇到天际线处理不当的问题。好的天际线对处理远景有很大的帮助。

10.7.1 什么是天际线

天际线即远处天地相交的那条轮廓线。处理好了天际线，也就相当于处理好了鸟瞰或者半鸟瞰图的远景。图 10-68 是一张高楼林立的城市黄昏半鸟瞰图，图 10-69 是一张日景鸟瞰图。从这两张图中可以看到，远处的建筑与树木若隐若现，与天空形成了一条天际线，颇为壮观。

图 10-68

图 10-69

10.7.2 天际线的后期处理手法

1. 素材的处理

图 10-70 所示为一张夜景的半鸟瞰图，下面为其合成远景以及天际线。选择合适的天际线素材，如图 10-71 所示。

图 10-70

图 10-71

2. 素材的拼接

将“远景 .jpg”素材合并到“远景”图层组中，合成到场景中的效果如图 10-72 所示。再将素材复制一份，并进行水平翻转和平移，最后合并到一个图层中，效果如图 10-73 所示。

图 10-72

图 10-73

3. 蒙版的复合运用

为合并好的远景素材图层添加一个图层蒙版，然后在蒙版上使用“渐变工具” 拉一个从下到上的渐变，图层面板如图 10-74 所示。

继续为“远景”图层组添加一个蒙版，如图 10-75 所示。通过场景中建筑的体块通道图层，将部分建筑载入选区，如图 10-76 所示。

图 10-74

图 10-75

图 10-76

选中“远景”组图层蒙版并将选区填充为黑色，这样建筑部分就显露出来了，如图 10-77 所示。此时，仔细观察可以发现，远景的体块和树木部分还没有完全显现出来，如图 10-78 所示。

图 10-77

图 10-78

通过颜色通道图层将体块和树选中，如图 10-79 所示，然后使用黑色“画笔工具”在“远景”组蒙版上进行涂抹，“图层”面板如图 10-80 所示。处理后的细部如图 10-81 所示，最终整体效果如图 10-82 所示。

Tips

之所以在“图层 74”和“远景”图层组都添加蒙版，是因为在移动“图层 74”时，可以不考虑建筑遮挡部分是否被移动，从而方便调整天际线的位置。一般“远景”组应该在原始图像的上层，这样就能盖住渲染出来的天际线上生硬的边缘。

图 10-79

图 10-80

图 10-81

图 10-82

10.8　光效的处理

适当的光效应用在效果图中能起到画龙点睛的作用。

10.8.1　自然界中的光

图 10-83 中一束暖光从左往右逐渐减弱，使画面产生一个由暖到冷的色彩变化。图 10-84 中一缕斜阳洒出万丈金光，成为视觉中心，拉长的影子及光线为画面增加了不少感情色彩。图 10-85 就是常说的体积光，一般透过树影的间隙洒向大地。

图 10-83

图 10-84

图 10-85

课堂案例：透视光效的后期添加

素材位置	素材文件 >CH10> 素材 03	扫码观看视频!
实例位置	实例文件 >CH10> 透视光效的后期添加 .psd	
学习目标	掌握植物光感的后期处理的方法	

（1）打开学习资源中的“素材文件 >CH10> 素材 03>03.jpg”场景文件，如图 10-86 所示。

（2）下面为该图的左侧添加一个阳光光效。打开学习资源中的“素材文件 >CH10> 素材 03> 光 2.psd”场景文件，如图 10-87 所示。

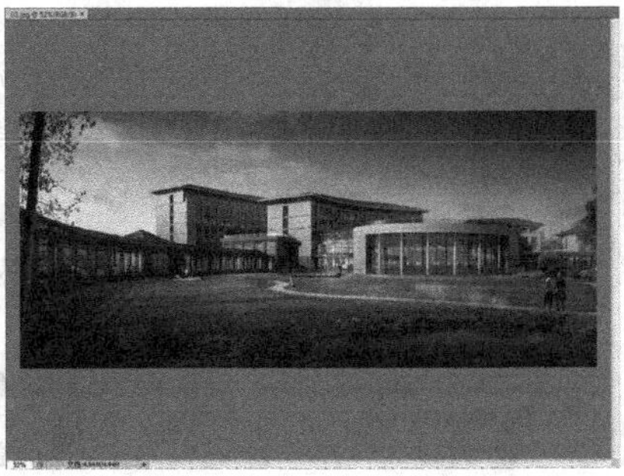

图 10-86

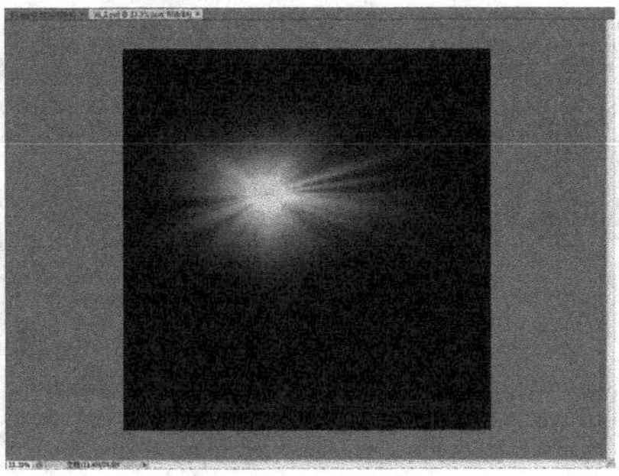

图 10-87

（3）将该图层的混合模式设置为“滤色”，合成后的效果如图 10-88 所示。

（4）调整素材的大小及颜色，最终效果如图 10-89 所示。

Tips

叠加模式一般是“滤色”“颜色减淡”及“线性减淡”。

图 10-88

图 10-89

10.8.2 鸟瞰光效的后期添加

下面为该鸟瞰图添加光效，如图 10-90 所示。首先合并如图 10-91 所示的黄色光带素材，然后将素材图层的混合模式设置为“线性减淡”，接着双击素材图层的空白处，弹出“图层样式”对话框，勾选“将内部效果混合成组”选项，如图 10-92 所示。

图 10-90

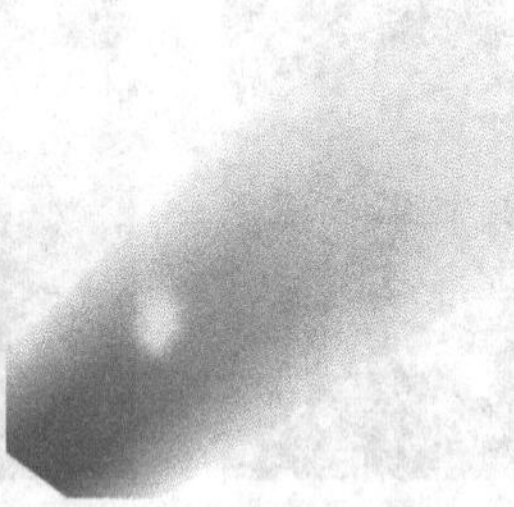

图 10-91

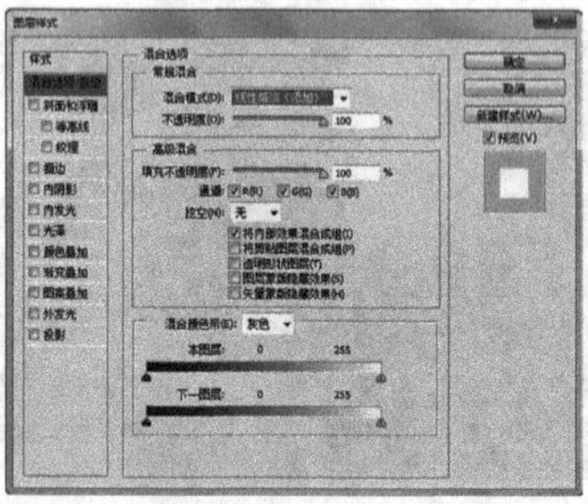

图 10-92

合并后的效果如图 10-93 所示，调整素材的大小位置，最终效果如图 10-94 所示。

图 10-93

图 10-94

10.8.3　体积光的后期制作

下面为该画面左侧制作一个体积光，如图 10-95 所示。

首先新建一个空白图层，然后使用“矩形选区工具” 绘制一个矩形选区，并填充为白色，如图 10-96 所示。

图 10-95

图 10-96

按组合键 Ctrl+D 退出选区，然后执行“滤镜 > 模糊 > 动感模糊”菜单命令，在弹出的“动感模糊”对话框中设置“角度”-63 度、“距离”为 875 像素，具体参数如图 10-97 所示。最后调整其大小，并多复制几份进行排列，最终效果如图 10-98 所示。

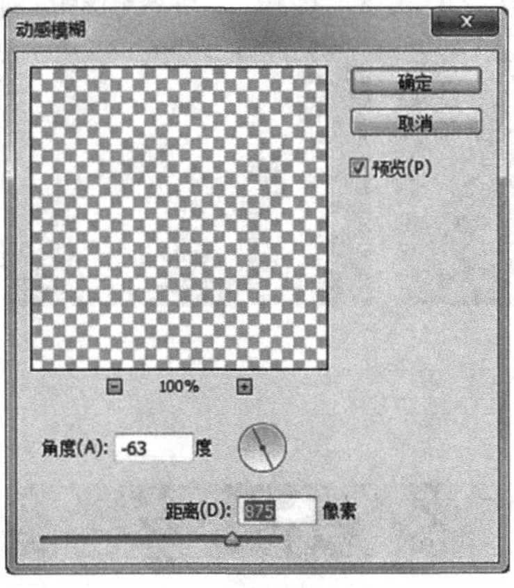

图 10-97

图 10-98

Tips

制作体积光的方法很好可以通过套索勾画光线洒下来选区然后填充白色执行动感模糊，如果需要光线那种拉丝的效果可以再执行“滤镜 > 杂色 > 添加杂色”后执行模糊命令。制作好素材后可以自己收藏一份以备后续使用。

10.8.4　夜景内街溢光的制作

这是一张内街的黄昏效果图。一般情况下，橱窗的光会溢出到铺地上面，但图中溢光效果并不够强烈，如图 10-99 所示。

将铺地材质载入选区，然后新建一个空白图层，并为其添加一个图层蒙版，接着将其混合模式改为“颜色减淡”，如图 10-100 所示。

图 10-99

图 10-100

设置前景色为（R:253，G:189，B:121），如图 10-101 所示，然后使用“画笔工具” 在如图 10-102 所示的红色区域内用画笔涂抹，最终效果如图 10-103 所示。

Tips

用画笔涂抹时，画笔的硬度不宜过高，一般流量低于 20% 画笔，不透明度一般也在 20% 以下。

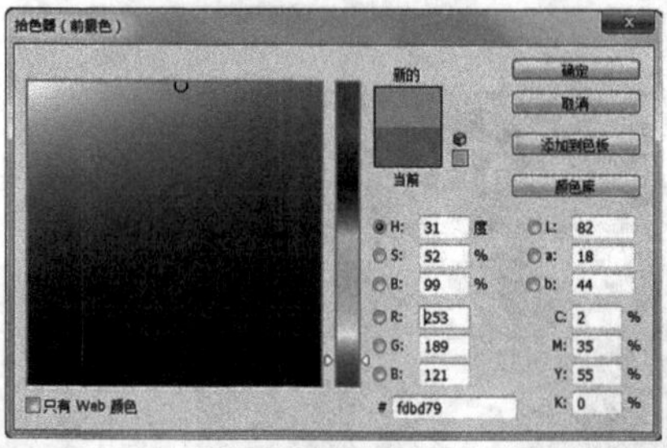

图 10-101

图 10-102

图 10-103

10.9 玻璃质感的后期处理

建筑效果图中经常会遇到玻璃质感不强和玻璃内透效果不佳的情况。下面介绍如何增强玻璃的质感以及玻璃内透。

10.9.1 玻璃质感特征

玻璃主要包含透明度、反射、高光三大特性，从这三方面来分析制作玻璃，便很容易理解了。

在商业橱窗玻璃中，玻璃的透明度很高，反射较弱，高光较弱；而建筑玻璃的透明度相对较弱，反射比较强，高光较强。

1. 橱窗玻璃

图 10-104 是一个橱窗玻璃，可以看到内透十分明显，即透明度强、反射较弱；图 10-105 是一个住宅玻璃，同样是大面积的玻璃，但由于其角度等因素，反射出了天空的淡蓝色，所以它的透明度相对弱一些，一般没有高光。

图 10–104

图 10–105

2. 建筑玻璃

图 10–106 是一栋玻璃外墙建筑，玻璃反射出了周边的建筑和天空，没有明显的高光，且能看到微弱的室内结构，说明这块建筑玻璃的反射高、透明度低。在图 10–107 中可以看到，玻璃反射周边的天空和建筑，而且左上角有高光，几乎看不到室内，说明这块建筑玻璃反射很高、透明度很低、有高光。

图 10–106

图 10–107

白天的玻璃和晚上玻璃还不太一样，白天玻璃主要体现在反射和透明度上，而且普遍反射较强；而晚上的玻璃由于室内光亮、周边环境很暗，则以透明度为主、反射为辅。

Tips

为了表现效果，夜景的玻璃一般会制作的比实际生活中的亮。商业橱窗玻璃不论白天还是晚上，一般也都是偏暖偏亮的，特别要求除外。

10.9.2　商业橱窗玻璃的室内后期处理技法

1. 处理前准备

图 10–108 是一张夜景的商业街图。首先通过 RGB 通道即图 10–109 中的“图层 1”选中玻璃部分即载入选区，然后执行“图层 > 新建 > 通过拷贝的图层”菜单命令，新建一个拷贝的图层，接着将其添加为图层组，并命名组为 boli，最后并为该图层组添加一个玻璃选区的蒙版。

图 10-108

图 10-109

2. 素材的变形操作

导入玻璃素材文件，如图 10-110 所示，然后通过“矩形选区工具”框选一个合适的位置，使用“移动工具”合成到场景中，如图 10-111 所示。

图 10-110

图 10-111

执行“编辑 > 自由变换”菜单命令，然后在素材上的右键菜单中选择相关命令进行变换，使素材的形状与弧形玻璃相贴合，如图 10-112 所示。

继续使用上述方法制作其他玻璃橱窗，如图 10-113 和图 10-114 所示，最后将这些贴图素材的图层合并为一个图层。此时效果如图 10-115 所示。

图 10-112

图 10-113

图 10-114

图 10-115

3. 为玻璃上层添加反射

下面需要为玻璃的上层添加反射效果。图 10-116 是一张白天的玻璃图片，可以看到玻璃上面有反射光。然后将该素材其合成到场景中并进行变换，如图 10-117 所示，继续其他橱窗的合成，效果如图 10-118 所示。

图 10-116

图 10-117

图 10-118

这里只需要玻璃上面部分的反射效果，使用“橡皮擦工具”将图 10-119 所示的红色区域擦除，效果如图 10-120 所示。

图 10-119

图 10-120

将商业玻璃一楼区域的原始玻璃复制到一个新的图层中，然后将该图层的混合模式改为“柔光”，如图 10-121 所示。叠加后的效果如图 10-122 所示。

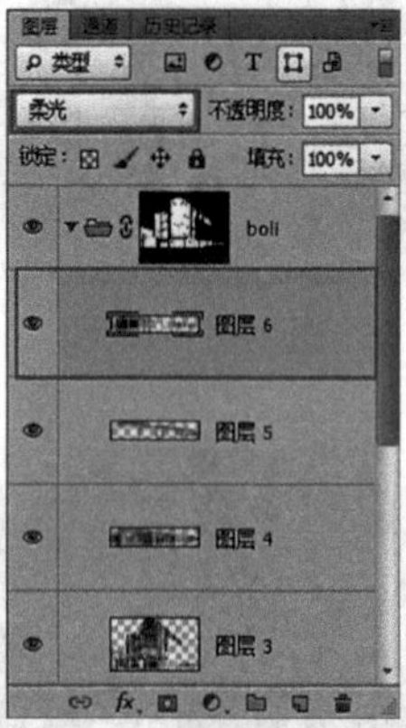

图 10-121

图 10-122

4. 加环境反射

下面给玻璃上添加周围环境的反射效果。图 10-123 是树的剪影，图 10-124 是建筑的剪影，这里便要将这些剪影投射到玻璃中。

图 10-123

图 10-124

将上述树的剪影合成到场景中，如图 10-125 所示，然后改变该图层的混合模式设置为“滤色”，如图 10-126 所示，叠加后的效果如图 10-127 所示。

使用相同方法制作的建筑反射效果，如图 10-128 所示。

图 10-125

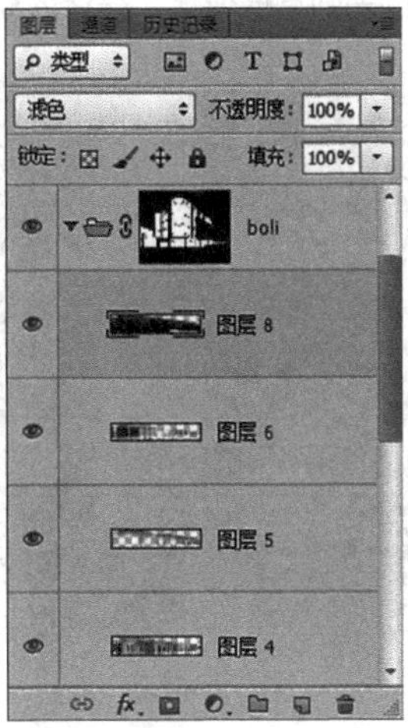

图 10-126

图 10-127

图 10-128

5. 添加天空反射

按照前面的方法将所有玻璃处理完整，如图 10-129 所示。将所有玻璃载入选区，并新建一个图层，然后使用“渐变工具”从上往下拉一个由蓝到透明的渐变，如图 10-130 所示。

将拖出渐变的图层的混合模式设置为“柔光”，将“不透明度”设置为 44%，叠加后的效果如图 10-131 所示。

图 10-129

图 10-130

图 10-131

6. 添加室内灯光

图 10-132 是一张室内灯光的素材。首先使用“矩形选框工具”和“移动工具”将其合并到场景中，如图 10-133 所示，然后改变该图层的混合模式为“滤色”，如图 10-134 所示。

复制这些灯光到其他位置，最终效果如图 10-135 所示。

图 10-132

图 10-133

图 10-134

图 10-135

10.9.3 建筑玻璃的质感处理

该栋建筑的外墙玻璃整体质感偏弱，墙面没有反射，只有一些微弱的内透效果，如图 10-136 所示。

1. 添加反射

通过 RGB 颜色图层将玻璃载入选区，然后成组并命名组为 boli，接着为组添加一个玻璃选区的蒙版，如图 10-137 所示。

图 10-136

图 10-137

选择一张包含天空和建筑的素

材，如图 10–138 所示，然后将其合成到 boli 图层组中，如图 10–139 所示。

将玻璃图层复制一个副本图层，并置于素材图层之上，然后改变图层的混合模式为“柔光”，“不透明度”为 70%，如图 10–140 所示。

图 10–138

图 10–139

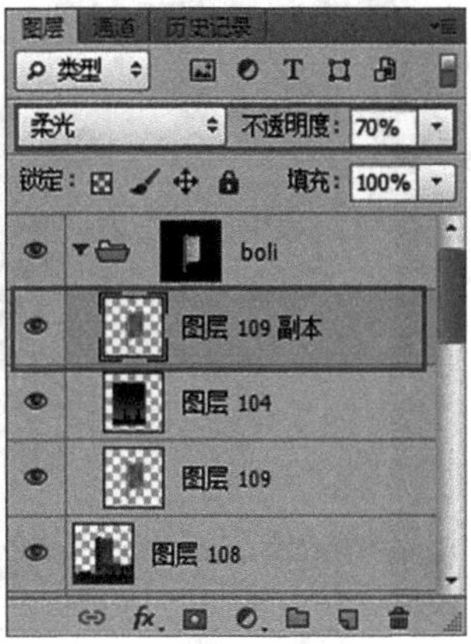

图 10–140

2. 增加光感

新建一个空白图层，并置于玻璃副本图层的上方，然后使用“渐变工具” 从下往上拉一个由黄色到透明的渐变，如图 10–141 所示。

使用“橡皮擦工具” 擦除下方较亮的部分，然后按住 Ctrl 键的同时单击该图层，将刚刚拉出的渐变载入选区，如图 10–142 所示，接着单击“图层”面板下方的“创建新的填充或调整图层”按钮 ，在弹出的菜单中选择“亮度 / 对比度”命令，如图 10–143 所示。

图 10–141

图 10–142

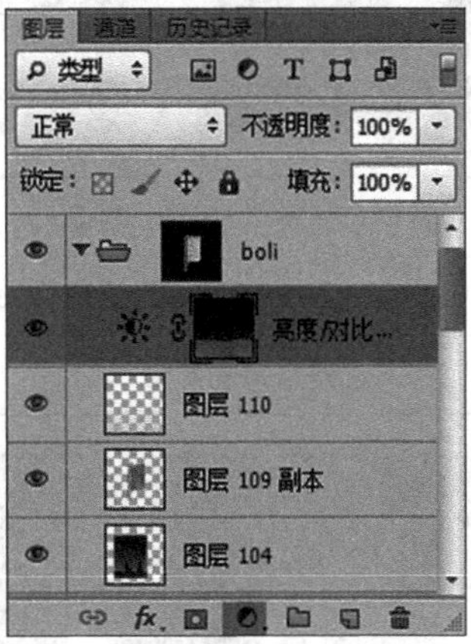

图 10–143

在“属性”面板中调整“亮度”为 –5、“对比度”为 34，并勾选“使用旧版”选项，如图 10–144 所示。调整后的最终效果如图 10–145 所示。可以看到建筑的玻璃质感增强了，也有了反射和变化。

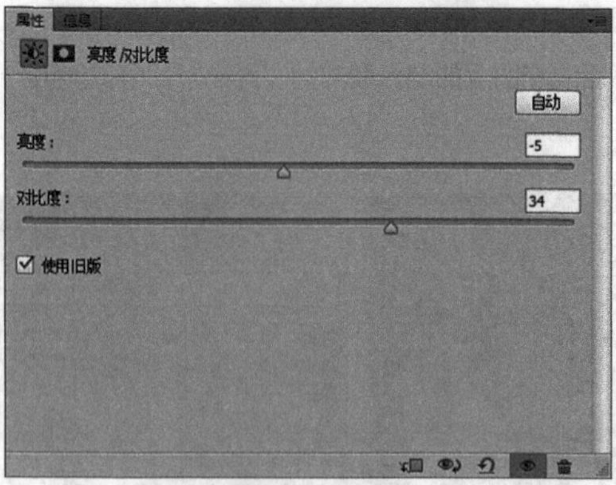

图 10-144

图 10-145

课后习题——添加光效

素材位置	素材文件 >CH10> 素材 04	扫码观看视频！
实例位置	实例文件 >CH10> 添加光效 .psd	
学习目标	练习添加光效的方法	

课后习题——远景虚化

素材位置	素材文件 >CH10> 素材 05	扫码观看视频！
实例位置	实例文件 >CH10> 远景虚化 .psd	
学习目标	练习远景虚化的方法	

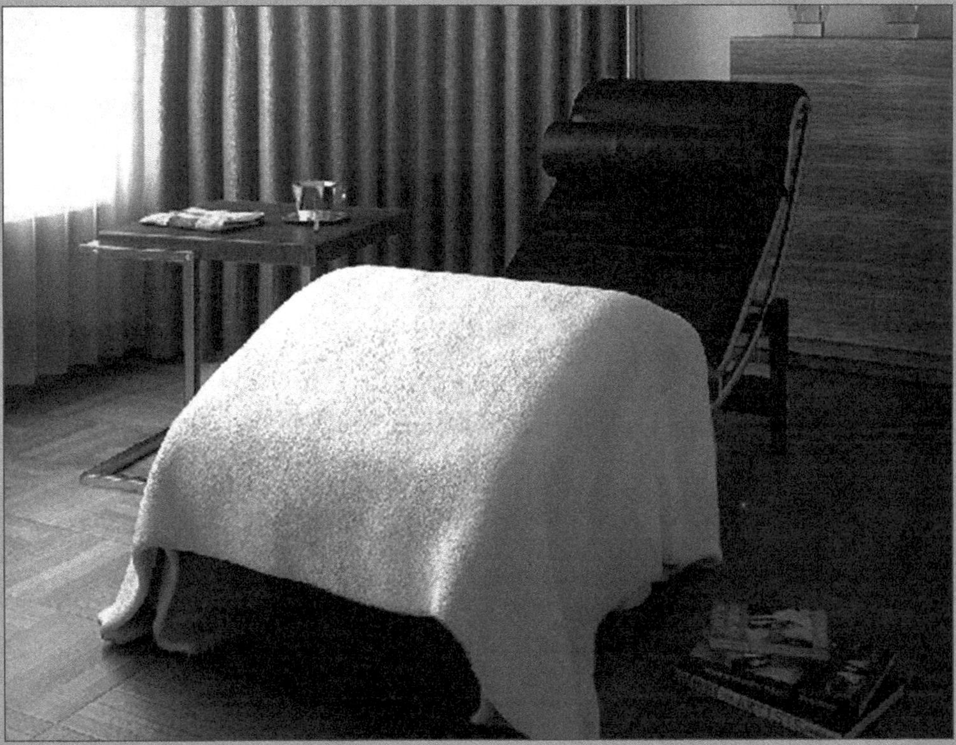

第 11 章

室内效果图后期制作

本章主要讲解室内效果图的后期表现手法，包括常见工具和命令在室内效果图制作中的运用。

本章学习要点：

- 掌握日景室内效果图制作方法
- 掌握夜景室内效果图制作方法

11.1 室内日景后期表现

素材位置	素材文件 >CH11> 01.jpg、02.jpg
实例位置	实例文件 >CH11> 室内日景后期表现 .psd
学习目标	掌握室内日景的后期表现

扫码观看视频！

11.1.1 图像整体色调调整

（1）打开本书学习资源“素材文件 >CH11> 01.jpg”文件，如图 11-1 所示。

（2）单击“创建新的填充或调整图层”按钮，并选择“曝光度”选项，具体参数设置如图 11-2 所示，图片调整后效果如图 11-3 所示。

图 11-1

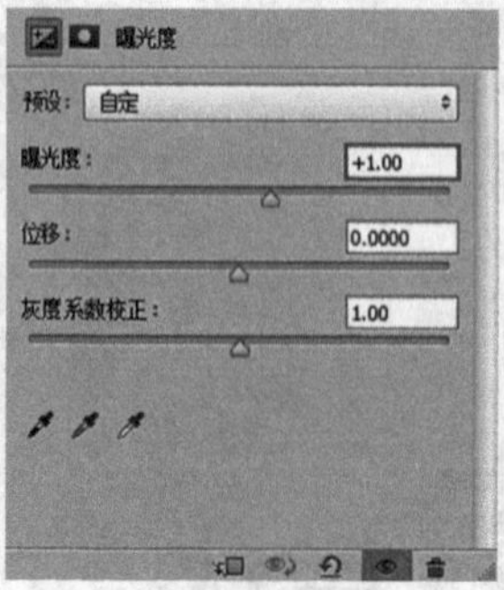

图 11-2

图 11-3

（3）单击“创建新的填充或调整图层”按钮，并选择“色阶”选项，具体参数设置如图 11-4 所示，图片调整后效果如图 11-5 所示。

（4）单击“创建新的填充或调整图层”按钮，并选择“色相 / 饱和度”选项，具体参数设置如图 11-6 所示，图片调整后效果如图 11-7 所示。

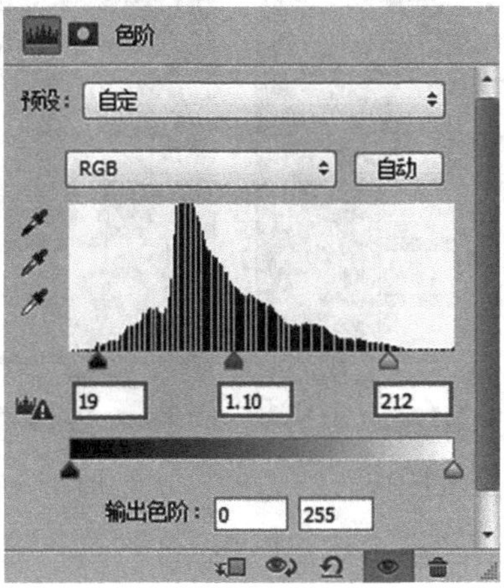

图 11-4

图 11-5

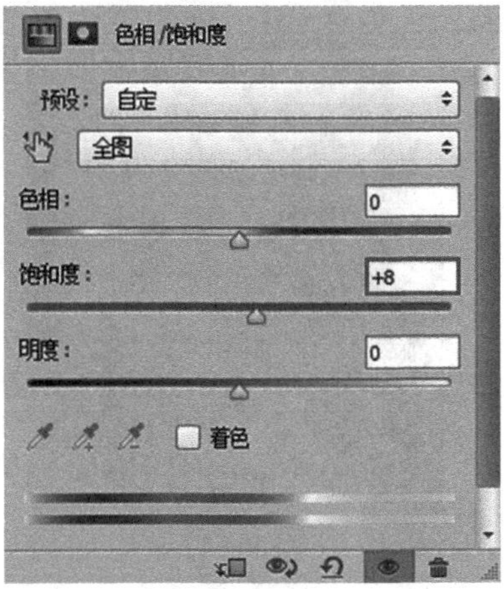

图 11-6

图 11-7

（5）单击“创建新的填充或调整图层”按钮，并选择“色彩平衡”选项，具体参数设置如图 11-8 所示，图片调整后效果如图 11-9 所示。

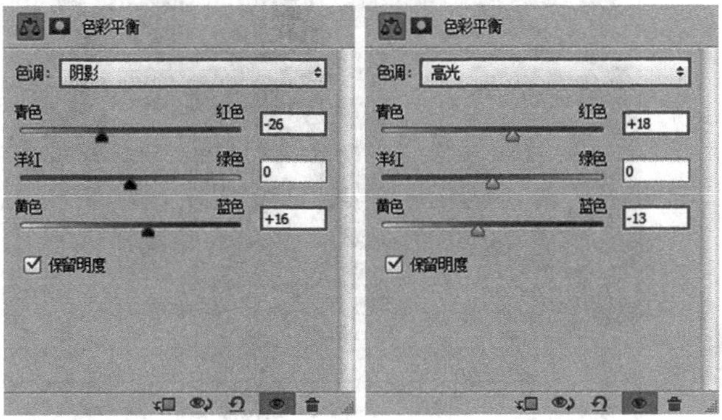

图 11-8

图 11-9

11.1.2 调整地板材质

（1）按组合键 Ctrl+Shift+Alt+E 对图像进行盖印操作，即图 11-10 中的“图层 1”。

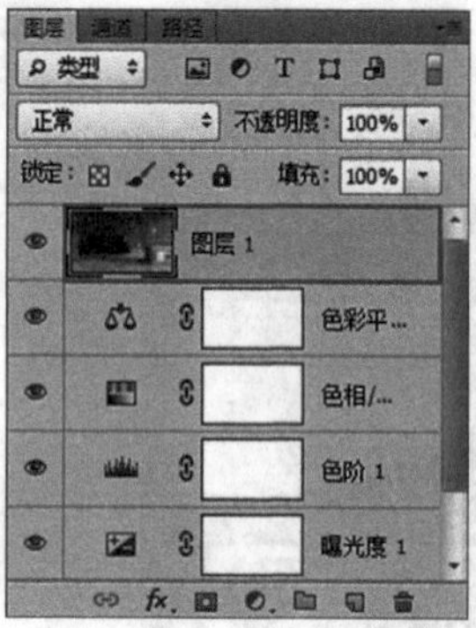

图 11-10

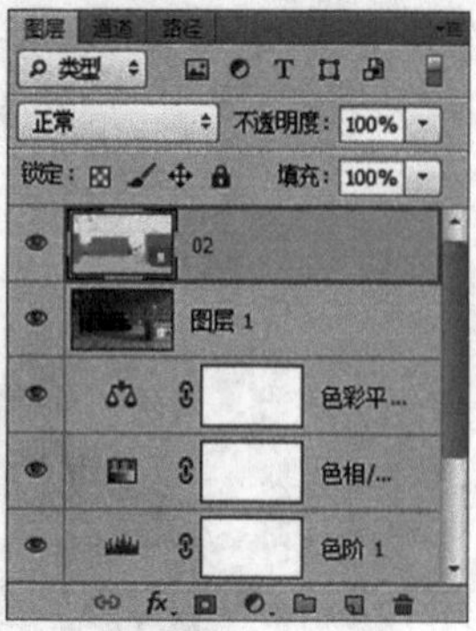

图 11-11

Tips

“盖印”是将处理后的各个分图层效果合并到一张新的图层中，与合并图层不同的是，盖印会生成一个新的图层，且不会影响其余图层。

（2）打开本书学习资源“素材文件 >CH11> 02.jpg”文件，如图 11-11 所示。

（3）单击“魔棒工具”，然后通过图层 02 选取地板材质，效果如图 11-12 所示。

（4）选中“图层 1”图层，然后按组合键 Ctrl + J 复制出“图层 2”，如图 11-13 所示。

图 11-12

图 11-13

（5）选中“图层 2”，单击“创建新的填充或调整图层”按钮，并选择“色相 / 饱和度”选项，然后单击下方的“此调整剪切到此图层”按钮，具体参数如图 11-14 所示，图片调整后效果如图 11-15 所示。

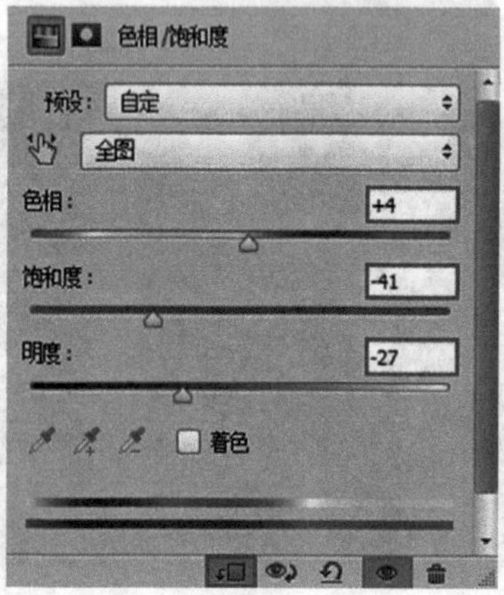

图 11-14

图 11-15

Tips

不单击“此调整剪切到此图层”按钮时，上述所做的调整会对下方所有图层都有影响，单击该按钮时，则对指定图层有影响。

（6）选中“图层 2”，单击“创建新的填充或调整图层”按钮，并选择“色阶”选项，接着单击下方的“此调整剪切到此图层”按钮，具体参数设置如图 11-16 所示，图片调整后效果如图 11-17 所示。

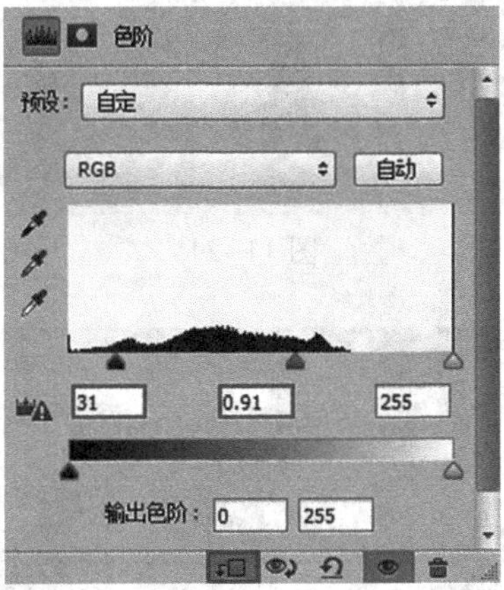

图 11-16

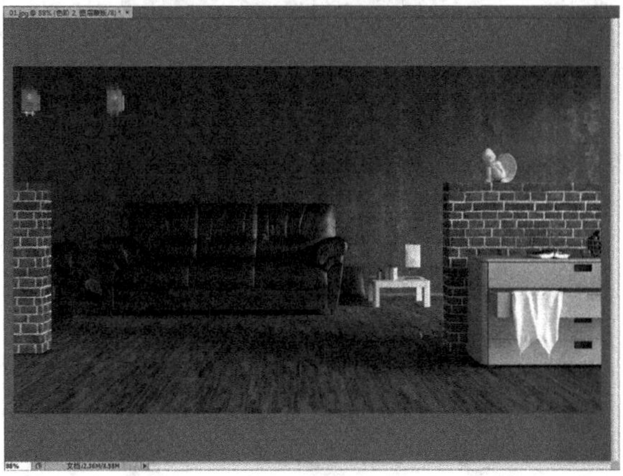

图 11-17

11.1.3 调整沙发颜色

（1）单击“魔棒工具”，然后用图层 02 选取沙发材质，效果如图 11-18 所示。

（2）选中“图层 1”，然后按组合键 Ctrl + J 复制出“图层 3”，如图 11-19 所示。

图 11-18

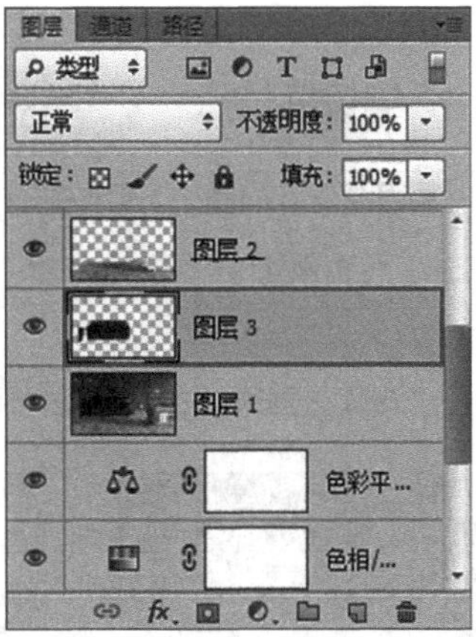

图 11-19

（3）选中“图层 3”，然后单击“创建新的填充或调整图层”按钮，并选择“色相 / 饱和度”选项，接着单击下方的“此调整剪切到此图层”按钮，具体参数如图 11-20 所示，图片调整后效果如图 11-21 所示。

（4）选中“图层 3”，然后单击“创建新的填充或调整图层”按钮，并选择“色阶”选项，接着单击下方的“此调整剪切到此图层”按钮，具体参数如图 11-22 所示，调整后效果如图 11-23 所示。

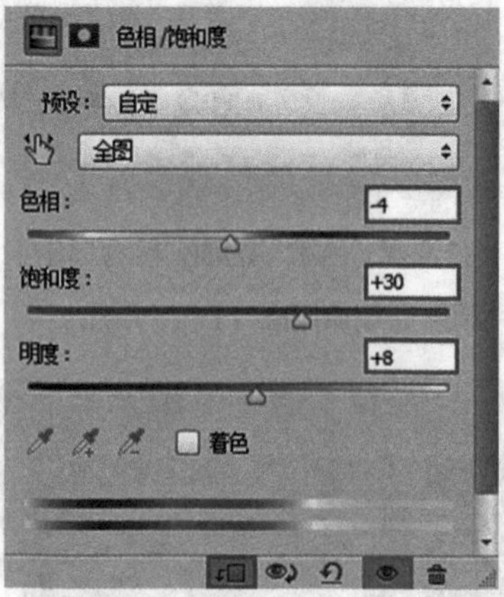

图 11-20

图 11-21

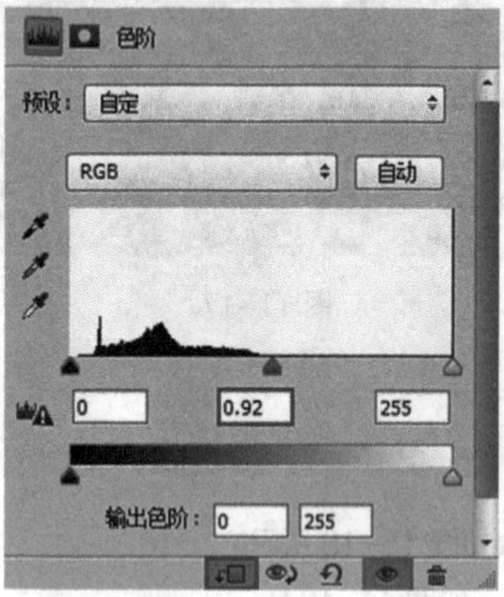

图 11-22

图 11-23

11.1.4 添加镜头光晕

（1）选中顶层图层，即图 11-24 中的“图层 4”，然后按组合键 Ctrl+Shift+Alt+E 对图像进行盖印操作。

（2）单击“创建新图层”按钮，然后设置“前景色”为黑色，接着按组合键 Alt + Delete 填充如图 11-25 所示。

（3）执行“滤镜 > 渲染 > 镜头光晕”菜单命令，然后在弹出的对话框中设置参数，如图 11-26 所示。

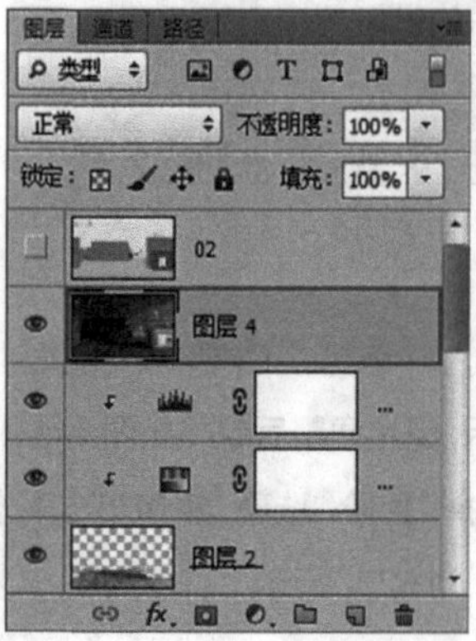

图 11-24

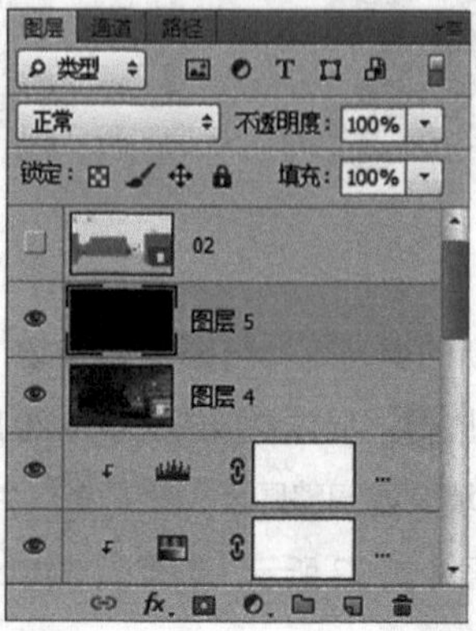

图 11-25

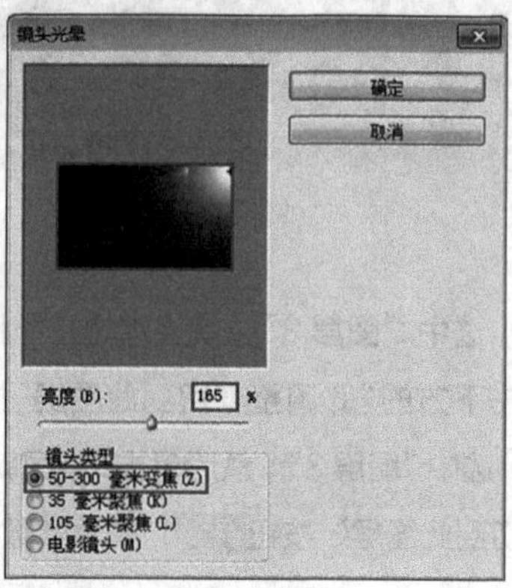

图 11-26

（4）单击“确定”按钮，退出对话框，图片效果如图 11-27 所示。

（5）设置“图层 5”的图层混合模式为“滤色”，然后设置“不透明度”为 80%，如图 11-28 所示，图片效果如图 11-29 所示。

图 11-27

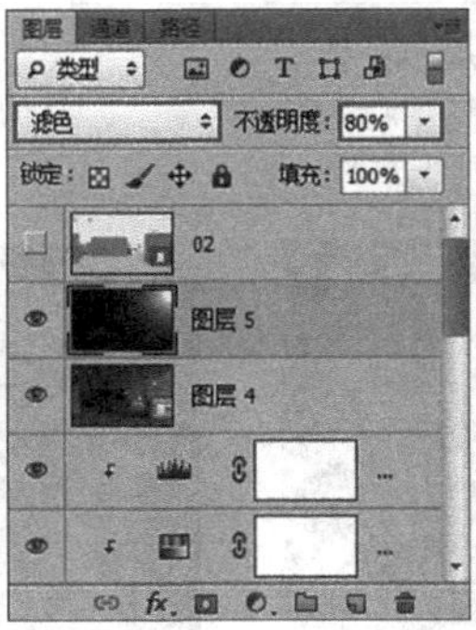

图 11-28

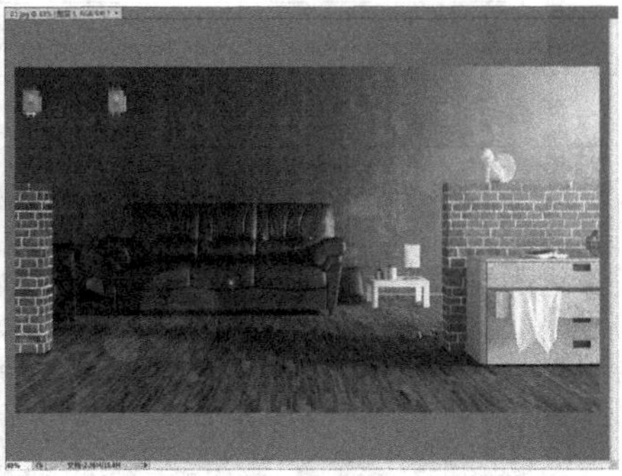

图 11-29

11.1.5　添加氛围

（1）新建“图层 6”，然后置于顶层，如图 11-30 所示。

（2）使用“矩形选框工具”，然后设置羽化为 100 像素，接着框选整个画面，如图 11-31 所示。

（3）按组合键 Ctrl + Shift + I 反选选区，如图 11-32 所示。

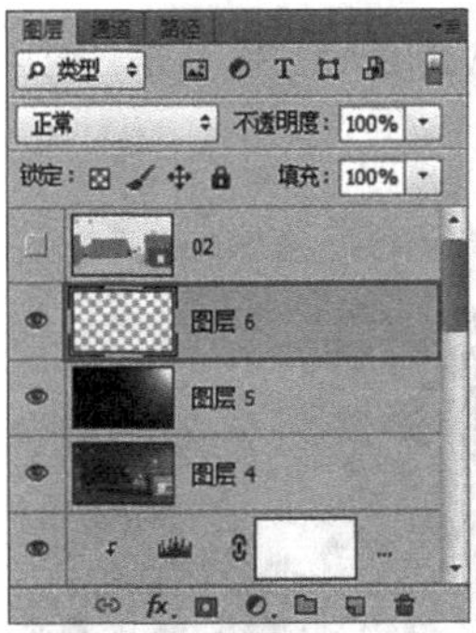

图 11-30

图 11-31

图 11-32

（4）设置“前景色”为黑色，然后按组合键 Alt + Delete 填充到“图层 4”，效果如图 11-33 所示。

（5）按组合键 Ctrl + D 取消选区，最终效果如图 11-34 所示。

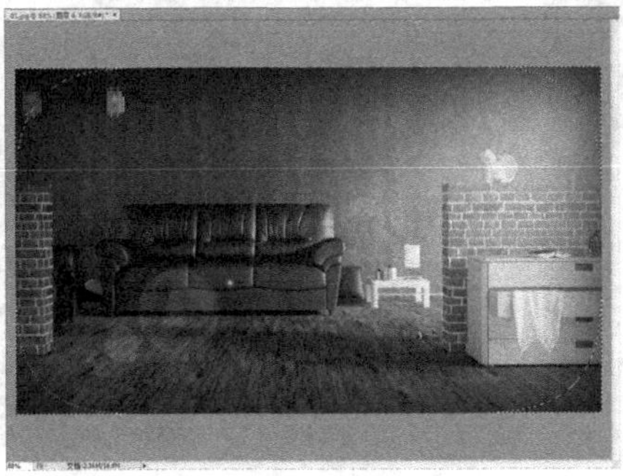

图 11-33

图 11-34

11.2 室内夜景后期表现

素材位置	素材文件 >CH11> 03.jpg、04.jpg
实例位置	实例文件 >CH11> 室内夜景后期表现 .psd
学习目标	掌握室内夜景的后期表现

扫码观看视频！

11.2.1 图像整体色调调整

（1）打开本书学习资源“素材文件 >CH11> 03.jpg”文件，如图 11-35 所示。

（2）单击“创建新的填充或调整图层”按钮，并选择“曝光度”选项，具体参数如图 11-36 所示，图片调整后效果如图 11-37 所示。

图 11-35

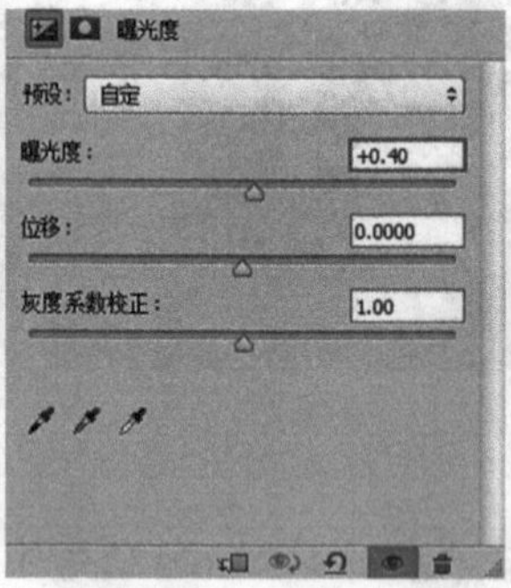

图 11-36

图 11-37

（3）单击“创建新的填充或调整图层”按钮，并选择“色阶”选项，具体参数如图 11-38 所示，图片调整后的效果如图 11-39 所示。

（4）单击“创建新的填充或调整图层”按钮，并选择“色彩平衡”选项，具体参数如图 11-40 所示，图片调整后的效果如图 11-41 所示。

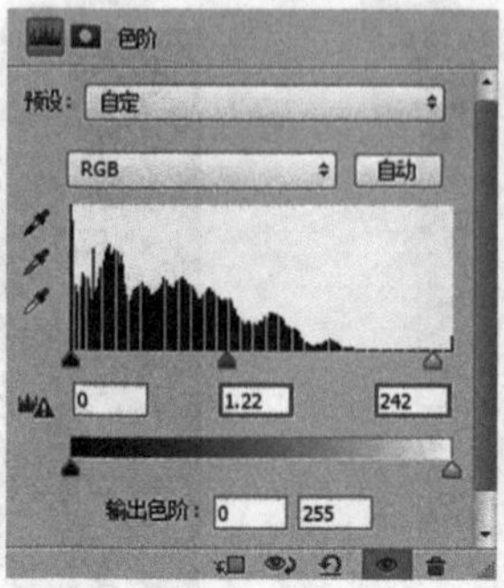

图 11-38

图 11-39

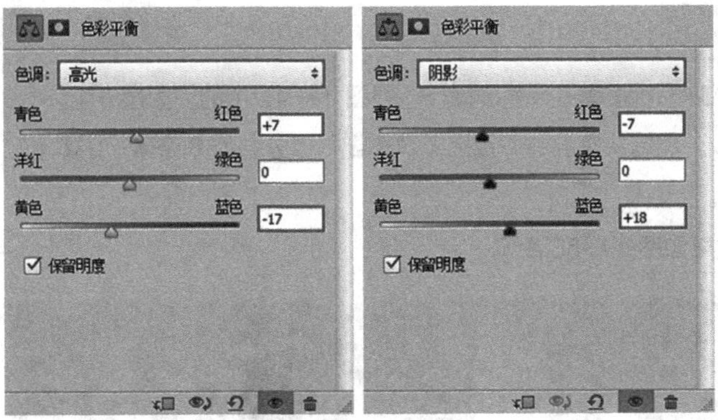

图 11-40

图 11-41

11.2.2　调整木质材质

（1）按组合键 Ctrl+Shift+Alt+E 对图像进行盖印操作，即图 11-42 中的“图层 1”。

（2）打开本书学习资源“素材文件 >CH11> 03.jpg”文件并置于顶层，如图 11-43 所示。

（3）单击“魔棒工具”，然后选取“图层 03”中的木质材质，效果如图 11-44 所示。

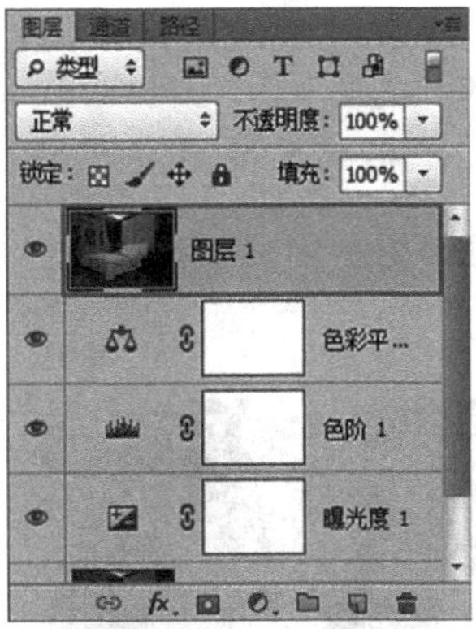

图 11-42

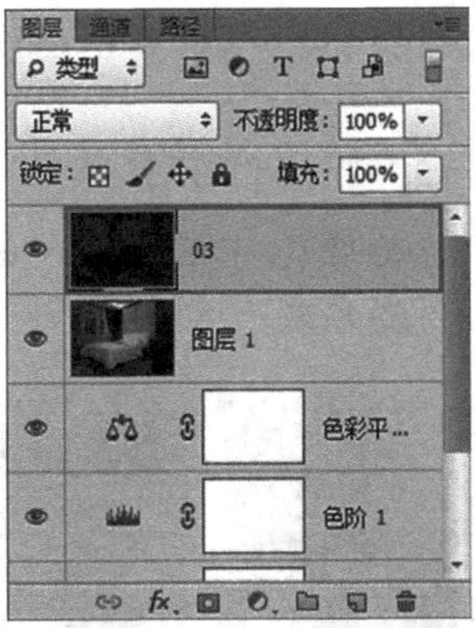

图 11-43

图 11-44

（4）选中“图层 1”图层，然后按组合键 Ctrl + J 复制出“图层 2”，如图 11-45 所示。

（5）选中“图层 2”，单击“创建新的填充或调整图层”按钮，并选择“曲线”选项，接着单击下方的“此调整剪切到此图层”按钮，具体参数如图 11-46 所示，图片调整后效果如图 11-47 所示。

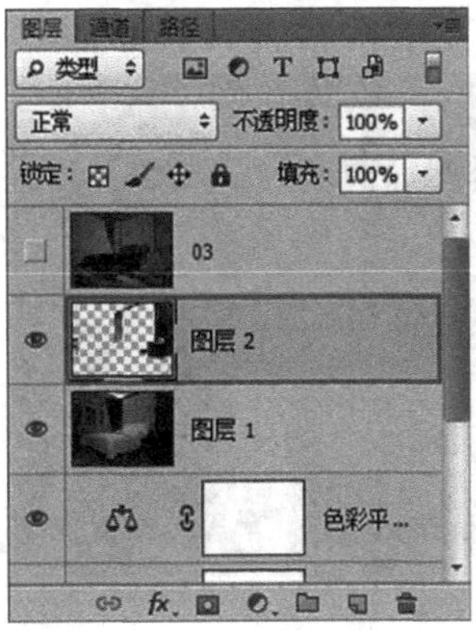

图 11-45

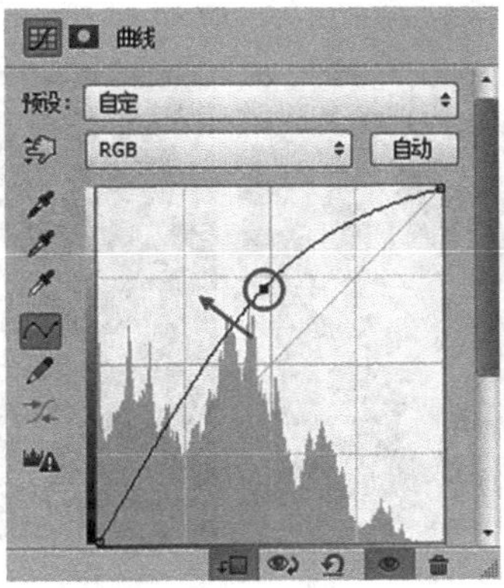

图 11-46

图 11-47

11.2.3　添加景深

（1）选中顶层图层，然后按组合键 Ctrl+Shift+Alt+E 对图像进行盖印操作，即图 11-48 中的“图层 3”。

（2）执行“滤镜 > 模糊 > 场景模糊”菜单命令，然后从左到右设置三个“模糊”值分别为 8 像素、0 像素和 15 像素的控制点，控制点位置如图 11-49 所示。

（3）单击“确定”按钮，退出对话框，图片效果如图 11-50 所示。

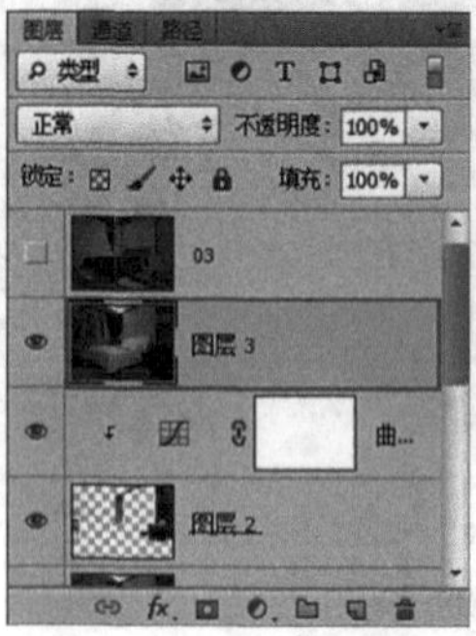

图 11-48

图 11-49

图 11-50

11.2.4　添加氛围

（1）新建“图层 4”，然后置于“图层 3”之上，如图 11-51 所示。

（2）使用“矩形选框工具”[ ]，然后设置羽化为 100 像素，接着框选整个画面，如图 11-52 所示。

（3）按组合键 Ctrl + Shift + I 反选选区，如图 11-53 所示。

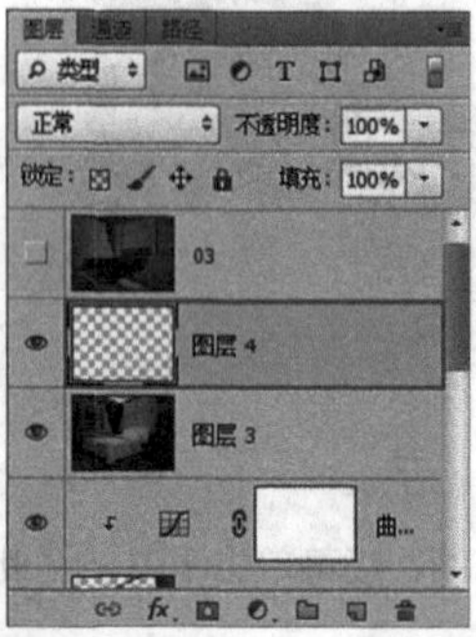

图 11-51

图 11-52

图 11-53

（4）设置“前景色”为黑色，然后按组合键 Alt + Delete 填充到“图层 4”，效果如图 11-54 所示。

（5）按组合键 Ctrl + D 取消选区，然后按组合键 Ctrl + J 将黑色边框复制一层，最终效果如图 11-55 所示。

图 11-54

图 11-55

课后习题——室内日景后期制作

素材位置	素材文件 >CH11>05.jpg、06.jpg
实例位置	实例文件 >CH11> 室内日景后期制作 .psd
学习目标	练习室内日景后期制作

扫码观看视频！

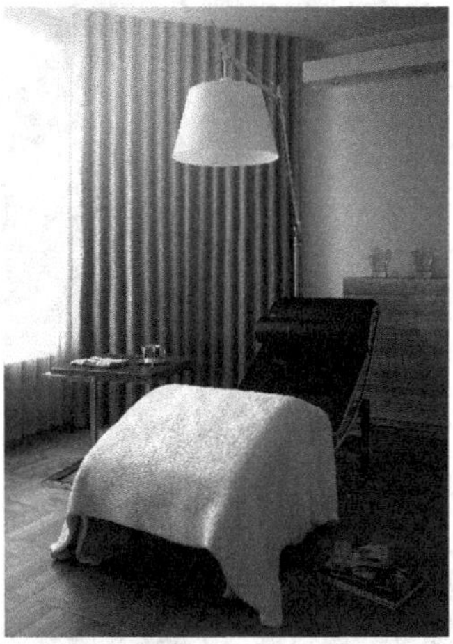

课后习题——室内夜景后期制作

素材位置	素材文件 >CH11>07.jpg
实例位置	实例文件 >CH11> 室内夜景后期制作 .psd
学习目标	练习室内夜景后期制作

扫码观看视频！

第 12 章

室外效果图后期制作

本章主要讲解室外效果图的后期表现手法，重点练习蒙版、图像调整、选区等工具在综合案例中的应用。

本章学习要点：

- 掌握住宅日景的后期表现方法
- 掌握住宅夜景的后期表现方法

12.1 住宅日景的后期表现

素材位置	素材文件 >CH12> 素材 01	扫码观看视频！
实例位置	实例文件 >CH12> 住宅日景的表现 .psd	
学习目标	掌握住宅日景的后期表现	

12.1.1 合成天空

（1）打开本书学习资源“素材文件 >CH12> 素材 01>01.tga”文件，如图 12-1 所示。

（2）切换到“通道”面板，然后按 Ctrl 键单击 Alpha 通道载入选区，接着按组合键 Ctrl+Shift+I 进行反选，如图 12-2 所示。

图 12-1

图 12-2

（3）保持选中的选区不变，然后按组合键 Ctrl + J 复制出“图层 1”，如图 12-3 所示。

（4）继续打开本书学习资源“素材文件 >CH010> 素材 01> 天空 .jpg”文件，然后置于顶层，作为“图层 1”的上方并设置为“图层 1”的剪贴蒙版，最后设置“天空”图层的混合模式为“叠加”，如图 12-4 所示，图片效果如图 12-5 所示。

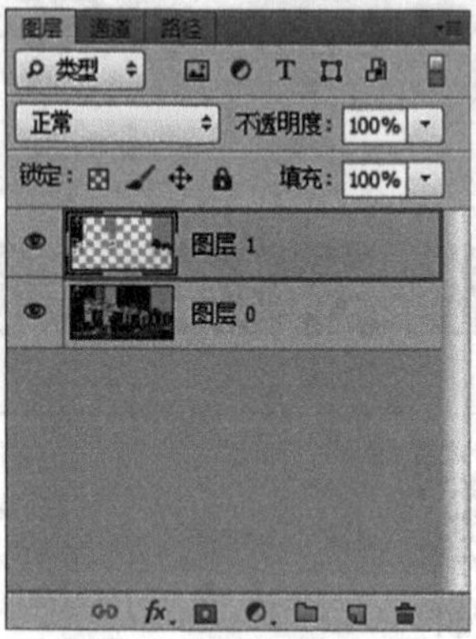

图 12-3

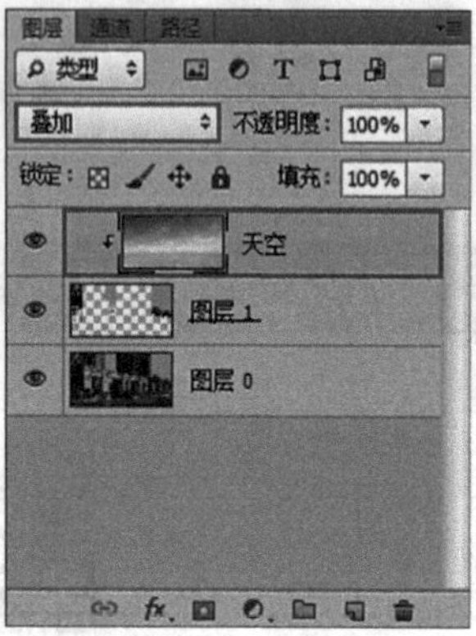

图 12-4

图 12-5

12.1.2 建筑的调整

（1）打开本书学习资源“素材文件 >CH12> 素材 01>td2.tga”文件，并置于图层面板的顶层，如图 12-6 所示。

（2）通过 td2 图层通道选出建筑部分，如图 12-7 所示，然后通过“图层 0”并按组合键 Ctrl+J 复制出“图层 2”“图层”面板如图 12-8 所示。

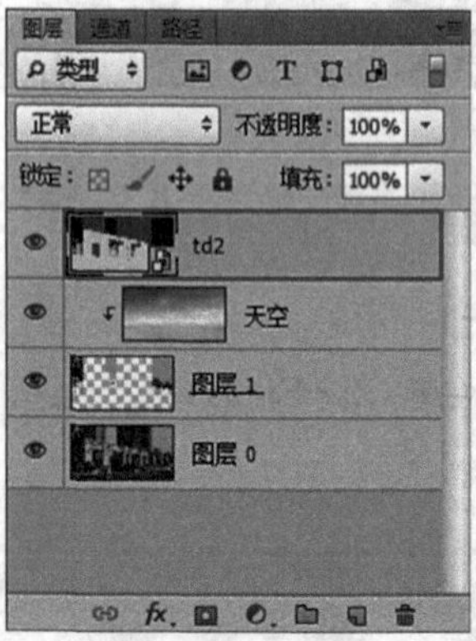

图 12-6

图 12-7

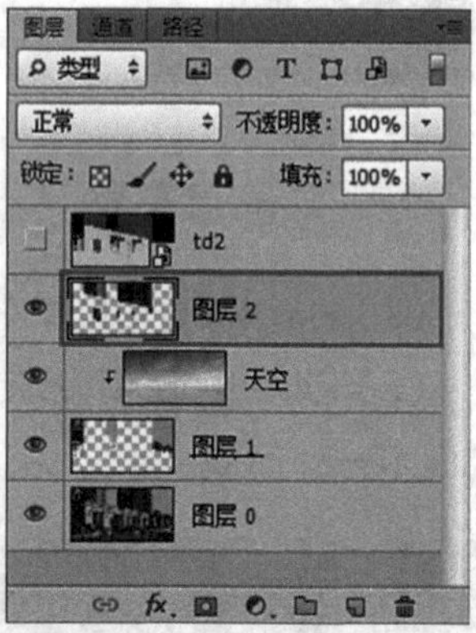

图 12-8

（3）选中“图层 2”，然后单击“创建新的填充或调整图层”按钮，并选择“色阶”选项，具体参数设置如图 12-9 所示，图片调整后的效果如图 12-10 所示。

（4）选中“图层 2”，单击“创建新的填充或调整图

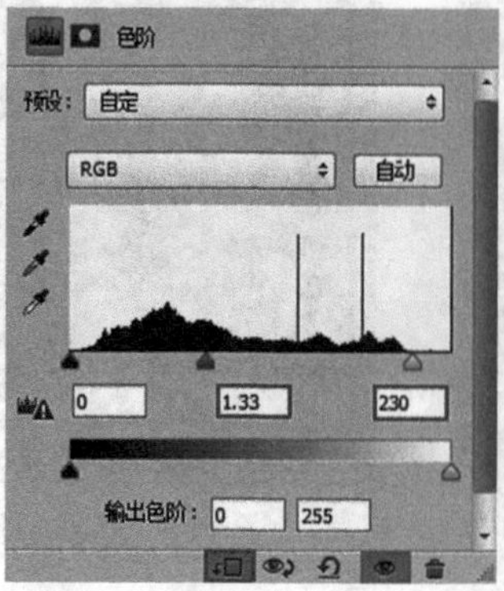

图 12-9

图 12-10

层”按钮，然后选择“色相 / 饱和度”选项，具体参数设置如图 12-11 所示，图片调整后效果如图 12-12 所示。

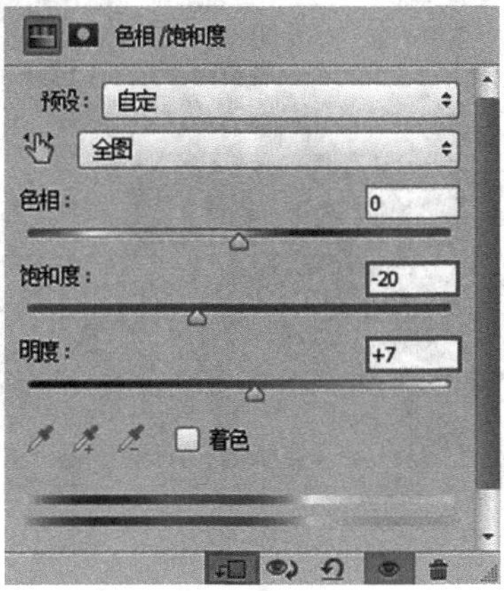

图 12-11

图 12-12

Tips

通过颜色通道会选中部分建筑前的树木，用“橡皮擦工具”擦除树木的部分，可以消除树木对建筑的影响。

12.1.3　配景的调整

（1）打开本书学习资源“素材文件 >CH12> 素材 01>td4.tga”文件，图层面板如图 12-13 所示。

（2）通过颜色通道选出配景，如图 12-14 所示，然后选择“图层 0”，按组合键 Ctrl+J 复制出“图层 3”，“图层”面板如图 12-15 所示。

图 12-13

图 12-14

图 12-15

（3）选择“图层 3”并按 Q 键进入快速蒙版模式，然后拉一个从左到右的渐变，渐变效果如图 12-16 所示。再次按下 Q 键退出快速蒙版模式，即可将图 12-16 中的红色区域载入选区，选区效果如图 12-17 所示。

（4）按组合键 Shift + Ctrl + I 反选选区，然后按组合键 Ctrl + J 复制出“图层 4”，接着设置“图层 4”的混合模式为“滤色”，如图 12-18 所示，图片效果如图 12-19 所示。

图 12-16

图 12-17

图 12-18

图 12-19

（5）选中“图层 3”和“图层 4”，然后按组合键 Ctrl + E 合并这两个图层，接着单击“创建新的填充或调整图层”按钮，并选择“色相 / 饱和度”选项，具体参数设置如图 12-20 所示，图片调整后效果如图 12-21 所示。

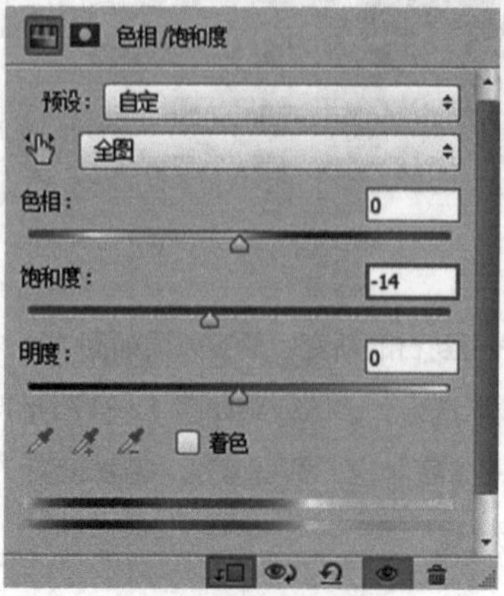

图 12-20

图 12-21

12.1.4　门头的调整

（1）打开本书学习资源“素材文件 >CH12> 素材 01>td3.tga”文件，如图 12-22 所示。

（2）通过 td3 图层通道选中门头，如图 12-23 所示，然后选择“图层 0” 并按组合键 Ctrl+J 复制出“图层 4”，如图 12-24 所示。

图 12-22

图 12-23

图 12-24

（3）选中“图层 4”，然后单击“创建新的填充或调整图层”按钮，并选择“色阶”选项，具体参数设置如图 12-25 所示，图片调整后的效果如图 12-26 所示。

（4）选中“图层 4”，然后单击“创建新的填充或调整图层”按钮，并选择“色彩平衡”选项，具体参数设置如图 12-27 所示，图片调整后的效果如图 12-28 所示。

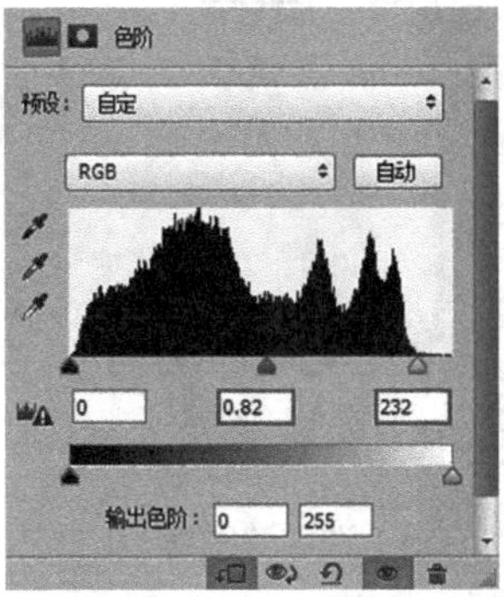

图 12-25

图 12-26

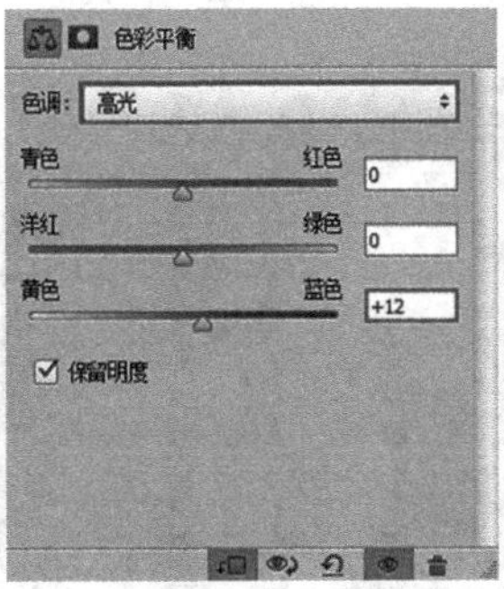

图 12-27

图 12-28

12.1.5　图像润色处理

（1）按组合键 Ctrl+Shift+Alt+E 对图像进行盖印操作，即图 12-29 中的“图层 5”。

（2）执行“滤镜 > 模糊 > 高斯模糊”菜单命令，具体参数设置如图 12-30 所示，效果如图 12-31 所示。

图 12-29

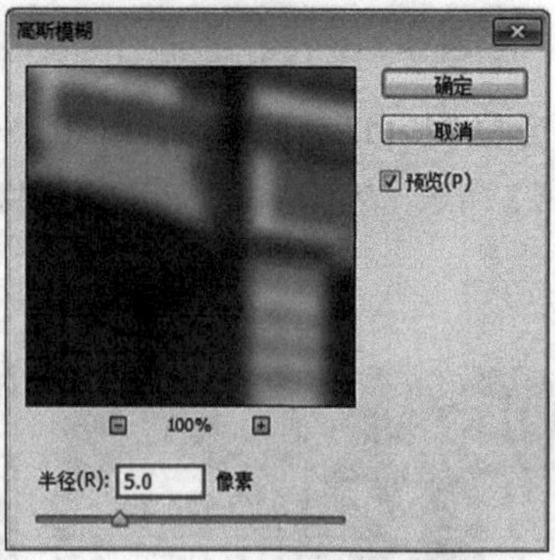

图 12-30

图 12-31

（3）选中“图层 5”，然后单击“创建新的填充或调整图层”按钮，并选择“曲线”选项，具体参数设置如图 12-32 所示，图片调整后效果如图 12-33 所示。

（4）更改“图层 5”的混合模式为“柔光”，调整后的效果如图 12-34 所示。

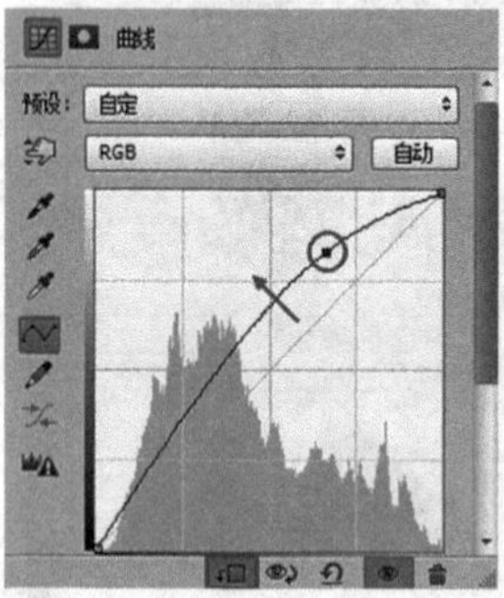

图 12-32

图 12-33

图 12-34

（5）选中“图层 5”，然后单击“创建新的填充或调整图层”按钮，并选择“色彩平衡”选项，具体参数设置如图 12-35 所示，图片调整后效果如图 12-36 所示。

（6）新建“图层 6”，然后设置“前景色”为黑色并填充，如图 12-37 所示。

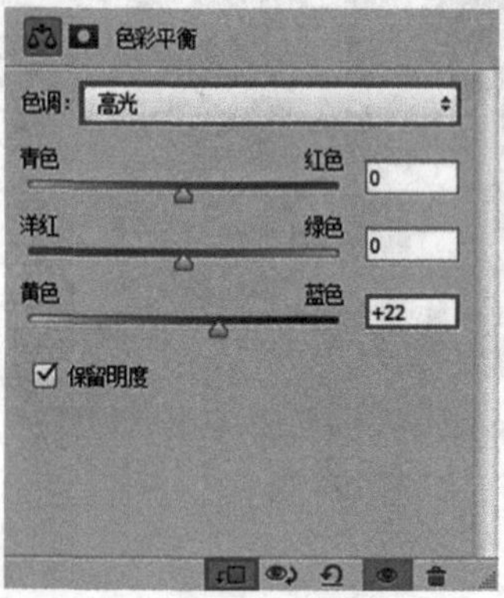

图 12-35

图 12-36

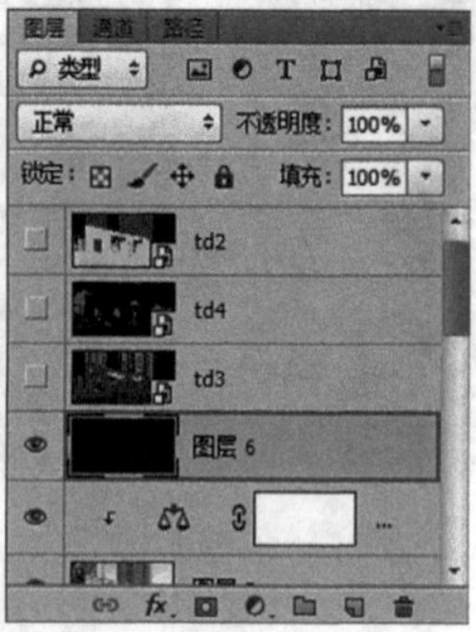

图 12-37

（7）执行“滤镜 > 渲染 > 镜头光晕”菜单命令，然后在弹出的窗口中设置参数如图 12-38 所示。

（8）更改“图层 6”的混合模式为“滤色”，如图 12-39 所示，然后按组合键 Ctrl + J 复制一层，最终效果如图 12-40 所示。

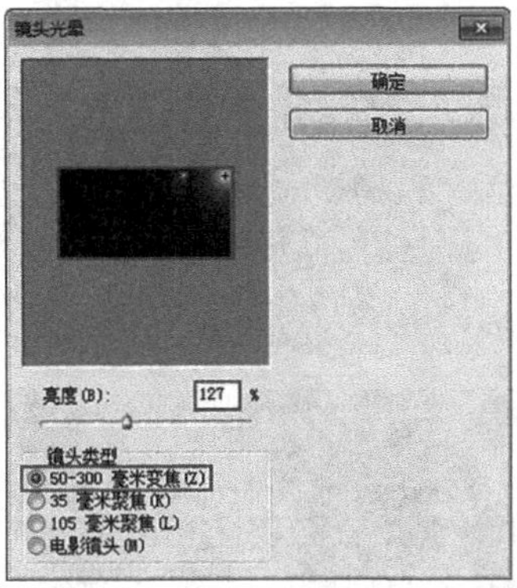

图 12-38

图 12-39

图 12-40

12.2　住宅夜景的后期表现

素材位置	素材文件 >CH09> 素材 02	扫码观看视频!
实例位置	实例文件 >CH09> 住宅夜景的后期表现 .psd	
学习目标	掌握住宅夜景的后期表现	

12.2.1　更换天空

（1）打开本书学习资源“素材文件 >CH12> 素材 02>02.tga”文件，如图 12-41 所示。

（2）在“通道”面板下按住 Ctrl 键的同时单击 Alpha 通道缩略图，将 Alpha 通道载入选区，如图 12-42 所示。

（3）载入选区后单击“图层”面板下面的“添加图层蒙版”按钮 为其添加蒙版，如图 12-43 所示。

图 12-41

图 12-42

图 12-43

（4）打开本书学习资源“素材文件 >CH09> 素材 02> 天空 .jpg”文件，然后置于“图层 0 副本”图层之下，如图 12-44 所示。

（5）新建一个空白“图层 1”置于“天空”图层之上，然后使用“渐变工具”拉一个从蓝色到透明的渐变，“图层”面板如图 12-45 所示，图片效果如图 12-46 所示。

Tips

在选取渐变颜色时，可以使用“吸管工具”或单击“渐变工具”后按下 Alt 键在图中直接吸取蓝色。

图 12-44

图 12-45

图 12-46

12.2.2 添加远景

（1）打开本书学习资源“素材文件 >CH12> 素材 02> 远景树 .png”文件，置于“图层 0 副本”下方，如图 12-47 所示。

（2）打开本书学习资源“素材文件 >CH12> 素材 02> 无场景通道 1.tga”文件，然后通过颜色通道删除“图层 0 副本”中建筑以外的树木，如图 12-48 所示。

图 12-47

图 12-48

（3）选中“远景树”图层，然单击“创建新的填充或调整图层”按钮，并选择“色相 / 饱和度”选项，具体参数设置如图 12-49 所示，图片调整后效果如图 12-50 所示。

Tips

在调整素材时，一般很难一步到位，经常需要反复调整。

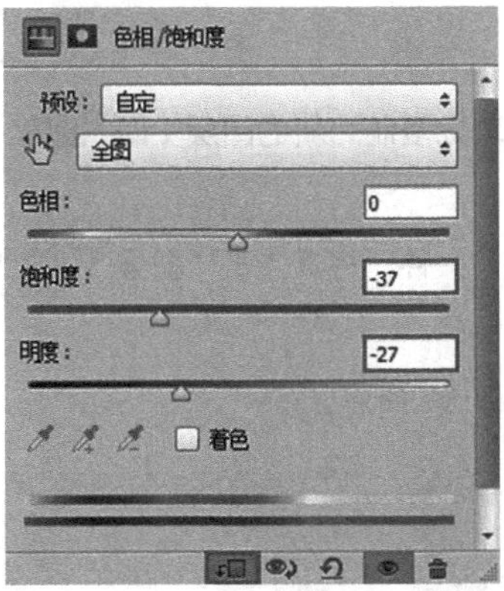

图 12-49

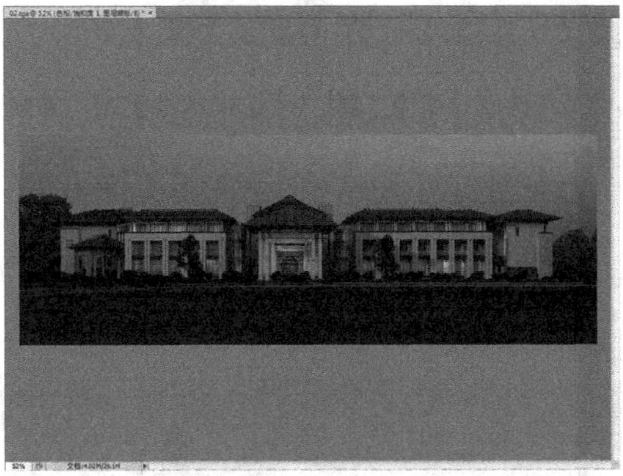

图 12-50

（4）使用“多边形套索工具”勾画如图 12-51 所示的选区，然后新建一个空白图层（即“图层 2”），接着执行“编辑 > 填充”菜单命令（组合键 Shift+F5）将选区填充为深蓝色，填充后的效果如图 12-52 所示。

图 12-51

图 12-52

（5）更改“图层 2”的混合模式为“正片叠底”、“不透明度”为 33%，如图 12-53 所示，图片效果如图 12-54 所示。

Tips

场景中的光源方向是从左往右，那么在建筑的最右侧部分建筑会有一个投影。

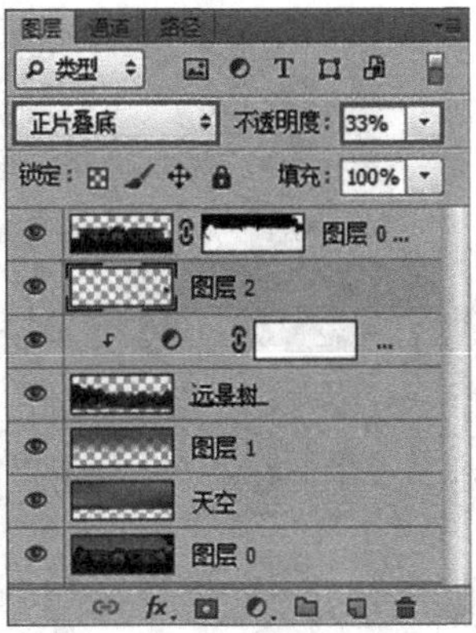

图 12-53

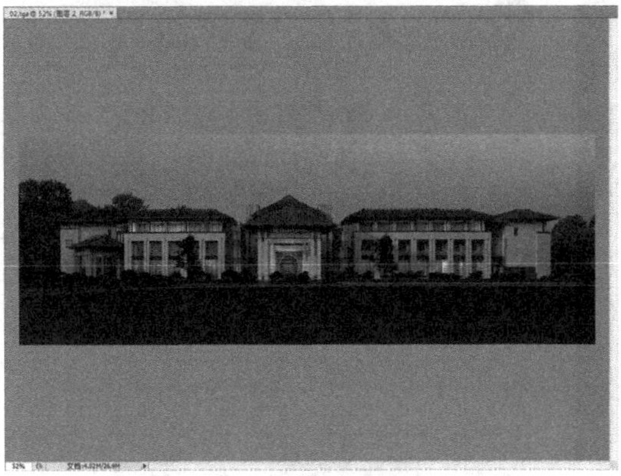

图 12-54

12.2.3 合成草地

（1）使用“魔棒工具”选中草地区域，并按组合键 Ctrl+J 将草地复制为新的图层（即“图层 3”）如图 12-55 所示。

（2）打开本书学习资源“素材文件 >CH12> 素材 02> 草地 .jpg”文件，将其置于“图层 3”之上，然后按住 Alt 键并单击鼠标来创建剪切蒙版，如图 12-56 所示。

（3）调整“草地”图层的“不透明度”为 50%，图片效果如图 12-57 所示。

图 12-55

图 12-56

图 12-57

12.2.4 建筑墙面调整

（1）打开学习资源“素材文件 >CH12> 素材 02> 颜色通道 .tga”文件，将其置于“图层”面板的顶层，如图 12-58 所示。

（2）使用“魔棒工具”通过“颜色通道”墙面材质区域载入选区，如图 12-59 所示，然后选中“图层 0”图层并按组合键 Ctrl+J 复制出“图层 4”。

（3）选中“图层 4”，然后单击“创建新的填充或调整图层”按钮，并选择“色彩平衡”选项，具体参数如图 12-60 所示，图片调整后效果如图 12-61 所示。

图 12-58

图 12-59

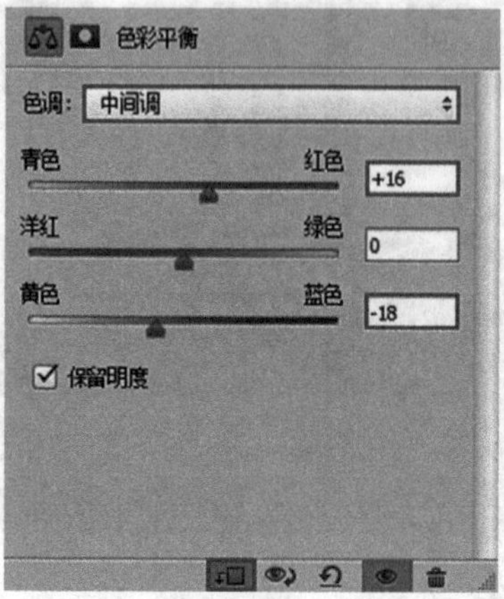

图 12-60

图 12-61

（4）选中“图层 4”，然后单击“创建新的填充或调整图层”按钮，并选择“色阶”选项，具体参数如图 12-62 所示，图片调整后效果如图 12-63 所示。

（5）按下“以快速蒙版模式编辑”按钮，然后使用“渐变工具”从下往上拉一个黑色到透明的渐变，快速蒙版效果如图 12-64 所示。

> **Tips**
>
> 一般建筑下部颜色偏暗，有一个从下往上的渐变关系，这样会显得建筑比较挺拔。

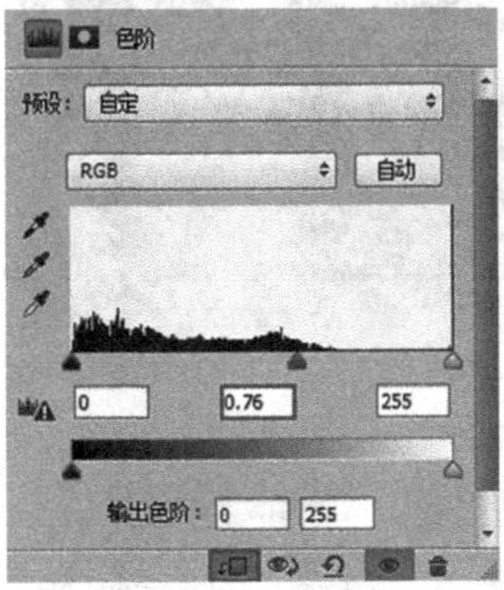

图 12-62

图 12-63

图 12-64

（6）执行“图层 > 新建 > 通过拷贝的图层”菜单命令将“图层 4”中选区部分复制出来（即“图层 5”），然后更改该图层的混合模式为“正片叠底”，“不透明度”为 30%，如图 12-65 所示，图片效果如图 12-66 所示。

图 12-65

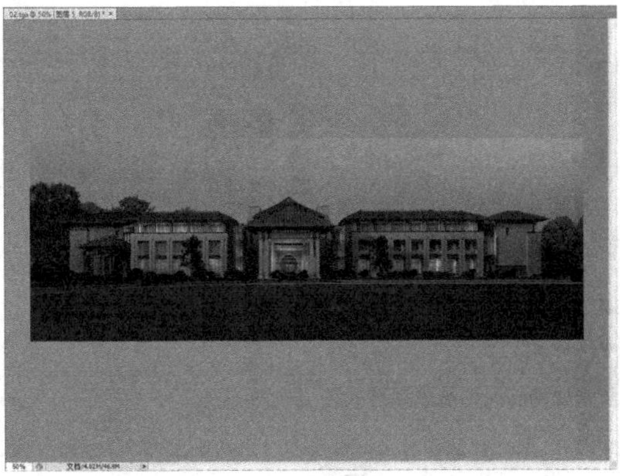

图 12-66

12.2.5 图像润色处理

（1）按组合键 Ctrl+Shift+Alt+E 盖印图层，如图 12-67 所示。

（2）单击“创建新的填充或调整图层”按钮，然后选择“曲线”选项，具体参数设置如图 12-68 所示。

（3）更改“图层 6”的混合模式为“柔光”，然后设置“不透明度”为 35%，如图 12-69 所示，图片效果如图 12-70 所示。

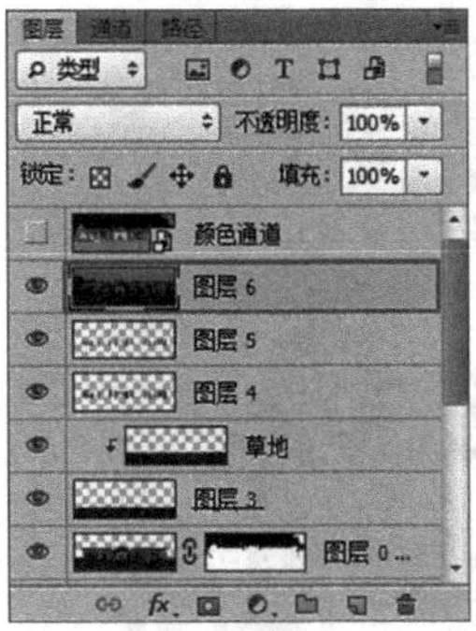

图 12-67

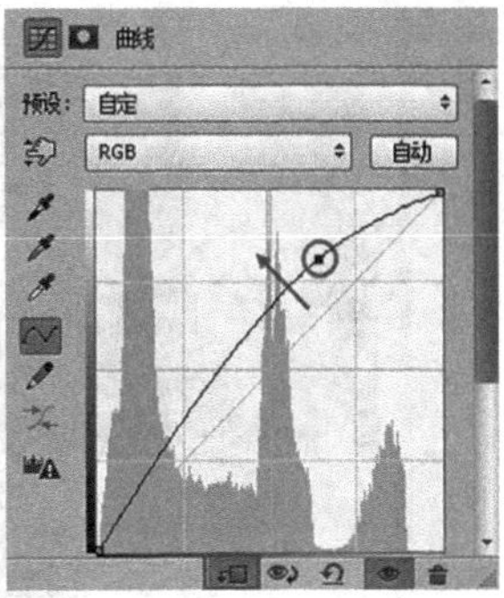

图 12-68

图 12-69

图 12-70

（4）单击“创建新的填充或调整图层”按钮，然后选择“纯色”选项，接着设置颜色为（R:74，G:52，B:30），如图 12-71 所示，最后更改图层的混合模式为“颜色”“不透明度”为 10%，“图层”面板如图 12-72 所示。

> **Tips**
> 添加“纯色”调整层，可以使图中特别不融洽的色调与整体更加融合。

（5）单击“图层”面板下面的“创建新的填充或调整图层”按钮，并选择“亮度 / 对比度”选项，具体参数设置如图 12-73 所示。

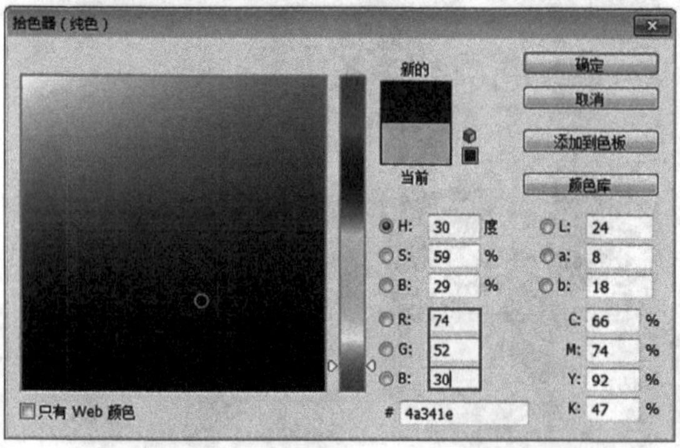

图 12-71

图 12-72

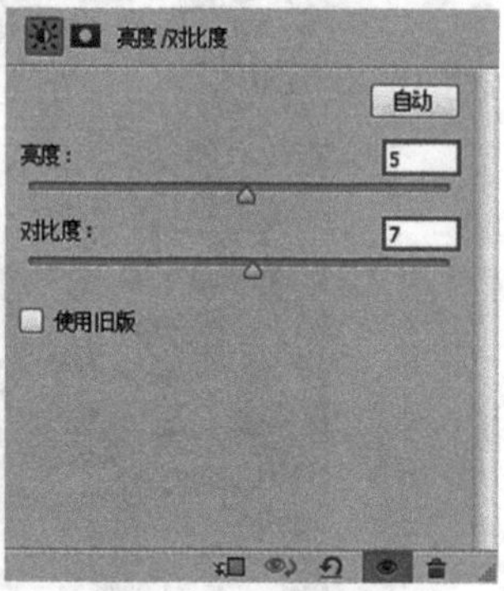

图 12-73

（6）新建一个空白图层，并制作一个从下往上的冷色渐变，渐变效果如图 12-74 所示，再更改渐变图层的混合模式为“正片叠底”，图片最终效果如图 12-75 所示。

图 12-74

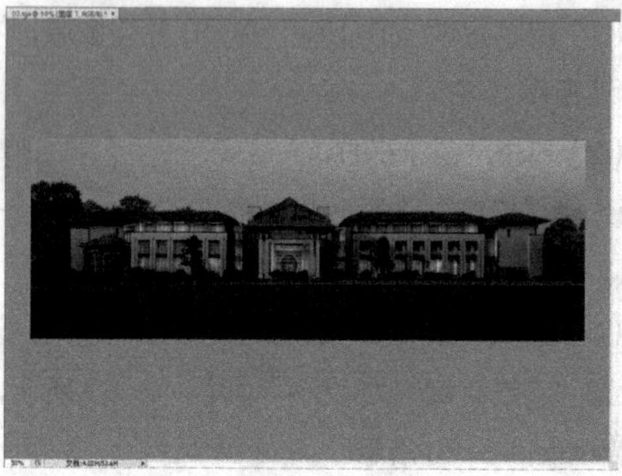

图 12-75

课后习题——建筑日景后期制作

素材位置	素材文件 >CH12> 素材 03	扫码观看视频！
实例位置	实例文件 >CH12> 室外日景后期制作 .psd	
学习目标	练习建筑日景后期制作	

课后习题——建筑黄昏后期制作

素材位置	素材文件 >CH12> 素材 04	扫码观看视频！
实例位置	实例文件 >CH12> 建筑黄昏后期制作 .psd	
学习目标	练习建筑黄昏后期制作